教育部“一村一名大学生计划”教材

水土保持技术

（第2版）

主编　吴发启　张青峰

国家开放大学出版社·北京

图书在版编目（CIP）数据

水土保持技术/吴发启，张青峰主编．--2版．--北京：国家开放大学出版社，2021.1（2024.6重印）

教育部"一村一名大学生计划"教材

ISBN 978-7-304-10615-7

Ⅰ．①水… Ⅱ．①吴… ②张… Ⅲ．①水土保持-开放教育-教材 Ⅳ．①S157

中国版本图书馆CIP数据核字（2020）第271145号

教育部"一村一名大学生计划"教材

水土保持技术（第2版）

SHUITU BAOCHI JISHU

主编　吴发启　张青峰

出版·发行：国家开放大学出版社

电话：营销中心 010-68180820　　总编室 010-68182524

网址：http://www.crtvup.com.cn

地址：北京市海淀区西四环中路45号　　**邮编：**100039

经销：新华书店北京发行所

策划编辑：王　普　　**版式设计：**何智杰

责任编辑：刘　铭　　**责任校对：**冯　欢

责任印制：武　鹏　马　严

印刷：北京印刷集团有限责任公司

版本：2021年1月第2版　　2024年6月第4次印刷

开本：787mm×1092mm　1/16　　**印张：**14　　**字数：**308千字

书号：ISBN 978-7-304-10615-7

定价：31.00元

（如有缺页或倒装，本社负责退换）

意见及建议：OUCP_KFJY@ouchn.edu.cn

序

“一村一名大学生计划”是由教育部组织、中央广播电视大学（现国家开放大学）实施的面向农业、面向农村、面向农民的远程高等教育试验。令人高兴的是计划已开始启动，围绕这一计划的系列教材也已编撰，其中的《种植业基础》等一批教材已付梓。这对整个计划具有标志性意义，我表示热烈的祝贺。

党的十六大报告提出全面建设小康社会的奋斗目标。其中，统筹城乡经济社会发展，建设现代农业，发展农村经济，增加农民收入，是全面建设小康社会的一项重大任务。而要完成这项重大任务，需要科学的发展观，需要坚持实施科教兴国战略和可持续发展战略。随着年初《中共中央国务院关于促进农民增加收入若干政策的意见》正式公布，昭示着我国农业经济和农村社会又处于一个新的发展阶段。在这种时机面前，如何把农村丰富的人力资源转化为雄厚的人才资源，以适应和加速农业经济和农村社会的新发展，是时代提出的要求，也是一切教育机构和各类学校责无旁贷的历史使命。

中央广播电视大学长期以来坚持面向地方、面向基层、面向农村、面向边远和民族地区，开展多层次、多规格、多功能、多形式办学，培养了大量实用人才，包括农村各类实用人才。现在又承担起教育部“一村一名大学生计划”的实施任务，探索利用现代远程开放教育手段将高等教育资源送到乡村的人才培养模式，为农民提供“学得到、用得好”的实用技术，为农村培养“用得上、留得住”的实用人才，使这些人才能成为农业科学技术应用、农村社会经济发展、农民发家致富创业的带头人。如果这一预期目标能得以逐步实现，就为把高等教育引入农业、农村和农民之中开辟了新途径，展示了新前景，作出了新贡献。

“一村一名大学生计划”系列教材，紧随着《种植业基础》等一批教材出版之后，将会有诸如政策法规、行政管理、经济管理、环境保护、土地规划、小城镇建设、动物生产等门类的三十种教材于九月一日开学前陆续出齐。由于自己学习的专业所限，对农业生产知之甚少，对手头的《种植业基础》等教材，无法在短时间内精心研读，自然不敢妄加评论。但翻阅之余，发现这几种教材文字阐述条理清晰，专业理论深入浅出。此外，这套教材以学习包的形式，配置了精心编制的课程学习指南、课程作业、复习提纲，配备了精致的音像光盘，足见老师和编辑人员的认真态度、巧妙匠心和创新精神。

在“一村一名大学生计划”的第一批教材付梓和系列教材将陆续出版之际，我十分高兴应中央广播电视大学之约，写了上述几段文字，表示对具体实施计划的学校、老师、编辑人员的衷心感谢，也寄托我对实施计划成功的期望。

教育部副部长 吴启迪

2004年6月30日

第2版前言

水土保持技术是研究如何预防和控制水土流失，对侵蚀环境进行整治，保护和利用水土资源的一门综合性技术，同时也是一门边缘交叉学科，涉及的内容广泛而庞杂。在教学计划中，“水土保持技术”课程既担负着向学生介绍土壤侵蚀与荒漠化的基本概念、特征、分布，以及治理措施的基础理论和基础知识的任务，也担负着阐述水土保持技术的研究进展和发展趋势的任务。此外，本课程适当介绍水土保持技术相关的法律、法规、标准和规范等内容，同时还必须帮助学生认识水土保持与荒漠化防治工作的整体性，从而建立水土保持是“保持生态环境，建设生态文明，构建和谐社会”的一种综合性工作的观念。

本教材第1版是根据中央广播电视大学（现国家开放大学）为教育部“一村一名大学生计划”注册学生开设的“水土保持技术”课程而编写的，已经使用了十多年。伴随着我国水土保持事业的蓬勃发展，我国的水土保持技术也得到了发展。由于教学改革和知识更新，教学内容需要调整，以适应当前教学需要。按照教学大纲要求，本教材仍保持了第1版的基本框架，但对具体内容进行了修订：①根据新时期水土保持工作进展，更新了相关的数据、依据和内容；②从教材的科学性、系统性、逻辑性和实用性等方面考虑，在原有水土保持技术解释和介绍的基础上，增加了城市水土保持这一章（本书第6章）；③进一步完善了水土保持法律法规与监督执法的介绍，增补了新时期生产建设项目水土保持方案编制、监理、监测和水土保持设施验收相关内容的介绍，以反映学科最新实践。

本教材在修订过程中，分工如下：绪论、第1章、第4章由西北农林科技大学吴发启教授修订；第2章由西北农林科技大学朱首军副教授修订；第3章由西北农林科技大学王进鑫教授修订；第5章由西北农林科技大学高国雄副教授修订；第6章由西北农林科技大学张青峰教授编写，第7章由张青峰教授修订；第8章、第9章由西安市水利水土保持工作总站霍春平工程师修订。最后全书由吴发启教授和张青峰教授统稿和定稿。

国家开放大学农林医药教学部李广德同志在书稿审查、编辑加工上做了大量工作，谨此致谢。

水土保持技术根据水土保持与荒漠化防治学科的理论研究内容和实践要求而不断

更新和发展。本书不可避免存在一些缺点甚至错误，我们真诚地欢迎广大读者批评、指正。

编者

2020 年 8 月于陕西杨凌

第1版前言

目前，全球70%的国家和地区受到水土流失与荒漠化灾害的侵扰。全球50亿hm^2的可耕地中已有84%的草场、59%的旱地和31%的水浇地明显贫瘠、饥饿和营养不良，而且还在不断地蔓延。全球水土流失面积达30%，每年流失有生产力的表土约250亿t，损失耕地500万～700万hm^2，如果以这样的损失速度计算，每20年丧失的耕地就等于今天印度的全部耕地面积（1.4亿hm^2）。因此，水土流失与荒漠化已威胁到全人类的生存。

我国是世界水土流失与荒漠化最为严重的国家之一。水土流失面积达356万km^2，每年流失土壤占世界总量的1/12，入海泥沙占世界陆地入海泥沙总量的1/2，严重的水土流失制约着经济的可持续发展，加剧了各类灾害的发生，并导致贫困和环境恶化。因此，水土流失已成为我国的头号环境问题。半个多世纪以来，在各级政府、当地群众和科技工作者的共同努力下，我国的水土保持事业取得了举世瞩目的伟大成就，但整体好转、局部恶化的形势还没有得到根本遏制，到目前为止，还有近200万km^2的水土流失面积需要治理。

进入21世纪，“保持生态环境，建设生态文明，构建和谐社会”已成为人们的重要任务和义务之一，故掌握水土保持技术的有关知识和技能至关重要。为此，中央广播电视大学为教育部“一村一名大学生计划”注册的学生开设了“水土保持技术”课程，并依据教学大纲编写了此书，作为该课程的教材。为适应远程开放教育的教学模式，考虑学生自主学习的特点，本教材在体例和形式上注重方便自学，在每章前有学习要求，章后附有小结和思考题。此外，中央广播电视大学还制作了与之配套的多种媒体教学资源，如录像教材及学习指导DVD光盘、学习指南、形成性考核册等，并以教学包的形式提供给学生。

本教材是在中央广播电视大学的组织下，由西北农林科技大学资源环境学院和北京林业大学水土保持学院的教师共同编写的。编写分工如下：西北农林科技大学的吴发启教授编写绪论、第1章、第4章、第6章，朱首军副教授编写第2章，王进鑫教授编写第3章，高国雄副教授编写第5章，吴发启教授、朱首军副教授共同编写第8章；北京林业大学的毕华兴副教授编写第7章。全书由吴发启教授统稿。

刘秉正教授、张广军教授和李凯荣教授参与了书稿的审定。

水土保持技术是一门边缘交叉学科，涉及的内容广泛而庞杂。由于编者的业务水平有限，时间短促，谬误与不足在所难免，敬请广大读者及业内同行斧正。

编者

2008年8月于西北农林科技大学

目录

绪　论

学习要求

掌握水土流失与荒漠化的现状、特点及其危害；了解我国水土保持与荒漠化防治的历史沿革、成就、存在的问题与对策。

水土保持技术主要包括水土保持工程技术、生物技术、农业耕作技术和化学防治技术等，是水土保持与荒漠化防治学科的主要组成部分之一。

水土保持是指防治水土流失，保护、改良与合理利用水土资源，维护和提高土地生产力，以利于充分发挥水土资源的生态效益、经济效益和社会效益，建立良好生态环境的事业。

荒漠化防治是指在干旱区、半干旱区和干旱亚湿润区，采取生物、工程、农业以及管理等综合措施体系，预防、治理土地退化的生态建设事业。可见，水土保持与荒漠化防治的主要研究对象是陆地表层的水和土，研究内容主要包括水土流失与风蚀荒漠化的形式、分布和危害，水土流失和干旱风蚀的成因，水沙运移规律和保持预防原理，水土流失与荒漠化防治，自然资源与社会经济条件的调查、评价及区划与规划设计，水土流失与风蚀荒漠化综合治理措施的配置及效益评价等。这些内容的研究既有水土保持技术的参与，又为水土保持新技术的形成搭建了平台。

1. 国内外水土流失与荒漠化的现状

水土流失与荒漠化是当今危及人类生存的重大环境问题和自然灾害之一。据联合国开发计划署的资料，由于土壤侵蚀，世界每年丧失耕地 500 万 ~ 700 万 hm^2。另据世界沙化会议的资料，全球土地受到沙化影响的面积有 3 800 万 km^2，约有 2/3 的国家和地区深受其害，涉及全球 40% 以上的人口。因此，保持水土、保护土地、防治水土流失与荒漠化，已成为世界各国普遍关注的重大问题。

（1）国外的水土流失与荒漠化。

调查资料显示，人类 90% 的粮食及动物饲料是在土地上生产的，因此，土地及土壤是人类赖以生存的宝贵财富。世界各国在发展国民经济的同时，不断破坏天然植被，从而使水土流失与荒漠化问题不断加剧。全球遭受土壤侵蚀的面积约为 1 642 万 km^2，其中，水蚀面积 1 094 万 km^2，风蚀面积 548 万 km^2，如表 0 - 1 所示。

表0－1　全球水蚀、风蚀面积分布①　　万 km^2

侵蚀类型	地区							
	非洲	亚洲	南美洲	中美洲	北美洲	欧洲	大洋洲	总计
水蚀	227	441	123	46	60	114	83	1 094
风蚀	186	222	42	35	35	42	16	548
合计	413	663	165	81	95	156	99	1 642

由表0－1可知，亚洲的水土流失与荒漠化分布面积最大，其次是非洲，最小的为中美洲。

（2）我国的水土流失与荒漠化。

我国是世界上水土流失较为严重的国家之一，水土流失已成为头号环境问题。我国陆地面积960万 km^2，地势西高东低，山地丘陵和高原约占陆地面积的2/3。在陆地面积中，耕地占14%，林地占16.5%，天然草地占29%，难以被农业利用的沙漠、戈壁、石山和高寒荒漠等占35%。在各种因素的综合作用下，每年流失土壤占世界总量的1/12，入海泥沙量占世界陆地入海泥沙总量的1/2。严重的水土流失制约着经济的可持续发展，加剧了各类灾害的发生，并导致环境恶化。

① 我国水土流失的特点。

我国水土流失具有以下特点：

A. 分布广、面积大。根据2018年全国水土流失动态监测结果，中国水土流失面积273万 km^2，约占全国陆地面积的28%，其中，水蚀面积115万 km^2，约占全国陆地面积的12%；风蚀面积158万 km^2，约占全国陆地面积的16%。西部地区水土流失最为严重，分布面积最大，中部次之，东部水土流失相对较轻。

B. 侵蚀形式多样、类型复杂。在我国，水蚀、风蚀、冻融侵蚀及滑坡、泥石流等侵蚀类型齐全，且各具特色，又相互交错，可大致划分为西北黄土高原区、东北黑土漫岗区、北方土石山区、南方红壤丘陵区、南方石质山区、风沙区和平原区7个大的水土流失类型区。

C. 土壤流失严重。据统计，中国每年流失的土壤总量达50亿t。长江流域年土壤流失总量为24亿t，黄河流域的黄土高原区每年进入黄河的泥沙高达16亿t。

D. 水土流失主要来源于坡耕地。水土流失量主要因为坡耕地的水蚀和沟道重力侵蚀。在全国范围内，坡耕地的水土流失面积占耕地总面积的34%，在西南地区占52%，在黄土高原占71%。全国大部分地区坡耕地的侵蚀量占总侵蚀量的50%~60%。

E. 生产建设加剧了水土流失。随着工业化和城市化进程的加快，大量基础设施建设项目和工矿开发破坏了原始地貌和植被，产生大量的弃土弃渣，严重破坏了原有生态环境的水

① 王礼先. 全球土地退化现状与防治对策：第九届国际水土保持组织会议综述［J］. 中国水土保持，1997（5）：8－10.

土保持能力，增加了水土流失的潜在威胁。

② 我国的土壤侵蚀强度。

根据《土壤侵蚀分类分级标准》（SL 190—2007），我国的土壤侵蚀强度可分为轻度、中度、强度、极强度和剧烈侵蚀。

2. 水土流失与荒漠化的分布与危害

（1）水土流失与荒漠化的分布。

全球水土流失与荒漠化的区域分布与生物气候带特征基本一致。土壤水蚀主要发生在气候湿润的森林和森林草原地带的丘陵山区；风蚀主要发生在气候干旱的草原和荒漠地带；冻融侵蚀主要发生在极地。因地理位置不同，N50°～S40°为发生水蚀的主要地区。全球的风蚀主要分布在年降水量小于等于250 mm的干旱草原和荒漠地区，如非洲的撒哈拉大沙漠和卡拉利沙漠，中亚及澳大利亚中部地区等。

我国年降水量地域分布的总趋势是东南多雨、西北干旱。400 mm降水量等值线从大兴安岭经内蒙古南部、河北、山西北部，穿过陕北、陇东，沿巴颜喀拉山和唐古拉山到喜马拉雅山，自东北斜贯西南，将中国内地分成东、西两部分。东部多为湿润区，自然景观以森林植被为主，自然植被遭到破坏后，多发生水蚀；西部多为干旱区，自然景观为草原和荒漠，土壤侵蚀以风蚀为主。

依据中国综合自然区划，水蚀发生的范围最广，包括原为森林、森林草原及灌丛草原植被的湿润、亚湿润及半干旱地区，尤以年降水量为400～600 mm的黄土高原最为严重。中国的风蚀主要发生在年降水量在250 mm以下的东北、西北及华北的干旱和极干旱地区，其中包括戈壁砾漠、沙漠和沙地，此外，还有沿海沙地。青藏高原、新疆天山、祁连山西部及黑龙江流域的高寒山区，为冻融侵蚀区。年降水量为250～400 mm的地区为水蚀、风蚀交错区，土壤侵蚀全年进行，夏秋多水蚀，冬春多风蚀。

（2）水土流失与荒漠化的危害。

① 土层变薄，土壤肥力下降，耕地面积减少，农业生产受到制约。

水土流失与荒漠化导致地表大量的肥沃土壤随水流走，土层日益变薄，土壤肥力不断下降，土地资源受到破坏，耕地逐年减少。当前，全人类都面临着人口、粮食、资源、环境和能源等危机的严峻挑战，而日趋严重的水土流失已成为世界一大“公害”。美国华盛顿世界观察研究所的调查资料表明，目前全世界农耕地每年平均流失肥沃土壤264亿t，水土流失已成为世界性的生态灾害。我国每年流失的土壤达50亿t以上，相当于从全国耕地上刮去3 cm厚的肥沃表土，流失的氮、磷、钾养分相当于4 000万t标准化肥，总量超过我国每年化肥施用总量，进而少生产粮食2 000多万kg，造成经济损失100亿元以上。

② 库塘河床淤积，工程效益降低。

河道径流区水土流失严重，常年雨水冲刷和沉沙淤积，使河流的河床抬高淤塞，水流紊乱，湖泊变浅，湖泊老化过程加快，从而导致洪水宣泄不畅，给人们带来了惨重的灾害；由于水土流失，水库库容减少，灌溉面积减少，水库使用年限大大缩短；河床的抬高和淤塞使水利工程出力减弱。

③ 生态环境恶化，水旱灾害频繁。

水土资源流失，土壤侵蚀加剧，生态环境日趋恶化。沙尘污染严重，范围逐渐扩大。林草难以生长，山林植被变差，致使地表蓄水能力降低，随之而来的是水旱灾害连年发生。

3. 水土保持与荒漠化防治的历史沿革、取得的成就、存在的问题与对策

（1）历史沿革。

水土流失与荒漠化是一个世界性的环境问题，引起了各国政府的普遍重视。美国的土壤保持工作可以追溯到 19 世纪末，而大规模开展综合治理则是从 1935 年开始的，通过立法案、建机构、拨专款、搞示范、大宣传等举措，把水土保持作为农业生产、保护生态平衡的重要内容。奥地利 1884 年通过《荒漠治理法》，1977—1979 年政府对荒溪治理投资 12. 25 亿先令，在百余年的实践中总结出了一套行之有效的荒溪治理森林—工程措施体系。日本 1897 年通过《砂防法》《森林法》《河川法》，1960 年颁布《治山治水紧急措施法》，20 世纪 80 年代平均投入砂防事业的费用为 3 040 亿日元。

我国是世界上开展水土保持工作较早的国家之一。早在远古时代，黄河流域就有“平治之水”“沟洫治黄”之说。春秋后期，腊祭的祝词中提到“土返其宅，水归其壑，草木归其泽”。北宋以来，又有“治河、垦田与沟洫治河”论、“治水先治源”论、“汰沙澄源”论和“森林抑流固沙”论等。

从近代的发展历程看，我国的水土保持经历了 3 个阶段。

① 初始研究阶段（20 世纪 20 年代到 20 世纪中叶）。

1923 年，金陵大学农科所在山西、青岛两地首次开始研究坡面破坏后的水土流失量，此后不久，又调查了淮河流域的植物和土壤侵蚀情况。1933 年黄河水利委员会成立了。1940 年，黄河水利委员会林垦设计委员会与金陵大学农学院、四川大学农学院在成都召开了防止土壤侵蚀的科学研究会，会上首次提出“水土保持”一词。同年 8 月，林垦设计委员会改名为水土保持委员会①，“水土保持”开始成为专用术语。1945 年，中国水土保持协会在重庆成立。20 世纪 40 年代，我国先后在甘肃天水、四川内江、福建长汀河田、广西柳州西江等地设立了水土保持试验站，对水土保持的技术措施进行试验。1950 年农业部②召开全国土壤肥料会议，决定成立水土保持试验区。1950—1954 年，我国扩建和新建了 10 多个水土保持工作推广站或综合实验站，进行坡地利用实验、小流域规划和治理、水文测验等。1951—1954 年，黄河水利委员会和中国科学院在黄河中上游地区组织了 3 次大规模水土流失查勘。

② 全面发展，综合治理阶段（20 世纪中叶到 20 世纪 80 年代末）。

1957 年，国务院决定成立水土保持委员会，同年 7 月，《中华人民共和国水土保持暂行

① 此处的水土保持委员会是黄河水利委员会下设的，特此说明。

② 农业部全称为中华人民共和国农业部，是中华人民共和国农业农村部的前身。

纲要》发布了。1958 年，国务院水土保持委员会[①]在太原召开了全国水土保持试验研究现场会，推动了全国水土保持科学研究工作的开展。截至 1960 年，全国共有各级水土保持试验站、工作站 181 处。1980 年 4 月，中华人民共和国水利部（简称水利部）在山西吉县召开了 13 省（区）水土保持小流域治理座谈会，在会上拟定颁布了《水土保持小流域治理办法（草案）》，第一次明确了我国现阶段小流域的概念，从此，全国水土保持工作进入了以小流域为单元综合治理的新阶段。1982 年，国务院发布了《中华人民共和国水土保持工作条例》。1983 年，全国水土保持工作协调小组在北京召开了第一次全国水土保持重点治理工作座谈会，会后颁发了《关于加强水土流失重点地区治理工作的暂行规定》，从此拉开了开展 8 片重点治理区域的序幕。1988 年 4 月，国务院同意将长江上游列为全国水土保持重点防治区，同年 9 月，长江上游水土保持委员会在成都成立。这期间，各地区针对水土保持不同类型区的水土流失规律、水土保持措施及其效益进行了定位试验和专题研究。试验推广了机修梯田、反坡梯田、引洪漫地、水坠筑坝、水枪冲土、飞机播种、水土保持林等科研成果，为水土保持科学的形成奠定了基础。

③ 区域治理，深入发展阶段（20 世纪 90 年代至今）。

1991 年 6 月 29 日，第一部《中华人民共和国水土保持法》（简称《水土保持法》）诞生了，它将水土保持工作用法律的形式固定下来，标志着水土保持工作进入稳定发展的法制化阶段。同时，小流域综合治理进入治理与开发一体化阶段，在小流域内发展产业化、商品化经济，这是小流域经济的新阶段，将小流域治理开发推向市场。2001 年《中华人民共和国防沙治沙法》发布，这是中国水土保持与荒漠化防治事业的一个重大转折点。20 世纪 90 年代，党中央从可持续发展的战略高度提出了建设“山川秀美”的号召，从此拉开了中国生态环境治理和重建的序幕。中国的水土保持科学技术研究迎来了前所未有的机遇。

（2）取得的成就。

在全球水土保持与荒漠化防治的过程中，联合国扮演着发起人和执行者的角色。从 20 世纪 60 年代起，经过 30 多年的努力与准备，1992 年，联合国环境与发展大会经过 4 次筹备会之后，终于在巴西里约热内卢国际会议中心隆重召开，包括中国在内的 100 多个国家的元首和政府首脑及代表参加了会议，会议讨论并通过了《里约环境与发展宣言》《21 世纪议程》等一些重要的国际文件。之后，联合国通过决议，成立了《联合国防治荒漠化公约》政府间谈判委员会。公约谈判从 1993 年 5 月开始，历经 5 次谈判，于 1994 年 6 月 17 日完成，该日即国际社会对防治荒漠化公约达成共识的日子。1994 年 10 月 14 日至 10 月 15 日，公约签字仪式在巴黎举行，包括中国在内的 100 多个国家签署了《联合国防治荒漠化公约》。此后，联合国大会宣布从 1995 年起每年的 6 月 17 日为“世界防治荒漠化和干旱日”。

在这一国际化行动的促使下，世界各国都在不同程度地开展水土保持与荒漠化防治工作。印度有 8 600 万 hm^2 的退化土地，已经有 35 个项目对 2 600 万 hm^2 的土地进行了研究与

① 此处的水土保持委员会是国务院下设的，特此说明。

治理。巴基斯坦则通过植树种草固定沙丘。美国和加拿大是较早开展水土保持与荒漠化防治工作的国家之一，在机构设置、立法和防治措施等方面都做出了令世人瞩目的成就。非洲也提出了转变观念，采取防治土地荒漠化的新战略。

我国的水土保持工作也取得了显著成效，主要反映在以下几方面：

① 长江上游、黄河中上游等 7 大流域水土保持重点工程建设取得了很大进展。

② 在地广人稀、水土流失轻微的地区开展了水土保持生态修复工程。

③ 依法推进水土保持，积极控制人为水土流失。

④ 水土保持科学研究工作取得了新的进展。2018 年首次实现了 960 多万 km^2 陆地面积水土流失动态监测年度全覆盖，初步构建了全国水土保持信息管理平台，开展了区域遥感监管试点，采取无人机手段监管，有效提升了水土保持管理水平和管理效率。截至 2018 年年底，我国累计治理水土流失面积 131 万 km^2，水土保持措施年均可保持土壤 16 亿 t，治理区粮食产量增加，农民增收显著，乡村面貌焕然一新。

（3）存在的问题与对策。

联合国完成的千年生态系统评估项目认为，全球荒漠化面积还在不断扩大，这主要是贫困和不可持续土地利用的结果。因此，在全球范围内应该从以下几方面入手：

① 创建一种“预防文化”，长期保护旱区，做好荒漠化防治工作。

② 对土地资源和水资源进行综合管理。

③ 保护植被。

④ 在文化和经济方面对放牧和农耕这两种土地利用方式进行整合。

⑤ 综合利用传统技术和适合当地特点的技术转让。

⑥ 加强当地社区的能力建设。

⑦ 创造新的生计方式。

⑧ 在城市和旱区之外的其他地区创造经济发展机会。

我国的水土保持与荒漠化防治取得了显著的成效，但也面临着严峻的挑战：

① 水土流失防治任务十分艰巨，全国仍有超 1/4 的国土面积需要治理。

② 从水土流失发展趋势看，水土流失严重、生态环境恶化的局面尚未得到根本遏制，我国的现代化、城市化、西部大开发以及人口的增长将对生态环境构成很大的压力。

③ 一些地区的水土流失导致土地退化或沙化，土地资源更为短缺，人地矛盾十分突出。

防治水土流失，保护水土资源，改善生态环境已经成为一项十分重要且紧迫的任务，为此，在今后的水土保持与荒漠化防治工作中应当采取以下对策与措施。

① 指导思想。

根据国民经济和社会发展对水土保持生态建设的新要求，21 世纪水土保持发展战略总的指导思想是：以建设秀美山川为目标，以防治水土流失为核心，以退耕还林（草）为重点，以坡耕地改造为基础，以小流域为单元，实行山、水、田、林、路统一规划，综合治理；工程措施、生物措施和农业技术措施合理配置，充分发挥生态的自然修复能力；依靠科技进步，示范引导，实施分区防治战略，加强管理，突出保护；依靠深化改革，实行机制创新；加大行业监管力度，为经济社会的可持续发展创造良好的生态环境。

② 防治目标。

《全国水土保持规划（2015—2030年）》对全国水土保持近期目标和远期目标提出了具体要求。

全国水土保持近期目标：2020年，基本建成与我国经济社会发展相适应的水土流失综合防治体系。全国新增水土流失治理面积32万km^2，其中新增水蚀治理面积29万km^2，年均减少土壤流失量8亿t。

全国水土保持远期目标：2030年，建成与我国经济社会发展相适应的水土流失综合防治体系，全国新增水土流失治理面积94万km^2，其中新增水蚀治理面积86万km^2，年均减少土壤流失量15亿t。

我国政府也将水土保持生态建设确立为当前经济和社会发展的一项重要的基础工程，明确了中国水土保持生态建设的战略目标和任务。

当前目标与任务：2011—2030年，使全国60%以上适宜治理的水土流失地区都得到不同程度的治理，重点治理区生态环境开始走上良性循环轨道，森林覆盖率达20%以上，大江大河减沙20%（南方）~30%（北方），全国建立起健全的水土保持预防监督体系和动态监测网络，形成完善的水土保持法律法规体系，全面制止各种人为造成的新的水土流失。

远期目标与任务：2031—2050年，全国建立起适应经济社会可持续发展的良性生态系统，适宜治理的水土流失区基本得到整治，水土流失和沙漠化基本得到控制，坡耕地基本实现梯田化，宜林地全部绿化，“三化”草地得到恢复，全国生态环境明显改观，人为水土流失得到根治，大部分地区基本实现山川秀美。

③ 重点布局。

根据2010年修订的《中华人民共和国水土保持法》可知，全国水土流失划分出两类重点区（简称“两区”），即水土流失重点预防区和水土流失重点治理区，实行分区防治、分类指导。在水土流失重点预防区，主要采取以预防保护和生态修复为主的对策；而在水土流失重点治理区，主要采取水土保持重点治理的对策，以避免水土保持工作的盲目性。

根据《水利部办公厅关于印发〈全国水土保持规划国家级水土流失重点预防区和重点治理区复核划分成果〉的通知》，全国水土保持规划国家级水土流失重点预防区和重点治理区复核划分（简称“两区复核划分”）是指导我国水土保持工作的技术支撑。根据“两区复核划分”的成果，全国划分了大小兴安岭等23个国家级水土流失重点预防区，涉及460个县级行政单位，重点预防面积43.92万km^2，约占我国陆地面积的4.6%。全国还划分了东北漫川漫岗等17个国家级水土流失重点治理区，涉及631个县级行政单位，重点治理面积49.44万km^2，约占我国陆地面积的5.2%。

④ 防治措施。

A. 依法行政，不断完善水土保持法律法规体系和监督执法体系，强化预防监督，坚决遏制人为水土流失。同时，应通过法律执行，切实保障治理开发者的合法权益，把水土流失的防治纳入法制化轨道。大规模地开展生态建设工程。树立人与自然和谐共处的思想，从人口、资源、环境协调发展的高度，着眼于实现人与自然的和谐共处，努力做到以良好的水土保持生态系统保障经济社会的可持续发展。既要依靠广大群众积极开展综合治理，又要遵循自然规律，采取多种措施，创造条件，注重发挥生态的自我修复能力，依靠大自然的力量加快植被恢复和生态系统改善。

B. 继续坚持已有的成功经验，实行科学规划和分区综合治理。大力推行以小流域为单元的山、水、田、林、路统一规划以及综合防治的技术路线和关键措施，抓好示范，重点突破，整体推进，加快水土流失防治进程。

C. 坚持科技进步，加强水土保持科学研究，不断寻求能进一步有效控制水土流失、提高土地生产力的措施，搞好水土保持科学普及和技术推广工作，大力应用遥感、地理信息系统和全球卫星导航定位系统等高新技术，建立全国水土流失监测网络和信息系统，努力提高水土保持综合治理的科技含量。

D. 进一步深化水土保持改革，不断完善和制定优惠政策，建立健全适应市场经济的利益驱动机制，鼓励、支持广大农民和社会各界人士积极参与治理水土流失的活动。

E. 加大水土保持的投入力度，坚持国家、集体、个人一齐上，建立多元化投入机制。

F. 加强国际合作和对外交流，增进了解，相互学习，不断借鉴和吸收国外水土保持科技的先进理论、先进技术和先进管理模式，提高我国水土保持科技水平，积极引进外资，增加水土保持投入。

小　结

水土流失与荒漠化是当今危及人类生存的重大环境问题和自然灾害之一。全球土壤侵蚀面积约为 1 642 万 km^2，其中，亚洲的水土流失与荒漠化分布面积最大，非洲次之，中美洲最小。

我国是世界上水土流失较为严重的国家之一，根据 2018 年全国水土流失动态监测结果，水土流失面积 273 万 km^2，约占全国陆地面积的 28%，西部地区表现最为严重，分布面积最大，中部次之，东部水土流失相对较轻。我国水土流失具有以下特点：分布广、面积大，侵蚀形式多样、类型复杂，土壤流失严重，水土流失主要来源于坡耕地，生产建设加剧了水土流失。强烈的水土流失和荒漠化会导致土层变薄，土壤肥力下降，耕地面积减少，农业生产受到制约；库塘河床淤积，工程效益降低；生态环境恶化，水旱灾害频繁。

我国是世界上较早开展水土保持的国家之一。从近代的发展历程看，我国的水土保持可以划为 3 个阶段。水土保持取得的成就如下：长江上游、黄河中上游等 7 大流域水土保持重点工程建设取得了很大进展；在地广人稀、水土流失轻微的地区开展了水土保持生态修复工程；依法推进水土保持，积极控制人为水土流失；水土保持科学研究取得了新的进展。另外，针对水土流失形势，我国提出了今后防治的指导思想、防治目标、重点布局和防治措施。

思考题

1. 试简述国内外水土流失与荒漠化的现状及特点。
2. 水土流失与荒漠化有何分布特点？造成的危害有哪些？
3. 试简述我国水土保持与荒漠化防治的历史沿革、成就、存在的问题与对策。

第1章 水土保持理论基础

学习要求

掌握土壤侵蚀与荒漠化的基本概念、土壤侵蚀基本营力、土壤侵蚀类型、土壤侵蚀形式、土壤侵蚀程度及强度分级标准；掌握水力侵蚀的特征、影响因素、演变规律和防治原理；了解我国土壤侵蚀类型的分区和3大类型区的范围与特征。

1.1 土壤侵蚀与水土保持

1.1.1 基本概念

1.1.1.1 土壤侵蚀

《中国水利百科全书·水土保持分册》中土壤侵蚀的定义为：土壤或其他地面组成物质在水、风、冻融、重力等外营力作用下，被剥蚀、破坏、分离、搬运和沉积的过程。

1971年，美国土壤保持学会把土壤侵蚀解释为：土壤侵蚀是水、风、冰或重力等营力对陆地表面的磨蚀，或者造成土壤、岩屑的分散与移动。英国学者哈德逊在《土壤保持》一书中将土壤侵蚀定义为：就其本质而言，土壤侵蚀是一种夷平过程，使土壤和岩石颗粒在外营力的作用下发生转运、滚动或流失。风和水是使颗粒变松和破碎的主要营力。可以看出，美国、英国的学者对土壤侵蚀的定义既包含了土壤及其母质，也包含了地表裸露岩石，但均忽略了沉积过程。

随着人们对环境与发展认识的深化，有人发现，土壤侵蚀与生态环境变化密切相关。土壤侵蚀的定义也更加全面，即土壤侵蚀是土壤及其母质和其他地面组成物质在水、风、冻融及重力等外营力作用下的破坏、剥蚀、搬运和沉积的过程。

1.1.1.2 正常侵蚀与加速侵蚀，现代侵蚀与古代侵蚀

土壤侵蚀的本质是外营力对地表的塑造与夷平，从陆地形成以后就不间断地进行着。这种在地史时期纯自然条件下发生和发展的侵蚀作用和过程，称为自然侵蚀或正常侵蚀，其特点为侵蚀速度缓慢。自然侵蚀是不受人为活动影响的纯自然过程，因此又称常态侵蚀。自从人类出现后，为了生存，人们不仅学会适应自然，而且开始改造自然。人类大规模的生产活动改变和促进了自然侵蚀过程，这种加速的侵蚀作用过程，称为加速侵蚀。其特点是：侵蚀速度快、破坏大、影响深远，除了有常态侵蚀作用外，还有人类活动的参与，两者作用相叠加，大大加快了侵蚀的发展进程。

土壤侵蚀按侵蚀发生的时代可划分为古代侵蚀和现代侵蚀。在人类出现以前，地史时期发生的侵蚀称为古代侵蚀；人类出现后参与的土壤侵蚀称为现代侵蚀，尤其是指全新世以来的侵蚀。古代侵蚀和现代侵蚀与正常侵蚀和加速侵蚀的概念基本一致，不同的是正常侵蚀和加速侵蚀强调侵蚀营力的作用，尤其是人类活动对侵蚀速度的改变，古代侵蚀与现代侵蚀则强调侵蚀发展的时序以及前者对后者的作用和影响。

1.1.1.3　土壤侵蚀基本营力

根据土壤侵蚀形成的力源，营力可划分为内营力和外营力两种类型。

1. 内营力作用

地球内部的能源主要来自地心引力（重力能）和元素蜕变产生的热能，通常的表现形式有构造运动（垂直运动、水平运动）、岩浆活动和地震作用等。

2. 外营力作用

地球外部的能源主要来自太阳的辐射能，主要的表现形式为风化作用、剥蚀作用、搬运作用和沉积作用等。

内营力形成地表高差和起伏，外营力则不断地对其进行加工改造（称塑造），降低高差，缓解起伏，称为夷平，两者永远处于对立的统一之中。这种对立斗争的过程，彼此消长，统一于地表三度空间中，并且互相依存，决定了土壤侵蚀发生、发展与演化的全过程。

1.1.2　土壤侵蚀的形式及特点

通常，按照外营力作用的种类划分，土壤侵蚀的形式有以下几种。

1.1.2.1　水蚀

由大气降水及所形成的径流引起的侵蚀过程和一系列土壤侵蚀形式，称为水蚀。

1. 溅蚀

溅蚀是指裸露的坡地受到雨滴的击溅而引起的土壤侵蚀现象。它是在一次降雨中最先出现的土壤侵蚀。

2. 面蚀

面蚀是指分散的地表径流冲走坡面表层土粒的一种侵蚀现象，它是土壤侵蚀中最常见的一种形式。凡是裸露的坡地表面，都有不同程度的面蚀。由于面蚀面积大，侵蚀的又都是肥沃的表土层，所以对农业生产的危害很大。

（1）层状面蚀。

层状面蚀是指降雨在裸露坡面上形成薄层分散的地表径流时，把土壤可溶性物质及比较细小的土粒以悬移为主的方式带走，使整个坡地土层变薄、肥力下降的一种侵蚀形式。在土石山区，耕作层土壤中的细小颗粒被冲蚀后，土壤质地明显变粗，土层变薄，最后将因表层土体中沙砾含量过高不能作为农耕地使用而被弃耕，这种面蚀特称为沙砾化面蚀。

（2）鳞片状面蚀。

当面蚀发生在非农耕地的坡面上时，不合理地过度樵采或过度放牧使植被遭到破坏，生长不好或分布不均，有植被处和没有植被处受冲蚀的程度不同，局部面蚀呈鱼鳞状斑点分布，这种面蚀称为鳞片状面蚀。

（3）细沟状面蚀。

在较陡的坡耕地上，暴雨过后，坡面被分散的小股径流冲成许多细小而密集的小沟，这就是细沟状面蚀。一般来说，细沟状面蚀的沟深和沟宽均不超过20 cm，通过耕作措施即可将其平复，并不需要特殊的土壤保护措施。

3. 沟蚀

沟蚀是指由汇集成股的地表径流冲刷破坏土壤及其母质，形成切入地表以下沟壑的土壤侵蚀形式。沟蚀形成的沟壑称为侵蚀沟。根据沟蚀程度及形态，沟蚀可分为浅沟侵蚀、切沟侵蚀和冲沟侵蚀3种类型。

（1）浅沟侵蚀。

地表径流由小股径流汇集成较大的径流，既冲刷表土又下切底土，形成横断面为宽浅槽形的浅沟，这种侵蚀形式称为浅沟侵蚀。浅沟侵蚀下切深度从0.5 m逐渐加深到1 m。沟宽一般都大于沟深，以后继续加深加宽。浅沟侵蚀是侵蚀沟发育的初期阶段，其特点是没有形成明显的沟头跌水，正常的耕翻已不能复平，不妨碍耕犁通过，但已感到不便，另外，由于耕犁的作用，沟壁斜坡与坡面无明显界限。

（2）切沟侵蚀。

浅沟继续发展，冲刷力量和下切力量增大，沟深切入母质中，有明显的沟头，并形成一定高度的沟头跌水，这种沟蚀称为切沟侵蚀。切沟侵蚀的特点是沟谷横断面呈V字形，沟头有一定高度的跌水；沟床比降比坡面比降大，侵蚀最活跃；在质地疏松、透水性好和具有垂直节理的黄土区，发展十分迅速。切沟侵蚀可蚕食耕地，使耕地支离破碎，大大降低了土地利用率。切沟侵蚀是侵蚀沟发育的盛期阶段，沟头前进、沟底下切和沟岸扩张均甚为激烈，所以是防治沟蚀最困难的阶段。

（3）冲沟侵蚀。

切沟进一步发展，水流更加集中，下切深度越来越大，沟壁向两侧扩展，横断面呈U字形，沟底纵断面与原坡面有明显差异，上部较陡，下部已日渐接近平衡剖面，这种侵蚀称为冲沟侵蚀。冲沟是侵蚀沟发育的末期，这时沟底下切虽已缓和，但沟头的溯源侵蚀和沟坡沟岸的崩塌还在发生，没有达到相对稳定的程度。

沟蚀虽不如面蚀涉及的面广，但其侵蚀量大、速度快，且把完整的坡面切割成沟壑密布、面积零散的小块坡地，使耕地面积减少，对农业生产的危害亦十分严重。

4. 河沟山洪侵蚀

河沟山洪侵蚀指山区河流洪水对沟道堤岸的冲淘，对河床的冲刷，进而产生淤积的过程。由于山洪具有流速高、冲刷力大和暴涨暴落的特点，因而破坏力大，并能搬运泥沙石块，进而产生沉积现象。山洪侵蚀可改变河道形态，冲毁建筑物和交通设施，淹埋农田和居民点，造成严重危害。

1.1.2.2 重力侵蚀

重力侵蚀是一种以重力作用为主引起的土壤侵蚀形式。严格地讲，纯粹由重力作用引起的侵蚀现象是不多的。重力侵蚀的发生是与其他外营力参与有密切关系的，特别是在水蚀及下渗水的共同作用下，会产生以重力为直接原因的地表物质移动。

1. 泻溜

泻溜是指岸壁和陡坡上的土石经风化形成的碎屑，在重力作用下，沿着坡面下泻的现象。泻溜是坡地发育的一种方式。陡坡上的土石岩体，受冷热、干湿和冻融的交替作用，会使土石表面变得松散，也会使其内聚力降低，形成与母岩分离的碎屑物质，这些物质一旦失稳，在自身重力的作用下就会不断下落，从而使坡面后退。碎屑常堆积在坡脚，土质堆积物的安息角一般为35°～36°，这些堆积物常被洪水冲刷、搬运，如果堆积物不被流水冲走，斜坡将逐渐变缓。

2. 崩塌

边坡上部岩土体被裂隙分开或拉裂后，突然向外倾倒、翻滚、坠落的破坏现象称为崩塌。发生在岩体中的崩塌称为岩崩；发生在土体中的崩塌称为土崩；规模巨大、涉及大片山体的崩塌称为山崩。崩塌主要出现在地势高差较大、斜坡陡峻的高山地区和河流强烈侵蚀的地带。崩塌可造成河流堵塞，阻碍航运，毁坏建筑物或村镇，甚至引发波浪冲击沿岸等灾害。

3. 滑坡

当雨水渗透至土层底部，在不透水层或基岩上会形成地下潜流。由于土体不断吸水增重，当土体的下滑力大于抗滑力时，土体沿着一定滑动面发生位移的现象，称为滑坡。滑坡发生的坡度一般在12°～32°，在此范围内，坡度越大，重力超过运动阻力的可能性也越大。凹形山坡上较难产生滑动，因为下部平缓部分有阻止滑动的作用；凸形坡则相反，山坡下部比较不稳定，常因下部产生滑塌而使山坡上部发生滑动。土壤的物理性质、矿物成分及胶体化学性质均会对滑坡产生影响。

1.1.2.3 冻融侵蚀

温度在0 ℃上下变化时对土体所造成的机械破坏作用称为冻融侵蚀。

冻融侵蚀在我国北方寒温带较为广泛，如陡坡、沟壁、河床、渠道等在春季时有发生。其特点如下：冻融使边坡上的土体含水量和容重增大，因而加重了土体的不稳定性；冻融使土体发生机械变化，破坏了土壤内部的凝聚力，降低了土壤的抗剪强度；土壤冻融具有时间和空间的不一致性，当土体表面解冻而底层未解冻时，会形成一个不透水层，水分沿交接面流动，使两层间的摩擦阻力减小，因此，在土体坡角小于休止角的情况下，也会发生不同状态的机械破坏。所以，冻融侵蚀是一种不同于水蚀和重力侵蚀的独特侵蚀类型。

1.1.2.4 冰川侵蚀

现代冰川的活动对地表所造成的机械破坏作用称为冰川侵蚀。

冰川侵蚀活跃于现代冰川地区，主要发生在青藏高原和高山雪线以上。雪线以上的积雪，经过一系列变化后，转化为有层次的厚达数十米至数百米的冰川冰，而后沿着冰床做缓慢的塑性流动和块体滑动，从而对土壤造成侵蚀。冰川冰质量大，它具有巨大的机械功能。冰川在运动过程中像一台巨大的铲土机，在对其底部的土体产生刨蚀的同时，还对其两侧与冰川接触的土体产生刮蚀。

1.1.2.5　混合侵蚀

混合侵蚀指在水流冲力和重力共同作用下的一种特殊侵蚀形式，在生产上常称混合侵蚀为泥石流。

1.1.2.6　风蚀

风蚀是指在气流冲击作用下，土粒、沙粒脱离地表被搬运和堆积的过程。风蚀对地表所产生的剪切力和冲击力，可引起细小的土粒与较大的团粒或土块分离，甚至从岩石表面剥离碎屑，使岩石表面出现擦痕和蜂窝，继之土粒或沙粒被风携带形成风沙流。气流的含沙量随风力的大小而改变，风力越大，气流含沙量越高。气流中的含沙量过饱和或风速降低时，土粒或沙粒与气流分离而沉降，堆积成沙丘或沙垄。土粒或沙粒脱离地表、被气流搬运和沉积这 3 个过程是相互影响、穿插进行的。

1.1.2.7　生物侵蚀

生物侵蚀是指动、植物在生命过程中引起的土壤侵蚀。动物的生活活动能引起土体破坏和土粒迁移；而一般植物在防蚀固土方面有特殊的作用，但若人为活动不当，将会导致植物侵蚀，如过度开垦种植会导致土壤性质恶化、肥力下降。

1.1.2.8　化学侵蚀

土壤中的多种营养物质在下渗水分作用下发生化学变化和溶解损失，导致土壤肥力降低的过程称为化学侵蚀。进入土壤中的降水或灌溉水分，当水分达到饱和以后，受重力作用将沿土壤孔隙向下层运动，使土壤中的易溶性养分和盐类发生化学作用，有时还伴随着分散悬浮于土壤水分中的土壤黏粒、有机和无机胶体（包括它们吸附的磷酸盐和其他离子）沿土壤孔隙向下运动等，这些作用均能引起土壤养分损失和土壤理化性质恶化，从而导致土壤肥力下降。在酸性条件下，碳酸岩类在地表径流作用下发生的溶蚀也属于化学侵蚀。

1.1.2.9　人为侵蚀

人为侵蚀主要是指人类在生产、开发和各种建设项目中所造成和诱发的水土流失现象。

1.1.3　我国土壤侵蚀类型分区

我国的地形、地貌及气候特点，构成了各种类型土壤侵蚀发生的基本条件。各地由于自然条件和人为活动不同，形成了许多具有不同特点的土壤侵蚀类型区域。根据我国的地貌特点和自然界某一外营力（如水力、风力等）在较大区域起主导作用的原则，《水利水电部颁布关于土壤侵蚀类型划分和强度分级标准的规定（试行）》将全国分为 3 大土壤侵蚀类型区，即水蚀为主的类型区、风蚀为主的类型区和冻融侵蚀为主的类型区。

1.1.3.1 水蚀为主的类型区

水蚀为主的类型区大体分布在我国大兴安岭—阴山—贺兰山—青藏高原东缘一线以东的地区，包括西北黄土高原区、东北低山丘陵区和漫岗丘陵区、北方山地丘陵区、南方山地丘陵区、四川盆地及周围山地丘陵区、云贵高原区6个二级类型区。

1.1.3.2 风蚀为主的类型区

风蚀为主的类型区主要分布于我国西北、华北及东北西部，包括新疆、青海、甘肃、宁夏、内蒙古、陕西等省、自治区的沙漠及沙漠周围地区。

1.1.3.3 冻融侵蚀为主的类型区

冻融侵蚀为主的类型区主要分布在我国西部青藏高原、新疆天山等一些高山地区和黑龙江流域、大小兴安岭等一些高寒地区，特别是现代冰川活动的地区。

3大类型区内的二级类型区及特点见表1-1。

表1-1 3大类型区内的二级类型区及特点

一级类型区	二级类型区	区划范围及特点
Ⅰ水蚀为主的类型区	$Ⅰ_1$ 西北黄土高原区	西界为青海日月山，西北界为贺兰山，北界为阴山，东界为太行山，南界为秦岭，地处黄河中游。区内丘陵起伏，沟谷密度大，黄土层深厚，以水蚀为主，兼风蚀和重力侵蚀。植被破坏、陡坡开垦问题严重，侵蚀模数多在5 000~10 000 t/(km^2·a)，甚至高达20 000 t/(km^2·a)以上。黄河的高含沙量主要由于黄土高原的水土流失
	$Ⅰ_2$ 东北低山丘陵区和漫岗丘陵区	南界为吉林省南部，东、西、北三面被大小兴安岭和长白山围绕，以低丘、岗地黑土区坡耕地侵蚀为主，兼有沟蚀、风蚀和融雪侵蚀
	$Ⅰ_3$ 北方山地丘陵区	东北漫岗丘陵以南，黄土高原以东，淮河以北，包括东北南部及河北、山西、内蒙古、河南、山东等省、自治区的山地和丘陵。植被覆盖差，土层浅薄，随同水土、沙石侵蚀，易患及海河、淮河的安危
	$Ⅰ_4$ 南方山地丘陵区	以大别山为北屏，以巴山、巫山为西障，西南以云贵高原为界，东南直抵海域并包括中国台湾、海南岛及南海诸岛。年降水量多在1 000~2 000 mm，多暴雨，以紫色砂页岩及厚层花岗岩风化物上发生的面蚀、沟蚀为主，兼有崩岗
	$Ⅰ_5$ 四川盆地及周围山地丘陵区	北与黄土高原接界，南与红壤丘陵区相接。年降水量1 000 mm左右，土壤侵蚀发生在紫色砂页岩及花岗岩风化物上，土少石多，陡坡耕垦，兼有面蚀、沟蚀，崩岗、滑坡、泥石流分布广泛，是长江上游泥沙主要来源区
	$Ⅰ_6$ 云贵高原区	包括云南，贵州及湖南。广西的高原、山地和丘陵，热带雨林也在本区。滑坡、泥石流活动频繁，贵州石灰岩山地陡坡开垦形成的石漠化景观较突出

续表

一级类型区	二级类型区	区划范围及特点
Ⅱ 风蚀为主的类型区	$Ⅱ_1$ 三北戈壁沙漠及土地沙漠化风蚀区	主要分布于西北、华北及东北的西部，包括新疆、青海、甘肃、陕西、宁夏、内蒙古部分地区。年均降水量100～300 mm，多大风、沙尘暴，除腾格里等大沙漠外，受人为不合理耕垦及过度放牧影响的沙漠化土地为本区防治的重点
	$Ⅱ_2$ 沿河环湖滨海平原风沙区	主要分布在山东和河南黄泛平原、鄱阳湖滨湖沙丘及福建、海南滨海区，会影响土地荒漠化的扩展
Ⅲ 冻融侵蚀为主的类型区	$Ⅲ_1$ 北方冻融侵蚀区	主要分布在东北大兴安岭山地及新疆的天山山地，属多年冻土区
	$Ⅲ_2$ 青藏高原冰川、冻融侵蚀区	分布在青藏高原，以冰川、冻融侵蚀为主，局部有冰川、泥石流发生

1.1.4 土壤侵蚀的影响因素分析

土壤侵蚀的形成及强弱变化主要受自然因素和人为因素的影响，这里仅以水蚀为例作一论述。

1.1.4.1 自然因素

自然因素包括气候、地质、地形、土壤和植被等因素。

1. 气候因素

气候因素是影响土壤侵蚀的主要外营力，包括降雨量、降雨强度，降雨的时空分布，降雨能量，降雨侵蚀力的作用与影响。

（1）降雨量、降雨强度。

一般来说，年降水总量大，侵蚀总能量也大，侵蚀因此增加。但年降雨量大的地区，自然植物常常生长较好，自然侵蚀反而并不严重；年降雨稀少的地区，植被较差，径流量也少，水蚀相对减弱。因此，在半湿润与半干旱地区水蚀较强烈。

许多研究证明，在天然降雨条件下，降雨量与土壤侵蚀量之间的直接关系并不明显，因此，人们在研究中常常统计的是可蚀性降雨量。所谓可蚀性降雨量，是指侵蚀模数大于等于1 t/km^2 的降雨量。黄土高原每年能引起土壤流失的可蚀性降雨量约为163.0 mm，其中，坡面为128.1 mm，沟道小流域为197.5 mm。

降雨强度是影响土壤侵蚀的最重要因子。通常情况下，土壤侵蚀只发生在少数几场暴雨之中。根据黄土高原天水水土保持站（简称天水站）1945—1975年的观测资料，31年内共降雨1 226次，其中，发生径流的降雨只有82次，占总降雨次数的6.7%，平均每年只有6.3次降雨引起土壤侵蚀。

通常情况下，就单次降雨量和降雨强度对土壤侵蚀的影响进行分析，并不能充分说明降雨对侵蚀的作用，因此，常常将降雨量 P 与降雨强度 I 进行不同组合，然后再对侵蚀进行分析。研究证明，黄土高原在其他条件一致的情况下，一次降雨量和平均降雨强度与侵蚀量的关系为一非线性函数，可用下式表示：

$$M_S = AP^a I^b \tag{1-1}$$

式中：M_S 为某一定坡度的一次降雨侵蚀模数，t/km^2；P 为一次降雨量，mm；I 为一次平均降雨强度，mm/h；A，a，b 为待定系数。

（2）降雨的时空分布。

侵蚀的形成往往与可蚀性降雨的集中程度相一致。一年中，侵蚀主要发生在雨季。例如，天水站 1945—1953 年径流小区的观测表明，6～8 月降雨量占全年降水量的 47.8%，径流量占全年总径流量的 78.5%，侵蚀量占全年总侵蚀量的 81.7%。

降雨量的年际变化也会对土壤侵蚀造成影响。一般情况下，丰水年侵蚀强烈，干旱年侵蚀微弱。

另外，前期降雨对土壤侵蚀也能产生一定的影响。它能使土壤水分饱和，再继续降雨就很容易产生径流而造成水土流失。

（3）降雨能量。

降雨能量越大，地表产流量越多，土壤侵蚀越严重。威斯奇迈尔和史密斯根据雨滴分布和终点速度的统计回归计算出动能的方程，即：

$$E = 210.2 + 89 \lg I \tag{1-2}$$

式中：E 为降雨动能，J/(m^2 · cm)；I 为降雨强度，cm/h。

我国学者周佩华、江忠善、刘素媛和周伏建等也研究了不同地区雨滴的能量特征，得到的模型分别如下所示。

西北地区（陕北、晋西、陇东）为：

短阵型 $E = 32.98 + 12.13 \lg I$ 或 $E = 33.88 I^{0.23}$ （1-3）

普通型 $E = 27.83 + 11.55 \lg I$ 或 $E = 29.64 I^{0.29}$ （1-4）

东北地区（辽西）为：

短阵型 $E = 28.95 I^{0.075}$ （1-5）

普通型 $E = 25.92 I^{0.072}$ （1-6）

南方地区（福建）为：

$$E = 34.32 I^{0.27} \tag{1-7}$$

研究证明，黄土高原缓坡耕地的土壤侵蚀与降雨能量有很好的线性相关关系，模型如下：

$$M_W = a + bE \tag{1-8}$$

$$M_S = a + bE \tag{1-9}$$

式中：M_W 为径流模型，m^3/km^3；M_S 为侵蚀模数，t/km^2；E 为降雨动能，J/m^2；a，b 为待定系数。

（4）降雨侵蚀力。

降雨侵蚀是降雨和土壤相互作用的结果，任何一次降雨侵蚀都受这两方面的制约，因此，要研究降雨侵蚀作用，需要首先知道降雨侵蚀力和土壤可蚀性。

侵蚀力是降雨引起土壤侵蚀的潜在能力，它是降雨物理特征的函数。侵蚀力的大小完全取决于降雨的性质，即该次降雨的雨量、强度、雨滴大小等，与土壤性质无关。

可蚀性是指土壤对侵蚀的易损性或敏感性，它是土壤的自然性质与土壤经营两者的函数，即土壤的质地、结构、地表植被和坡度等。

在一次具体的侵蚀事件中，既有降雨侵蚀力存在，也有土壤可蚀性的参与，两者是相互依存的物理参数，只有保持其中一个不变时，才能对另一个进行定量研究。

侵蚀力的计算，经过国内外许多学者的研究，已有了很大进展。20世纪40年代初，埃利森、比萨尔、罗斯等人通过大量实验发现了侵蚀力与能量有关，后来被土壤流失资料所证实。威斯奇迈尔经过大量的寻优计算，找到了一个复合参数（暴雨的动能与其最大30 min强度的乘积，成为判断土壤流失的最好指标），这就是降雨侵蚀力 R。其表达式为：

$$R = EI_{30} \tag{1-10}$$

式中：E 为该次降雨的总动能，英尺①·t/（英亩②·英寸③）或 J/（m^2·mm）；I_{30} 为该次暴雨过程中出现的最大30 min强度，英寸/h，或 mm/h，I_{30} 是从自记雨量计的记录纸中选取曲线最陡的一段计算出来的。

我国学者对降雨侵蚀力的研究也取得了可喜的进展，且证实各地降雨侵蚀力 R 与土壤侵蚀模数 M_S 呈幂函数关系，通式为：

$$M_S = aR^b \tag{1-11}$$

式中：M_S 为侵蚀模数，t/km^2；R 为降雨侵蚀力；a，b 为待定系数。

另外，风也是影响土壤侵蚀的一个重要因素，如风蚀量的大小与风力的大小有直接的关系。

2. 地质因素

地震是现代构造运动的重要表现之一，强烈的地震常诱发和复活大量的滑坡与崩塌，坡度越陡，地震振幅越大，破坏作用也越强。

沟床的下切深度、沟头的前进速度和沟坡的扩展速度等均与侵蚀基准面变化有关。侵蚀基准面相对抬升，三者的发展速度越快，土壤侵蚀越剧烈；侵蚀基准面相对稳定或经人为整治后，情况则相反。

另外，地层的产状和岩性等对土壤侵蚀也有影响。

---

① 1英尺等于30.48 cm。

② 1英亩约等于0.004 km^2。

③ 1英寸等于2.54 cm。

3. 地形因素

地形对土壤侵蚀的影响除了大的地貌格局控制着侵蚀发生外，坡度、坡长、坡型和坡向也会直接参与土壤侵蚀过程。

(1) 坡度。

坡度大小不仅影响流速，而且影响渗透量与径流量。坡度越小，径流在坡面上停留的时间越长，水流损失越大，入渗的机会也越多；在坡度较大的地面上情况则相反。因此，在渗透较大的条件下，渗透量与坡度成反比关系。

从受雨量方面看，当降雨量相等时，随着坡面坡度的增加，单位坡面上的受雨量减少，因此地表径流量有可能减少。但是，坡度大渗透量小，因此，一些学者研究后认为，地表径流量随坡度的增大而增加。

坡度与坡面冲刷的关系非常密切，通常情况下，侵蚀模数与坡度为一幂函数关系，通式为：

$$M_S = AS^b \tag{1-12}$$

式中：M_S 为侵蚀模数，t/km^2；S 为坡度；A，b 为待定系数。

在整个坡面上，侵蚀量随坡度的增加是有一定极限的。研究证明，坡度约在 40°以下时，侵蚀量与坡度呈正相关。

(2) 坡长。

坡长指的是从地表径流的起点到坡度降低到足以发生沉积的位置或径流进入一个规定沟(渠) 的入口处的距离。

当坡面其他条件一致时，径流深一般随着坡长的增加而增加。天水站和绥德站的资料表明：

① 在遇到特大暴雨以及大暴雨（降雨强度大于0.5 mm/min）时，坡长与径流、冲刷呈正相关；

② 当降雨强度较小，或大强度降雨持续时间很短时，坡长与径流呈反相关，与冲刷呈正相关；

③ 当降雨量很小（3～15 cm），降雨强度也很小时，坡长与径流、冲刷均呈反相关。

在水土流失规律研究中，人们往往按照地形特征将坡度 S 和坡长 L 进行综合考虑，以探求其对侵蚀的影响。大量的研究证明，其通式为：

$$M_S = AS^a L^b \tag{1-13}$$

式中：M_S 为侵蚀模数，t/km^2；S 为坡度；L 为坡长，m；A，a，b 为待定系数。

(3) 坡型。

自然界的坡面依据其形态可分为直线型坡、凸型坡、凹型坡和阶型坡 4 种类型，其他形态实际上是上述坡型不同方式的自然组合。

直线型坡上，严重的土壤侵蚀发生在下半部；凸型坡的下部经常以浅沟、切沟等为主要侵蚀形式；凹型坡的上半部坡度较陡，侵蚀相对严重，下半部由于坡度减缓，不仅不产生侵蚀作用，而且往往以沉积为主；阶型坡是斜坡与阶地相间的复式坡型，这种坡型会对水流起到一定的缓冲作用，既可增加地表径流的下渗机会，减小径流量，又可削减径流流速，降低径流冲刷强度。

（4）坡向。

坡向不同，所接受的太阳辐射也不同，从而会影响土壤温度、土壤湿度、植被状况等一系列环境因子，而且其侵蚀过程也有明显差异。

西叶维特洛夫的观测结果（见表1－2）表明，阳坡的侵蚀大于阴坡。

表1－2　坡向对水土流失的影响

坡向	各种土壤冲刷强度的面积百分数		
	不受冲刷	中等冲刷	强烈冲刷
阳坡	57%	24%	19%
阴坡	70%	15%	7%

4. 土壤因素

土壤是侵蚀的对象，也是影响径流的因素，因此，土壤的各种性质都会对侵蚀产生影响。通常，人们用土壤的抗蚀性和抗冲性作为衡量土壤抵抗径流侵蚀的能力，用渗透速率表示对径流的影响。

土壤的抗蚀性是指土壤抵抗径流对其分散和悬浮的能力。土壤越黏重，胶结物越多，抗蚀性越强。腐殖质能把土粒胶结成稳定团聚体和团粒结构，因而含腐殖质多的土壤抗蚀性强。

土壤的抗冲性是指土壤抵抗径流对其机械破坏和推动下移的能力。土壤的抗冲性可以用土块在水中的崩解速度来判断，崩解速度越快，抗冲性越差。有良好植被的土壤，在植物根系的缠绕下难以崩解，抗冲性较强。

土壤抗蚀性指标多以土壤水稳性团粒和有机质含量的多寡来判别，土壤抗冲性以单位径流深所产生的侵蚀数量或其倒数作为指标。

影响土壤上述性质的因素有土壤质地、土壤结构及其水稳性、土壤孔隙、剖面构造、水层厚度、土壤湿度以及土地利用方式等。

5. 植被因素

植物可抑制土壤侵蚀发生，其原因是覆盖于地面的植被能够拦截降雨，保护地面免受打击，调节地表径流量，增加土壤入渗时间，消减径流动能，加强土壤的渗透性、抗蚀性和抗冲性等。

（1）截留作用。

植物的地上部分常呈多层重叠状以遮蔽地面，并具有一定的弹性和开张角，能承接、分散和削弱雨滴及雨滴能量，截留的雨滴汇集后又会沿枝干缓缓地流落或滴落至地面，从而改变了降雨落地的方式，减小了林下降雨强度和降雨量。

植被的截留作用常因覆盖度、郁闭度及降雨强度的不同而有明显差异（见表1－3）。一般情况下，郁闭度越高，截留量越大。截留量还与降雨强度有关，在雨量相同的情况下，截留量随降雨强度增大而减小，随降雨强度减小而增大。

表1-3 刺槐林不同郁闭度下的林冠截留量和截留率

观测年份	降雨/mm		0.3~0.5		0.5~0.8		>0.8		备注
	总量/mm	次数	截留量/mm	截留率	截留量/mm	截留率	截留量/mm	截留率	
1981	555.69	21	38.38	6.89%	49.16	8.85%	112.88	20.31%	7~9月
1982	365.20	47	28.17	7.71%	38.53	10.55%	58.96	16.14%	
1983	637.89	42	66.98	10.50%	81.96	12.85%	82.64	12.96%	
1984	622.62	53	51.22	8.23%	56.59	9.09%	86.10	13.83%	
1985	176.60	27	12.48	7.06%	25.27	14.30%	35.88	20.31%	5~6月
年均	589.53	47.5	49.28	8.36%	62.88	10.67%	94.12	15.96%	

注：观测期为5~9月。

（2）调节径流。

森林、草地中有一层厚枯枝落叶，具有很强的涵蓄水分的能力。随着凋落物量的增加，其平均蓄水量和平均蓄水率都会增加，一般可达20~60 kg/m^2。

凋落物的阻挡、蓄持以及改变土壤的作用，提高了林下土壤的渗透能力，使得有较好植被分布区域林下很难形成径流，或径流量很小，并且延长了径流时间，故而起到了延缓径流过程进而减小径流量的作用。

（3）固结土体。

植物根系对土壤有很好的穿插、缠绕和固结作用，因此，庞大的根系能把其范围内的土体紧紧地固结起来，以免冲刷。

（4）提高土壤抗蚀性。

植被对土壤形成有巨大的促进作用，因为植物残败体可以直接进入土壤，提高土壤的有机质含量，而土壤抗蚀性的提高也正是有机质含量增加的结果。

（5）提高土壤抗冲性。

植物提高土壤抗冲性是通过众多毛根固结网络、保护阻挡、吸附牵拉3种方式来实现的，表现为冲刷模数相对降低。

1.1.4.2 人为因素

人类对自然植被的破坏是影响土壤侵蚀最主要的人为因素。人类社会的出现，首先以掠取自然界的生物资源为其生存的基本条件。从狩猎、游牧、刀耕火种到大规模开垦，均是以破坏自然植被为代价，从而导致自然生态平衡失调，自然侵蚀转化成为人为加速侵蚀。据联合国环境署和粮农组织的调查研究，地球2/3的陆地曾被森林所覆盖，面积达76亿 hm^2，现在仅剩下26.4亿 hm^2；全世界因土壤侵蚀每年从耕地流失的土壤约250亿t，坡耕地土壤侵蚀成为现代土壤侵蚀的主要方式。

中国有五千年的文明史和耕垦历史。由于人口增长迅速，加上长期封建统治，滥垦、滥伐、滥牧的生产方式，生态环境受到严重破坏，土壤侵蚀急剧发展。近年来，城镇、工矿建设飞速发展，由于未及时采取相应的环境保护措施，从而引发了新的水土流失问题。

1.1.5 土壤侵蚀分级标准

1.1.5.1 土壤侵蚀强度

土壤侵蚀强度是定量地表示和衡量某区域土壤侵蚀数量多少和侵蚀强烈程度的参数，通常通过调查研究和长期定位观测得到，它是水土保持措施布置和设计的重要依据。

1. 土壤侵蚀模数及侵蚀深

单位面积上每年侵蚀土壤的平均质量，称为侵蚀模数，其单位为 t/(km² · a)，计算公式为：

$$M_S = \sum W_S F^{-1} T^{-1} \tag{1-14}$$

单位面积上每年流失的径流量，称为径流模数，其单位为 m³/(km² · a)，计算公式为：

$$M_W = \sum W_W F^{-1} T^{-1} \tag{1-15}$$

式（1－14）和式（1－15）中：M_S，M_W 分别为侵蚀模数和径流模数；W_S 为年侵蚀总量，t；W_W 为径流总量，m³；F 为侵蚀（产流）面积，km²；T 为侵蚀（产流）时限，a。

侵蚀深（h）是将上述 M_S 转化成土层深度（mm），可表示侵蚀区域每年地表侵蚀的平均厚度。转化式为：

$$h = \frac{1}{1\,000} \cdot \frac{M_S}{r_S} \tag{1-16}$$

式中：r_S 为侵蚀土壤的容重，t/m³。

2. 沟谷密度及地面割裂度

沟谷密度和地面割裂度可形象地表示侵蚀强度。通常把单位面积上沟谷的长度称为沟谷密度，单位为 km/km²；把沟壑面积占流域（某区域）总面积的百分数称为地面割裂度。

此外，人们为了对比不同时空的侵蚀情况，还提出用特定径流深（如 50 mm 径流深）或特定降雨量（如 10 mm 降雨量）产生的侵蚀深来表示侵蚀强度的大小。

1.1.5.2 土壤侵蚀强度分级

土壤侵蚀强度分级是研究和生产部门工作的重要依据，因此，世界上土壤侵蚀严重的国家和地区均制定了适于本国和本地区情况的土壤侵蚀强度分级方案。土壤侵蚀强度分级根据土壤侵蚀强度从小到大的变化规律，划分出若干个等级序列，以便针对不同的侵蚀强度实施不同的综合治理。

我国水利部在《土壤侵蚀分类分级标准》（SL 190—2007）中，依据不同侵蚀营力的侵蚀特点制定的侵蚀强度分级参考指标见表 1－4、表 1－5、表 1－6 和表 1－7。

表 1－4 水蚀强度分级参考指标

级 别	平均侵蚀模数/[t·(km²·a)⁻¹]	平均流失厚度/mm
微度	<200，<500，<1 000	<0.15，0.37，0.74
轻度	200，500，1 000～2 500	0.15，0.37，0.74～1.9

续表

级 别	平均侵蚀模数/[t·(km²·a)⁻¹]	平均流失厚度/mm
中度	2 500 ~ 5 000	1.9 ~ 3.7
强度	5 000 ~ 8 000	3.7 ~ 5.9
极强	8 000 ~ 15 000	5.9 ~ 11.1
剧烈	>15 000	>11.1

注：由于各流域成土自然条件的差异，可按实际情况确定土壤允许流失量的大小，从 200，500，1 000 t/(km²·a) 起止，但允许值不得小于 200 t/(km²·a) 或超过 1 000 t/(km²·a)。

表 1-5 不同水蚀类型强度分级参考指标

级别	面蚀		沟蚀		重力侵蚀
	坡度（坡耕地）	植被（林地、草地）覆盖度	沟谷密度/(km·km⁻²)	沟蚀面积占总面积的比例	滑坡、崩塌、泻溜面积占坡面面积的比例
微度	3°	>90%	—	—	—
轻度	3° ~ 5°	70% ~ 90%	<1	<10%	<10%
中度	5° ~ 8°	50% ~ 70%	1 ~ 2	10% ~ 15%	10% ~ 25%
强度	8° ~ 15°	30% ~ 50%	2 ~ 3	15% ~ 20%	25% ~ 35%
极强	15° ~ 25°	10% ~ 30%	3 ~ 5	20% ~ 30%	35% ~ 50%
剧烈	>25°	<10%	>5	>30%	>50%

表 1-6 风蚀强度分级参考指标

级别	床面形态（地表形态）	植被覆盖度（非流沙面积）	风蚀厚度/(mm/a)	侵蚀模数/[t/(km²·a)]
微度	固定沙丘、沙地和滩地	>70%	<2	<200
轻度	固定沙丘、半固定沙丘、沙地	70% ~ 50%	2 ~ 10	200 ~ 2 500
中度	半固定沙丘、沙地	50% ~ 30%	10 ~ 25	2 500 ~ 5 000
强度	半固定沙丘、流动沙丘、沙地	30% ~ 10%	25 ~ 50	5 000 ~ 8 000
极强	流动沙丘、沙地	<10%	50 ~ 100	8 000 ~ 15 000
剧烈	大片流动沙丘	<10%	>100	>15 000

表 1-7 泥石流侵蚀强度分级参考指标

级别	每年每平方公里冲出量/(万 m³)	固体物质补给形式	固体物质补给量/(万 m³/km²)	沉积特征	泥石流浆体密度/(t/m³)
轻度	<1	浅层滑坡或零星坍塌	<20	沉积物颗粒较细，沉积表面较平坦	1.3 ~ 1.6
中度	1 ~ 2	浅层滑坡或中小型坍塌	20 ~ 50	沉积物颗粒较少，颗粒间较松散	1.6 ~ 1.8

续表

级别	每年每平方公里冲出量/(万 m^3)	固体物质补给形式	固体物质补给量/(万 m^3/km^2)	沉积特征	泥石流浆体密度/(t/m^3)
强烈	2～5	深层滑坡或大型坍塌	50～100	有舌状堆积形态	1.8～2.1
极强烈	>5	深层滑坡或大型集中坍塌为主	>100	有垄岗、舌状等黏性泥石流堆积形成	2.1～2.2

1.1.5.3 容许土壤流失量

容许土壤流失量的概念是在水土保持实践中逐渐形成并不断发展的。初期，它被认为是可接受的土壤侵蚀率或水土保持所能达到的最小土壤侵蚀率。容许土壤流失量强调在维持土地高生产力水平的前提下最大的土壤侵蚀速率或与岩石的化学风化成土率保持平衡的侵蚀速率。容许土壤流失量是农业可持续发展的重要条件，因此可以简称为维持土地持续高生产力的最大侵蚀量，又称 T 值。该量值决定于某地的风化成土速度 W 和土壤可溶物质移动速度 D，用公式表示为：

$$W = T + D$$

则

$$T = W - D \tag{1-17}$$

式中：T 为侵蚀率。

若用 P_S 表示风化成土原地保存率，即 $P_S = \frac{原地保存量}{风化成土量}$，则：

$$T = WP_S \tag{1-18}$$

式（1－17）表示基岩减少量与物质移动总量相等，式（1－18）表示基岩表面正以成土速率在降低，将式（1－18）代入式（1－17）得：

$$D = W - T = W\ (1 - P_S)$$

则

$$T = \frac{WP_S}{W\ (1 - P_S)} D = D\left(\frac{P_S}{1 - P_S}\right) \tag{1-19}$$

若能测定出 D 和 P_S 值，即可确定 T 值。

一般认为，当 P_S 为 0.8 左右时即可满足植物生长的需要，D 值会因各地条件差异而有所不同。例如，美国东北部非 C_a 质岩石的溶解速度 $D = 25$ μm/a，黄土区的溶解速度 $D = 50$ μm/a，由此计算出 $T = 1/1\ 000$ mm 是非常有限的。

我国根据有效土层厚度的抗蚀年限划分出了土壤侵蚀潜在危害程度分级指标，如表1－8所示。

表1－8　土壤侵蚀潜在危险程度分级指标

级别	临界土层的抗蚀年限/a
Ⅰ′无险型	>1 000

续表

级别	临界土层的抗蚀年限/a
Ⅱ′较险型	100～1 000
Ⅲ′危险型	20～100
Ⅳ′极险型	<20
Ⅴ′毁坏型	裸岩、明沙、土层不足10 cm者

注：抗蚀年限是指大于临界值的有效土层厚度与现状年均侵蚀深度的比值。

显然，无险型土壤抗蚀年限最长，容许流失量可大些；极险型和毁坏型容许流失量应取最小值。《土壤侵蚀分类分级标准》（SL 190—2007）中明确提出：在不同侵蚀类型区，容许流失量 T 值分别采用200 t/（km^2·a）、500 t/（km^2·a）和1 000 t/（km^2·a）。

1.2 荒漠化及其防治

1.2.1 基本概念

1.2.1.1 荒漠化防治工程

《中国水利百科全书·水土保持分册》中对荒漠化的定义包括气候变化和人类活动在内的多种因素造成的干旱区、半干旱区及干旱亚湿润区的土地退化。这里的干旱区、半干旱区和干旱亚湿润区指的是降水量与土壤水分潜在蒸发散的比值在0.05～0.65的区域。土地退化则是由于使用土地或由于一种营力或数种营力结合致使干旱区、半干旱区和干旱亚湿润区雨育耕地、水浇地、草原、牧场、森林、林地的生物及经济生产力和复杂性下降或丧失。

荒漠化防治工程是指在干旱区、半干旱区和干旱亚湿润区，为治理和预防土地荒漠化所采取的针对各种工程、生物、农业的综合技术措施与手段。其中包括营造的各种类型防护林体系，设立的自然保护区，采取的草场植被人工播种及复壮更新措施，进行的集约型生态农业建设，以及为防治风蚀所设置的机械沙障和所实施的化学与力学固沙工程等，为防治水土流失所修建的各种拦沙、蓄水、防洪护岸工程和田间工程等，为治理土壤盐渍化所建立的排水工程和所实行的冲洗改良措施、灌溉淋盐措施和农业耕作措施等。

1.2.1.2 荒漠化评价

荒漠化评价就是对分布于干旱区、半干旱区和干旱亚湿润区的退化土地进行类型划分与程度分等定级，或者是从退化的角度对荒漠化土地进行质与量的界定。荒漠化评价属于土地资源评价或土地质量评价的范畴，服务于土地利用。荒漠化评价通常包括现状评价、灾害评价、发展速率评价和发展趋势评价等内容。

1.2.1.3 荒漠化监测

《中国水利百科全书·水土保持分册》中指出，荒漠化监测是指人类采取各种技术手段对荒漠化土地进行定期监视检测的工作。监视对象包括荒漠化土地本身及荒漠化防治工程，以及与此相联系的生态、经济和社会的各个方面，即监测荒漠化的正（逆）过程、影响因素和综合效应。监测方法有地面监测、空中监测和卫星监测（遥感监测）等。监测内容主要包括土壤、植被、水文、地质地貌、气候气象等自然因素和社会经济因素。

1.2.2 荒漠化类型及分布

按形成主导因素来划分，我国的荒漠化可以分为风蚀荒漠化、水蚀荒漠化、冻融荒漠化和盐渍荒漠化等类型。

2015 年第五次全国荒漠化和沙化土地监测的报告显示，截至 2014 年，新疆、内蒙古、西藏、甘肃、青海 5 省、自治区的荒漠化土地面积位列全国前 5 位，分别为 10 706.18 万 hm^2、6 092.04 万 hm^2、4 325.62 万 hm^2、1 950.20 万 hm^2、1 903.58 万 hm^2，占全国荒漠土地总面积（26 115.93 万 hm^2）的 95.64%。

1.2.3 风蚀荒漠化防治的风沙物理学原理

1.2.3.1 风蚀作用

1. 沙粒的起动

风是沙粒运动的直接动力，气流对沙粒的作用力为：

$$P=\frac{1}{2}C\rho V^2A \tag{1-20}$$

式中：P 为风的作用力；C 为与沙粒形状有关的作用系数；ρ 为空气密度；V 为气流速度；A 为沙粒迎风面面积。

由上式可见，随着风速的增大，风的作用力也增大。当风速的作用力大于沙粒的惯性力时，沙粒即被起动。因此，使沙粒沿地表开始运动所必需的最小风速称为起动风速（或临界风速）。一切大于临界风速的风都是起沙风。

起动风速的大小与沙粒粒径的大小、沙层表土的湿度状况及地面粗糙度等有关。一般来说，沙粒越大，沙层表土越湿，地面越粗糙，植被覆盖度越大，起动风速越大。

2. 风力的作用过程

风力的作用过程包括风对土壤物质的分离、搬运和沉积 3 个过程。

（1）风力的侵蚀作用。

风力的侵蚀作用包括吹蚀和磨蚀两种方式。风的侵蚀能力是摩阻流速的函数，可用下式表示：

$$D=f\left(v_*\right)^2 \tag{1-21}$$

式中：D 为侵蚀力；v_* 为侵蚀床面上的摩阻流速。

地表附近的风速梯度较大，使凸出于气流中的颗粒受到较强的风力作用。颗粒越大，凸出于气流中的高度越高，受到风的作用力也越大，但是，由于这些颗粒质量较大，所以需要更大的风力才能被分离。能够被风移动的最大颗粒粒径，取决于颗粒垂直于风向的切面面积及本身的质量。粒径为 0.05 ~0.5 mm 的颗粒都可以被风分离，并以跃移的形式运动，其中粒径为 0.1 ~0.15 mm 的颗粒最易被分离侵蚀。

风沙流中跃移的颗粒增加了风对土壤颗粒的侵蚀力，因为这些颗粒不仅将易蚀的土壤颗粒从土壤中分离出来，而且通过磨蚀将那些小颗粒从难蚀或粗大的颗粒上分离下来带入气流。

磨蚀强度用单位质量的运动颗粒从被蚀物上磨掉的质量来表示。对于一定的沙粒与被蚀物，磨蚀强度是沙粒的运动速度、粒径及入射角的函数，即：

$$W = f(V_{\mathrm{P}}, d_{\mathrm{p}}, S_{\alpha}, \alpha) \tag{1-22}$$

式中：W 为磨蚀量，g/kg；V_{P} 为颗粒速度，cm/s；d_{p} 为颗粒直径，mm；S_{α} 为被蚀物稳定度，$\mathrm{J/m^2}$；α 为沙粒的入射角，(°)。

(2) 风的输移作用。

当风速大于起动风速时，在风力的作用下，土壤和沙粒物质随风运动，其运动方式有悬移、跃移和蠕移 3 种形式。运动方式主要取决于风力的强弱和搬动颗粒粒径的大小。

风沙运动与水流中泥沙的运动不同，以跃移运动为主。沙粒在空气中的跳跃高度有几百或几千个粒径，这样就会从气流中获得更大的能量，因此，下落冲击地面时，不但本身会反弹跳起，而且还会把下落点附近的沙粒也冲击溅起。这些沙粒在落到地面以后，又溅起更多的沙粒，因此，沙粒在气流中的这种跳跃移动具有连锁反应的特性。高速跃移的沙粒通过冲击方式，靠其动能可以推动比它大 6 倍或重 200 多倍的表层粗沙粒（>0.5 mm）蠕移运动。蠕移速度较小，每秒仅向前移动 1 ~2 cm；而跃移的速度快，一般可以达到每秒数十到数百厘米。

在一定条件下，风的搬动能力主要取决于风速，而与被搬动物的粒径关系不密切。同样的风速可搬动多数量的小颗粒或较少的大颗粒，其搬动总质量基本不变。

拜格诺研究了沙丘沙和土壤的搬运，得出风的搬动能力与摩阻流速的三次方成正比，即：

$$Q = f\left(\frac{\rho}{g} v_*^3\right) \tag{1-23}$$

式中：Q 为输沙量，g/(cm · s)；v_* 为摩阻流速，m/s；g 为重力加速度，$\mathrm{m/s^2}$；ρ 为密度，$\mathrm{kg/m^3}$。

自然界影响风的搬动能力的因素十分复杂，它不仅取决于风力的大小，而且受沙粒粒径、形状、比重、湿润程度、地表状况和空气稳定度等的影响。

(3) 风的沉积作用。

土壤颗粒被风搬动的距离取决于风速大小、土壤颗粒或团聚体的粒径和质量以及地表状况。

① 沉降堆积。

当风速减弱，使紊流旋涡的垂直分速小于重力产生的沉速时，在气流中悬浮运行的沙粒就会降落堆积在地表，称为沉降堆积。沙粒的沉速随粒径增大而增大，如表 1 - 9 所示。

表1-9 沙粒直径与沉速的关系

沙粒直径/mm	沉速/($cm \cdot s^{-1}$)
0.01	2.8
0.02	5.5
0.05	16.0
0.06	50.0
0.10	167.0
0.20	250.0
2.00	500.0

② 遇阻堆积。

风沙流运行时，遇到障阻使沙粒堆积起来，称为遇阻堆积。风沙流遇障阻速度减慢而把部分沙粒卸积下来，也可能全部（或部分）越过和绕过障碍物的背风坡形成涡流，如图1-1所示。

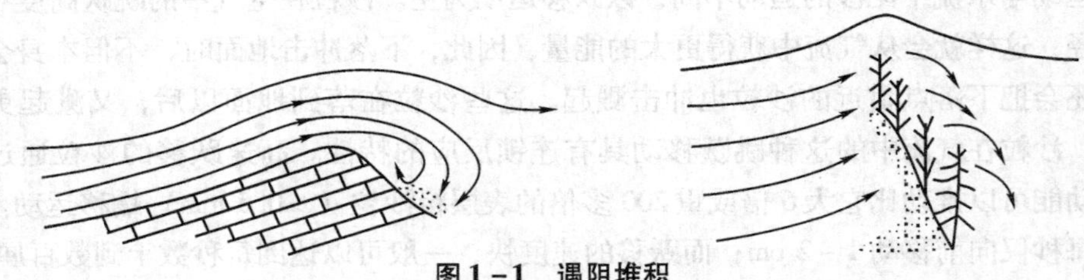

图1-1 遇阻堆积

风沙流遇到山体阻碍时，可以把沙粒带到迎风坡小于20°的山坡上并堆积下来。当风沙流的方向与山体成锐角相交时，一股循山势前进，另一股沿着山体迎风坡成斜交方向上升，并因与山坡摩擦而减缓风速，使沙粒卸堆在迎风坡上。地表的草木和沙丘本身也都能成为使风速降低和沙粒堆积的障碍。

另外，风沙流在运行过程中，若遇到湿润或较冷的气流会被迫上升，这时，部分沙粒就不能随气流上升而沉积下来。两股风沙流相遇，即使在风向几乎平行的条件下，也会发生干扰，降低风速，减小输沙能力，从而使部分沙粒降落下来。在风沙流经常发生的地区，粒径小于0.05 mm的沙粒悬浮在较高的大气层中，遇到冷湿气团时，粉粒和尘土会成为雨滴的凝结核随降雨大量沉降，成为气象学上的尘暴或降尘现象。

从搬运方式来看，蠕移质搬运距离很近，若被磨蚀作用崩解成细小颗粒，则可转化成悬移和跃移方式。跃移质多沉积在被蚀地块附近，在灌丛、土埂的背后堆成沙垄。沙丘沙中的粗粒堆积于沙丘迎风坡，细粒沉积在背风坡。悬移质及受打击崩解而进入气流中的悬浮颗粒，搬运距离最长，这部分颗粒数量虽少，但多是含有大量土壤养分的黏粒及腐殖质。

3. 影响风蚀的因素

风蚀作用的大小和强弱除与风力有关外，还受土壤的抗蚀性、地形、降雨、地表状况等因素的影响。

（1）土壤的抗蚀性。

土壤抵抗风蚀的性能主要取决于土粒质量、土壤质地及有机质含量等。

风力作用时，受作用力的单个土壤颗粒（团聚体或土块）的质量（或大小）足够大，不能被风力吹移和搬动；若颗粒质量很小，极易被风吹移。因此，常把粗大的颗粒称为抗蚀性颗粒，把轻细的颗粒称为易蚀性颗粒。抗蚀性颗粒不仅不易被风吹移，而且能保护风蚀区内的易蚀性颗粒不被移动。由此可见，土壤中抗蚀性颗粒含量的多少，能够表示土壤抗蚀性的强弱。

在不同质地的土壤中，沙土和黏土是最易被风蚀的土壤。因为质地较粗的沙土中缺少黏粒物质，不能将沙粒胶结成有结构的土壤；黏土易形成团聚体和土块，但稳定性很差，特别是冻融作用和干湿交替易使其破碎。切皮尔的分析表明，当土壤中黏粒含量约为 27% 时，最有利于抗风蚀团聚体或土块的形成；当黏粒含量小于 15% 时，很难形成抗风蚀的团聚结构。极粗沙和砾石很难被风移动，有助于提高土壤的抗蚀性。

土壤有机质能促进土壤团聚体的形成并提高其稳定性，不利于风蚀的发展。

（2）地表土垄。

由耕作过程形成的地表土垄，能够通过降低地表风速和拦截运动的泥沙颗粒来减慢土壤风蚀速度。一般情况下，当土垄边坡比为 1∶4、高 5～10 cm 时，减缓风蚀的效果最好；低于这个高度的土垄，在降低风速和拦截过境土壤物质方面，效果不明显；当土垄高度大于 10 cm 时，在其顶部会产生较多的蜗旋，使摩阻流速增大，从而加剧了风蚀的发展。

（3）降雨。

降雨可使表层土壤湿润而不被风吹蚀。然而，表层土壤湿润的持续时间很短，在强风作用下会很快干燥，即使下层很湿，风蚀也会发生。

降雨还可通过促进植物生长间接地减少风蚀，特别是在干旱地区，这种作用更加明显。

降雨还有促进风蚀的一面。原因是雨滴的打击破坏了地表抗蚀性土块和团聚体，并使地面变平坦，从而提高了土壤的可蚀性，一旦表层土壤变干，将会发生更严重的风蚀。

（4）土丘坡度。

在水平地面及坡度为 1.5% 的缓坡地形上，风速梯度和摩阻流速基本不变。但对于短而较陡的坡，坡顶处风的流线密集，风速梯度变大，使得高风速层更贴近地面，这就会使坡顶部的摩阻流速比其他部位都大，风蚀程度也较严重。

（5）裸露地块的长度。

风力侵蚀强度随被侵蚀地块的长度而增加，在宽阔无防护的地块上，靠近上风的地块边缘，风开始将土壤颗粒吹起并带入气流中，接着吹过全地块，所携带的吹蚀物质也逐渐增多，直到饱和。风开始发生吹蚀至风沙流达到饱和需要经过的距离称为饱和路径长度。对于一定的风力，它的携沙能力是一定的，当风沙流达到饱和后，虽然还可以将土壤物质吹起带入气流，但同时也会有大约相等质量的土壤物质从风沙流中沉积下来。

尽管一定的风力所携带的土壤物质的总量是一定的，但饱和路径长度随土壤可蚀性的不同而不同。土壤可蚀性越高（抗蚀性越低），饱和路径长度越短。

（6）植被覆盖。

增加地面植被覆盖（生长的作物或作物残体），是降低风的侵蚀性最有效的途径。植被的保护作用与植物种类（决定覆盖度和覆盖季节）、植物的个体形状和群体结构、植株栽植的行的走向等有关。高而密的作物残茬，其保护作用常与生长的作物相同。

当地面全部被生长的植物覆盖时，地面所受的保护作用最大；单独的植物个体或与风向垂直的植物也能显著地降低风速，减少风蚀。因此，在植物周围和风障前后常可见土壤物质堆积的现象。

1.2.3.2 风沙的运动规律

1. 风沙流的结构特征

风沙流是指含有沙粒的运动气流。当风速达到起沙风速时，沙粒在风的作用下，随风运动形成风沙流。气流中搬运的沙量在搬运层内随高度的分布状况称为风沙流的结构。风沙流的结构和强度与沙的输移和沉积直接相关。

（1）沙粒粒径随高度的分布特征。

风沙流中不同高度分布的粒径大小不同：一般离地表越高，细粒越多，主要为悬移；离地表越近，粗粒越多，主要为跃移和蠕移。

（2）含沙量随高度的分布特征。

由于沙粒粒径和运动方式的差异，造成了气流中的含沙量在距地表不同高度的密度不同，含沙量随高度迅速递减，在较高气流中搬动的沙量少，而贴近地面的地方含沙量大。大量实验观测表明，绝大部分沙粒都在离地表 30 cm 以下，主要集中在 10 cm 以下，如表 1－10 所示。

表 1－10　不同高度风沙流中含沙量的分布

高度 /cm	0～10	10～20	20～30	30～40	40～50	50～60	60～70
含沙量	79.32%	12.3%	4.79%	1.50%	0.95%	0.40%	0.74%

（3）含沙量随风速变化。

风沙流中的含沙量不仅随高度变化，而且随风速变化，当风速显著超过起动风速后，风沙流中的含沙量急剧增加，如表 1－11 所示。

表 1－11　风速与含沙量的关系（新疆莎车）

离地面 2 m 高处的风速 /($m \cdot s^{-1}$)	4.5	5.5	6.5	7.4	13.2	15.0
0～10 cm 高的含沙量 /[$g \cdot (cm \cdot min)^{-1}$]	0.37	1.04	1.20	2.27	19.44	35.58

它们之间成指数函数关系，即：

$$S = e^{0.74v} \tag{1-24}$$

式中：S 为绝对含沙量；v 为风速；e 为常数，e = 2.718。

随着风速的变化，在近地表 10 cm 内的含沙量分布是不均匀的。含沙量随高度迅速递减，而且高度与输沙量（百分比值）对数尺度之间呈线性关系。在同一粒级沙粒组成的地表上，无论风速大小，近地表气流中总有一层（2 ~ 3 cm 处）含沙量是相对稳定的（占 15% ~ 20%），随着风速的增大，下层气流中的含沙量（%）相对减少，上层气流中的含沙量（%）相对增加，但由于输沙总量随风速增大而增大，所以上、下层绝对含沙量都增加，如表 1 - 12 所示。

表 1 - 12　不同风速下不同高度层含沙量的平均百分数

高度 /cm	风洞轴部的气流速度 /(cm · s^{-1})			
	21	35	46	57
10	0.96%	1.65%	1.67%	1.87%
9	1.30%	2.1%	2.16%	2.49%
8	1.78%	2.65%	2.55%	3.16%
7	2.38%	3.52%	3.56%	4.15%
6	3.36%	4.52%	4.85%	5.40%
5	4.84%	6.11%	6.88%	7.59%
4	7.70%	8.88%	9.70%	9.45%
3	12.14%	12.95%	13.70%	13.20%
2	20.96%	20.18%	21.21%	19.96%
1	44.58%	37.44%	33.73%	32.73%

2. 沙丘的移动

沙丘的移动是相当复杂的，它与风力、沙丘高度、水分、植被状况等因素有关。在风力的作用下，沙粒从沙丘迎风坡吹扬搬动，而在背风坡堆积。这种运动在起沙风下才起作用。从我国沙区的观测资料看，起沙风仅占各地全年风的很小一部分。如新疆且末起沙风（≥5 m/s）的出现频率为 19.7%，占全年总风速的 42.8%；于田更小，出现频率为 4.2%，仅占全年总风速的 10.8%。而沙丘移动的方向、方式和强度正是取决于这一小部分起沙风的状况。

（1）沙丘移动的方向和方式。

① 沙丘移动的方向。

沙丘移动的方向随着起沙风方向的变化而变化。移动的总方向和起沙风的年合成风向大致相一致。根据气象资料，我国沙漠地区影响沙丘移动的风主要为东北风和西北风两大风系。在新疆塔克拉玛干沙漠广大地区及东疆、甘肃河西走廊西部等地，在东北风的作用下，沙丘自东北向西南移动；在其他各地区，沙丘都是在西北风的作用下向东南移动。

② 沙丘移动的方式。

沙丘移动的方式取决于风向及其变化规律，可分为 3 种方式。第一种方式是前进式，这是单一的风向作用产生的。例如，我国新疆塔克拉玛干沙漠、甘肃、宁夏腾格里沙漠的西部等地，受单一的西北风或东北风的作用，沙丘均以前进式运动为主。第二种方式是往复前进式，它是在2个方向相反而风力大小不等的情况下产生的。例如，我国沙漠中部和东部各沙区（毛乌素沙地等），都受到2个方向相反的冬、夏季风交替作用的影响，沙丘移动具有往复前进的特点。冬季在主风西北风的作用下，沙丘由西北向东南移动；夏季受东南季风的影响，沙丘则产生逆向运动。不过，由于东南风的风力一般较弱，所以不能完全抵偿西北风的作用，故总体来说，沙丘慢慢地向东南移动。第三种方式是往复式，它是在2个方向相反且风力大致相等的情况下产生的，这种情况一般较少，沙丘将在原地摆动或仅稍向前移动。

（2）沙丘移动的速度。

沙丘移动的速度主要取决于风速和沙丘本身的高度。如果沙丘在移动过程中形状和大小保持不变，则迎风坡吹蚀的沙量应该等于背风坡堆积的沙量。在这种情况下，沙丘在单位时间里前移的距离 D 与背风坡一侧堆积的总沙量 Q 有如下关系：

$$Q = rDH \text{ 或 } D = Q/rH \tag{1-25}$$

式中：Q 为单位时间内通过单位宽度从迎风坡搬运到背风坡的总沙量；D 为单位时间内沙丘前移的距离；H 为沙丘的高度；r 为沙子的容重。

由式（1－25）可以看出，沙丘移动的速度与其高度成反比，而与输沙量成正比。沙丘移动的速度除了受风速和沙丘本身高度的影响外，还与风向频率，沙丘的形态、密度和水分状况以及植被等多种因素有关。因此，在实际工作中，通常采用野外插标杆、重复多次地形测量、多次重合航片测量等方法，求得各个地区沙丘移动的速度。

1.2.4　风蚀荒漠化防治的生态学原理

1.2.4.1　植物对流沙环境的适应性原理

1. 植物对干旱的适应

流沙地区的气候和土壤条件，决定了它的干旱性特征。由于流沙是干燥气候下的产物，因此，降水量低、蒸发强烈、干燥度大、气候干燥是流沙地区最显著的环境特点。在长期干旱的气候条件下，流沙上分布的植物会产生一定的适应干旱的特征。具体表现为：

（1）萌芽快，根系生长迅速而发达。

流沙上植物发芽后，主根具有迅速延伸达到稳定湿沙层的能力，同时具有庞大的根系网，可以从广阔的沙层内吸取水分和养分，以满足植物地上部分蒸腾和生长发育的需要。

（2）具有旱生形态结构和生理机能。

如叶退化，具较厚的角质层、浓密的表皮毛，气孔下陷，栅栏组织发达，机械组织强化，储水组织发达，细胞持水力强，束缚水含量高，渗透压和吸水力高，水势低等。

（3）植物的化学成分发生变化。

如含有乳状汁和挥发油等。挥发油含量与光有密切关系，也即与旱生结构有密切关系。

2. 植物对风蚀、沙埋的适应

（1）速生型适应。

很多沙丘上的植物都具有迅速生长的能力，以适应流沙的活动性，特别是苗期速生更为重要。幼苗抗性弱，易受伤害。植物的自然选择过程主要在发芽和苗期阶段，像沙拐枣、花棒、杨柴等植物，种子发芽后一伸出地面，主根深达 10 多 cm，10 天后根可达 20 多 cm，地上部分高于 5 cm，当年秋天，根深大于 60 cm，地径粗约 0.2 cm，最大植株高大于 40 cm。主根迅速延伸和增粗，可减轻风蚀危害和风蚀后引起的机械损伤，根越粗，固持能力越强，植株越稳定。同时，根越粗，风蚀后抵抗风沙流的破坏能力也越强，植株不易受害。茎的迅速生长，可减少风沙流对叶片的机械损伤，以保持光合作用的进行，同时，植株越高，适应沙埋的能力也就越强。

属于苗期速生类型的植物有沙拐枣、花棒、杨柴、梭梭和木蓼等。

在沙丘背风坡脚能够安然保存下来的植物，是那些高生长速度大于沙丘前移埋压积沙速度的植物，如柽柳、沙柳、杨柴、柠条、油蒿、小叶杨、旱柳、沙枣和刺槐等。

苗期的速生程度取决于植物的习性，而成年后能否速生与有无适度的沙埋条件以及萌发不定根能力有关。

（2）稳定型适应。

有些沙生植物及其种子具有稳定自己形态结构的能力，以适应沙的流动性。例如，杨柴种子为扁圆形，表皮上有皱纹，布于沙表不易吹失，易覆沙发芽，其幼苗地上部分分枝较多，分枝角较大，呈匍匐状斜向生长，阻挡风沙的能力较强，稳定性较好。沙蒿则以种子小，数量多，易群聚和自然覆沙，种皮含胶质，遇水与沙粒结成沙团，不易吹失，易发芽、生根，植株低矮，枝叶稠密，丛生性强，易积沙等特点适应沙的流动性。这类植物在流沙上全面撒播或飞播后，当年发芽成苗，效果较好，苗期易产生灌丛堆效应。

（3）选择型适应。

花棒、沙拐枣、沙柳等植物的种子呈圆球形，上有绒毛、翅或小冠毛，易被风吹移到背风坡脚、丘间地或植丛周围等弱风处，弱风处通常风蚀少而轻，有一定的沙埋，对种子发芽和幼苗生长有利；植物生长迅速，不定根萌发力强，极耐沙埋，而且越埋越旺。这类植物能够以自身的形态结构利用风力选择有利的环境条件发芽和生长，以适应沙的活动性。

（4）多种繁殖型适应。

很多沙生植物，既能有性繁殖，又能无性繁殖，当环境条件不利于有性繁殖时，它就以无性繁殖进行更新，以适应流沙环境。这类植物有杨柴、沙拐枣、红柳、骆驼刺、沙柳、麻黄、沙蒿、白刺、沙竹、牛心朴子和沙旋复花等。

上述 4 种类型是沙生植物适应流沙风蚀和沙埋的基本类型（或基本特征），但是有些植物可以归属多种适应类型，而属于同种适应类型的不同种植物之间也有明显差异。

3. 植物对流沙环境变异性的适应

根据国内外有关学者的研究，植物对环境变异的适应性变化亦遵循一定的方向和一定的顺序，是有规律的。这种适应规律亦即沙地植被演替规律，这是恢复天然植被和建立人工植被各项技术措施的理论基础。

1. 2. 4. 2　植物对流沙环境的作用原理

1. 植物的固沙作用

植物以其茂密的枝叶和聚积枯落物庇护表层沙粒，避免风的直接作用；同时，植物作为沙地上一种具有可塑性结构的障碍物，使地面粗糙度增大，大大降低了近地层风速；植物可加速土壤的形成过程，提高黏结力，而且根系也可起到固结沙粒的作用；植物还能促进地表形成“结皮”，从而提高临界风速值，增强抗风蚀能力，起到固沙作用。然而，不同植物对地表的庇护能力不同。

2. 植物的阻沙作用

根据风沙运动规律可知，输沙量与风速的三次方呈正相关，因此，风速被削弱后，搬运能力下降，输沙量减少。植物在降低近地层风速、减轻地表风蚀的同时，因风速的降低，可使风沙中的沙粒下沉堆积，从而起到阻沙的作用。

植物的固沙和阻沙能力主要取决于近地层枝叶的分布状况。近地层枝叶浓密、控制范围较大的植物，其固沙和阻沙能力也较强。

3. 植物改善小气候的作用

流沙上的植被形成以后，小气候将得到很大改善。在植被覆盖下，反射率、风速、水面蒸发量显著降低，相对湿度提高，而且随着植被覆盖度的增大，对小气候的影响也越来越显著。

小气候改变后，反过来又会影响流沙环境，使流沙趋于固定，加速成土过程。

4. 植物对风沙土的改良

植物固定流沙以后，大大加速了风沙土的成土过程。植物对风沙土的改良作用主要表现在以下几个方面：

① 机械组成发生变化，粉粒、黏粒含量增加。

② 物理性质发生变化，比重、容重减小，孔隙度增加。

③ 水分性质发生变化，田间持水量增加，透水性减慢。

④ 有机质含量增加。

⑤ 氮、磷、钾三要素含量增加。

⑥ 碳酸钙含量增加，pH 值提高。

⑦ 土壤中的微生物数量增加。

⑧ 沙层含水率减少。

小 结

土壤侵蚀按侵蚀速率的大小和侵蚀发生的时代远近可划分为正常侵蚀与加速侵蚀、现代侵蚀与古代侵蚀，它们均是地球的内、外营力与人类社会活动共同作用的结果。按照主导营力的作用，土壤侵蚀可划分为水蚀、重力侵蚀、冻融侵蚀、冰川侵蚀、混合侵蚀、风蚀、生物侵蚀、化学侵蚀和人为侵蚀9大类和若干个亚类。就全国范围而言，土壤侵蚀又可划分为水蚀为主、风蚀为主和冻融侵蚀为主的3大类型区和若干个二级区。

土壤侵蚀的形成及强弱化主要受自然因素和人为因素的影响。气候因素包括降雨量、降雨强度、降雨的时空分布和降雨能量。土壤是侵蚀的对象，也是影响径流的因素。如果土壤有机质含量高、结构良好，则其抗冲、抗蚀能力强，土壤侵蚀量小，否则则相反。植被具有拦截降雨、降低风速、增加土壤入渗时间、调节地表径流、削减径流能量等作用，故能抑制土壤侵蚀的发生，并且其抑制度随植被覆盖度的增加而增加。人为因素对土壤侵蚀的作用具有两重性。根据土壤侵蚀强度从小到大的变化规律，我们可将其划分成不同的等级，以指导水土保持工作的开展。

荒漠化按形成主导因素可划分为风蚀荒漠化、水蚀荒漠化、冻融荒漠化和盐渍荒漠化等类型。风蚀荒漠化是风力作用的结果，其强弱受土壤抗蚀性、地表土垄、降雨、土丘坡度、裸露地块长度和植被覆盖等因素的影响。风蚀荒漠化的防治应遵循风沙物理学原理和生态学原理。

思考题

1. 简述土壤侵蚀的形式与特点。
2. 我国的土壤侵蚀分为哪几个区？各区有何特征？
3. 土壤侵蚀的影响因素有哪些？各具何特征？
4. 我国的土壤侵蚀强度是如何分级的？
5. 什么是荒漠化防治的风沙物理学原理？
6. 什么是荒漠化防治的生态学原理？

第2章　水土保持工程措施

学习要求

掌握坡面水土保持工程、山沟治理工程、小型蓄排引水工程的结构、位置选择、布设原则、功能及作用等；了解集雨节水灌溉工程的一般知识。

水土保持工程措施是小流域水土保持综合治理措施体系的主要组成部分，它与水土保持生物措施及其他措施同等重要，不能互相代替。水土保持工程措施研究的对象是斜坡及沟道中的水土流失治理。

2.1　坡面水土保持工程

坡面水土保持工程的作用在于用改变小地形的方法防止坡地水土流失，将雨水及融雪水就地拦蓄，使其渗入农地、草地或林地，以减少或防止形成坡面径流，增加作物、牧草以及林木可利用的土壤水分，同时，将未能就地拦蓄的坡地径流引入小型蓄水工程。在有发生重力侵蚀危险的坡地上，可以修筑排水工程或支撑建筑物，以防止滑坡。

属于山坡防护工程的措施有梯田、拦水沟埂、水平沟、水平阶、水簸箕、鱼鳞坑、山坡截流沟、水窖（旱井）以及斜坡固定工程等。以下将主要介绍梯田、斜坡固定工程、鱼鳞坑、水平沟和水平阶。

2.1.1　梯　田

坡面治理的核心是基本农田建设，特别是梯田建设。

梯田是在坡地上分段沿等高线建造的阶梯式农田，是治理坡耕地水土流失的有效措施，其蓄水、保土和增产作用十分显著。梯田的通风透光条件较好，有利于作物生长和营养物质的积累，其合理的设计关系到水土流失的治理速度、粮食收益和经济收入的提高。

2.1.1.1　梯田分类

我国梯田种类繁多，划分的方法依不同目的、不同利用对象而异。

从田面平整程度（断面形式）来划分，梯田可分为水平梯田、坡式梯田、反坡梯田和隔坡梯田；从梯田田坎的修筑材料来划分，可将梯田分为土坎梯田、石坎梯田和生物坎梯田；从田坎的修筑方式来划分，可将梯田分为硬坎梯田、软坎梯田和复式坎梯田；从梯田的修筑方法来划分，可将梯田分为人工梯田和机修梯田；从种植利用方式来划分，可将梯田分为旱作物梯田、水稻梯田、果园梯田、茶园梯田、橡胶园梯田和经济作物梯田等。

梯田也可按研究对象进行组合分类，如水平石坎梯田、坡式茶园梯田等。

2.1.1.2　梯田类型的选择

依地形和坡面治理目的的差异，梯田类型的选择应当遵循以下原则：

（1）在石料充足或坡耕地中夹杂大量砾石时，要尽量利用优势条件修筑石坎水平梯田。

（2）在坡耕地土层深厚、当地劳力充裕的地区，必须一次修成水平梯田。

（3）在坡耕地土层较薄或当地劳力较少的地方，可以先修坡式梯田，经逐年向下方翻土耕作减缓田面坡度，逐步变成水平梯田。

（4）在地多人少、劳力缺乏，同时年降雨量较少，耕地坡度在 15°～20°的地方，可以采用隔坡梯田，平台部分种庄稼，斜坡部分种牧草，暴雨时利用斜坡部分的地表径流增加平台部分的土壤水分。

（5）梯田田坎高度超过 4 m 时，应采用复式坎水平梯田；在缓坡地（<10°）修筑梯田（如高原沟壑区的塬面及丘陵沟壑区的梁峁顶地带），当田坎高度小于 2.5 m 时，要尽量采用软坎梯田。

2.1.1.3　梯田规划

梯田规划应当在土地利用总体规划的基础上结合当地实际情况进行。规划时应当遵循下述原则：

（1）要在小流域综合治理的基础上与林、路、渠和蓄水工程等有机结合。

（2）水平梯田应在 25°以下的坡地上修筑。为了集中连片，在修梯田地段内少量超过 25°的坡地也要连片修成梯田，但应尽量控制 25°以上坡改梯的比例。

（3）梯田要选择在土质较好，距村庄较近，交通比较方便的地方。靠近水源的地方，应优先修筑。

（4）地埂要沿等高线呈长带状规划，遇有浅沟等复杂地形时，可按“小弯取直，大弯就势”的办法布设。相连的梁峁，应选定几个主要基点，统一规划，使相邻梁峁的梯田田块互相连接，但必须有从坡脚到坡顶、从村庄到田间的道路。路面一般宽 2～3 m，比降不超过 15%。在地面坡度超过 15% 的地方，道路应采用“S”形，盘绕而上，以减小路面最大比降。

2.1.1.4　梯田的断面设计

梯田断面设计的基本任务是确定在不同条件下梯田的最优断面。其要求：一是要适应机耕和灌溉要求；二是要保证安全和稳定；三是要挖填土方平衡。

这里仅以水平梯田为例阐述梯田的断面设计方法。

1. 水平梯田的断面要素

水平梯田的断面要素包括原地面坡度、田坎坡度、田面毛宽、田坎占地宽、田面净宽、田坎高度和原坡面斜宽，如图 2－1 所示。

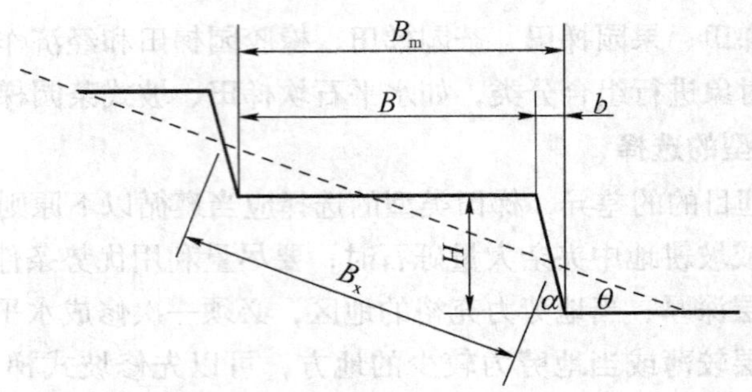

θ—原地面坡度，(°)；α—梯田田坎坡度，(°)；H—梯田田坎高度，m；B_x—原坡面斜宽，m；B_m—梯田田面毛宽，m；B—梯田田面净宽，m；b—梯田田坎占地宽，m。

图2-1　水平梯田的断面要素

2. 水平梯田的断面设计

水平梯田的断面设计可分为两种情况：一是根据土质和原地面坡度先选定田坎高度和侧坡（田坎边坡），然后计算田面净宽；二是根据原地面坡度、机耕和灌溉要求，先确定田面净宽，然后计算田坎高度。但无论哪种设计，都是以梯田断面要素间的几何关系为基础的。各断面要素间的几何关系如下。

原坡面斜宽为：

$$B_x = H/\sin\theta \tag{2-1}$$

田坎占地宽为：

$$b = H\cot\alpha \tag{2-2}$$

田面毛宽为：

$$B_m = H\cot\theta \tag{2-3}$$

田面净宽为：

$$B = B_m - b = H(\cot\theta - \cot\alpha) \tag{2-4}$$

田坎高度为：

$$H = \frac{B}{\cot\theta - \cot\alpha} \tag{2-5}$$

水平梯田断面尺寸设计参数参考值见表2-1。

表2-1　水平梯田断面尺寸设计参数参考值

梯田类型	原地面坡度 θ/(°)	田面净宽 B /m	田坎高度 H /m	田坎坡度 α/(°)
土质硬坎水平梯田	1~5	22.4~57.0	1.0~2.0	76
	5~10	13.5~20.3	2.0~2.5	75
	10~15	10.3~13.5	2.5~3.0	74
	15~20	8.5~10.3	3.0~3.5	73
	20~25	7.3~8.5	3.5~4.0	72

续表

梯田类型	原地面坡度 θ/(°)	田面净宽 B /m	田坎高度 H /m	田坎坡度 α/(°)
石坎水平梯田	1~5	22.7~57.2	1.0~2.0	85
	5~10	14.0~22.7	2.0~2.5	85
	10~15	10.7~13.7	2.5~3.0	80
	15~20	8.7~10.4	3.0~3.5	76
	20~25	7.6~8.7	3.5~4.0	76
土质软坎水平梯田	1~5	20.9~56.3	1.0~2.0	45
	5~10	11.7~20.9	2.0~2.5	45

3. 水平梯田工程量计算

（1）单位面积土方量的计算式为：

$$V=\frac{1}{2}\left(\frac{B}{2}\times\frac{H}{2}\times L\right)=\frac{1}{8}BHL \tag{2-6}$$

式中：V 为单位面积（hm^2 或亩①）梯田土方量，m^3；L 为单位面积（hm^2 或亩）梯田长度，m；H 为田坎高度，m；B 为田面净宽，m。

（2）单位面积土方运移量的计算式为：

$$W=V\times\frac{2}{3}B=\frac{1}{12}B^2HL \tag{2-7}$$

式中：W 为单位面积（hm^2 或亩）土方运移量，m^3/m。

从图 2-1 和式（2-1）~式(2-7) 可以看出，田面越宽，耕作越方便，但田坎越高，挖填土方量越大，用工越多，田坎也越不稳定，所以，合理地确定田面宽度和田坎高度才能达到优化的目的。

2.1.2　斜坡固定工程

斜坡固定工程是为了防止非稳定自然边坡或滑坡危险地段岩土体下滑，保证斜坡稳定而采取的水土保持措施。常用的斜坡固定工程有挡墙、抗滑桩、工程护坡、排水工程、削坡反压填土、滑动带加固工程等。

2.1.2.1　基本原则

（1）斜坡固定工程应根据非稳定边坡的高度、坡度、岩层构造、岩土力学性质、坡脚环境和行业防护要求等分别采取不同的措施。

（2）不同的护坡工程，防护功能不同，造价相差很大，所以必须进行充分的调查研究和分析论证，做到既符合实际，又经济合理。

① 亩不是我国法定计量单位，尽量不要使用，面积法定计量单位为平方米（m^2）、公顷（hm^2）等，1 亩≈666.7 m^2。

（3）稳定性分析是护坡工程设计最关键的问题，大型护坡工程应进行必要的勘探和试验，并采用多种分析方法进行比较论证，务求稳定、技术合理。

（4）斜坡固定工程应在满足防护要求的前提下，充分考虑植被恢复和重建，特别是草灌植物的应用，尽量把工程措施和植物措施很好地结合起来。

2.1.2.2　常用斜坡固定工程简介

1. 挡墙

挡墙又称挡土墙，可防止崩塌、小规模滑坡及大规模滑坡前缘的再次滑动。挡墙的构造主要有以下几类：重力式、半重力式、倒T形或L形、扶壁式、支垛式、棚架扶壁式和框架式等。

重力式挡墙可以防止滑坡和崩塌，适用于坡脚较坚固、允许承载力较大、抗滑稳定较好的情况。根据建筑材料和形式的不同，重力式挡墙又分为片石挡墙、浆砌石挡墙、混凝土或钢筋混凝土挡墙和空心挡墙（明洞）等。片石挡墙可就地取材，施工简单，透水性好，适用于滑动面在坡脚以下不深的中小型滑坡，不适用于地震区的滑坡。浅层中小型滑坡的重力式挡墙宜建在滑坡前，若滑动面有几个且滑坡体较薄，可分级支挡。

其他几种类型的挡墙多用于防止斜坡崩塌，一般用钢筋混凝土修建。倒T形因自重轻，需利用坡体的质量，适用于4~6 m的高度。扶壁式和支垛式因有支挡，所以适用于5 m以上的高度。棚架扶壁式只用于特殊情况。框架式也称垛式，是重力式的一个特例，由木材、混凝土构件、钢筋混凝土构件或中空管装配成框架，框架内填片石，它又可分为叠合式、单倾斜式和双倾斜式。框架式结构较柔韧，排水性好，滑坡地区采用较多。

2. 工程护坡

对堆置固体废弃物或山体不稳定的地段，或坡脚易遭受水流冲刷的地方，应采取工程护坡。工程护坡具有保护边坡，防止风化、碎石崩落、崩塌等的功能。工程护坡省工，速度快，但投资高。

工程护坡应重点考察和勘测与坡体稳定性有关的各项特征因子，进行详细的稳定分析，并根据周边防护设施的安全要求，确定合理的稳定性设计标准；坡脚易遭受洪水冲刷的地方应进行水文计算，然后比选工程护坡方案，明确工程布设、结构形式、断面尺寸及建筑材料。

工程护坡的措施有勾缝、抹面、捶面、喷浆、锚固、喷锚、干砌石、浆砌石、抛石、混凝土砌块等多种形式，在此择其主要形式分述如下。

（1）砌石护坡。

砌石护坡有干砌石和浆砌石两种形式。干砌石适用于易受冲刷、有地下水渗流的土质边坡，稳固性较差，但投资低；浆砌石护坡坚固，适宜于多种情况，但投资高。实际应用中，应根据不同的条件分别选用。

① 干砌石护坡。

A. 坡度较缓［1.0:(2.5~3.0)］，坡下部受水流冲刷的坡面，应采用单层干砌块石护坡；重要地段，应采用双层干砌块石护坡。

B. 当坡度小于 1:1，坡体高度小于 3 m，坡面涌水现象严重时，应在护坡层下铺厚 15 cm 以上的粗沙、砾石或碎石作为反滤垫层，封顶处用平整块石砌护。

C. 干砌石护坡的坡度，应根据边坡土体的性质和结构而定。土质紧实的砌石坡度应陡些，否则砌石坡度应缓些。坡度一般为 1.0:(2.5～3.0)，个别可为 1.0:2.0。

② 浆砌石护坡。

A. 坡度在 1:(1～2)，或坡面可能遭受水流冲刷，且冲击力强的地段，宜采用浆砌石护坡。

B. 浆砌石护坡面层块石下应铺设反滤垫层。垫层分为单层和双层，单层厚 5～15 cm，双层厚 20～25 cm（下层为黄沙，上层为碎石）；面层铺砌厚度为 25～35 cm。原坡面如为沙、砾、卵石，可不设垫层。

C. 浆砌石石料应选择坚固的岩石，不得采用风化、有裂隙、夹泥层的石块，砂浆标号及要求参见有关浆砌石规范。

D. 横坡方向较长的浆砌石护坡，应沿横坡方向每隔 10～15 m 设置一道宽 2 cm 的纵向伸缩缝，并用沥青或木板填塞。

（2）植物护坡。

对于一切稳定和非稳定的人工边坡及自然裸露边坡，都应在工程防护的基础上，尽可能创造条件恢复植被，这不仅能控制水土流失，维护坡面稳定，而且对生态环境的改善也具有重要意义。但是，植物护坡具有一定的局限性，对于坡度较陡的边坡，必须与工程护坡相结合使用。

植物护坡重点应对边坡所处的地理位置、坡向、坡高、坡比、土质、土层厚度、气候及水文等情况进行详细调查，分析论证各项特征值，评价和划分立地条件类型，选择适宜的植物种，并对草种、树种的混交方式和栽植密度等进行分析论证，提出结论性建议，比选和确定设计方案。

① 种植草（或草皮）护坡。

坡度小于 1.0:1.5，土层较薄的沙质或土质坡面，可种草护坡，这样做可有效地防止面蚀和细沟状侵蚀。

种植草护坡宜选用生长快、耐旱、耐瘠薄、抗高温、根系发达和固土作用大的草种。

② 造林护坡。

边坡坡度在 10°～20°，南方坡面土层厚 15 cm 以上，北方坡面土层厚 40 cm 以上，立地条件较好的地方，宜采用造林护坡。北方黄土高原地区，根据具体情况，也可在更陡的坡面上造林，但必须与削坡开级相结合，搞好整地措施。合理配置的护坡林对防止浅层块体运动有一定的效果。

造林护坡应采用深根性与浅根性相结合的乔灌木混交方式，并选用适应当地条件的、速生的、固土功能强的、耐旱的、耐瘠薄的乔木和灌木树种。

在立地条件较差的地方，应合理配置，做到乔、灌结合或灌、草结合。高陡边坡也可采用藤本攀缘植物，以达到绿化覆盖坡面的目的。

3. 排水工程

排水工程可减免地表水和地下水对坡体稳定性的不利影响，一方面能提高现有条件下坡体的稳定性，另一方面允许坡度增加而不降低坡体稳定性。排水工程包括地表水排水工程和地下水排水工程。

（1）地表水排水工程。

地表水排水工程的作用如下：一是拦截地表水；二是防止地表水大量渗入，并尽快汇集排出。地表水排水工程包括防渗工程和排水沟工程。

排水沟布置在斜坡上，一般呈树枝状，以充分利用自然沟谷。排水沟工程可采用砌石、沥青铺面、半圆形钢筋混凝土槽、半圆形波纹管等形式，有时也可采用不铺砌的沟渠，其渗透和冲刷能力较强。

（2）地下水排水工程。

地下水排水工程的作用是排除和截断渗透水。它包括渗沟、明暗沟、排水孔、排水洞和截水墙等。

渗沟的作用是排除土壤水和支撑局部土体，渗沟深度一般大于 2 m，以充分疏干土壤水。沟底应置于潮湿带以下较稳定的土层内，并应铺砌防渗层；排除浅层（3 m 以上）的地下水可用暗沟和明暗沟；排水洞的作用是拦截、储备、疏导深层地下水；如果地下水含水层向滑坡区大量流入，可在滑坡以外布置截水墙，将地下水截断，再用仰斜孔排出。

4. 山边沟渠工程

山边沟的实质是将长坡截成短坡，分段排除径流，其效用与宽垅梯田相同，唯断面有异而已。

山边沟渠工程设计的主要任务是确定沟渠断面尺寸，而沟渠断面尺寸应用排水量的大小和沟渠间距来确定。

（1）排水量的计算。

不同断面山边沟的排水量可按水力学中的谢才公式进行计算。

（2）山边沟间距的确定。

山边沟间距可按下式计算：

$$L_s = i + \frac{6}{10} \tag{2-8}$$

式中：L_s 为沟渠间距，m；i 为沟渠纵坡（%）。

2.1.3 鱼鳞坑、水平沟和水平阶

2.1.3.1 鱼鳞坑

鱼鳞坑是一种水土保持造林整地方法，在较陡的梁峁坡面和支离破碎的沟坡上沿等高线

自上而下挖的半圆形或月牙形土坑，呈品字形排列，形如鱼鳞，故称鱼鳞坑。

鱼鳞坑是拦蓄径流泥沙、陡坡造林的水土保持工程。

鱼鳞坑为一抛物拱形时，其挖方总量可按下式计算：

$$V_{挖}=\frac{2}{15}bL(3b\tan\alpha+5h) \tag{2-9}$$

对于半圆状及半椭圆状的鱼鳞坑，其挖方总量的计算公式为：

半圆状：

$$V_{圆}=(0.904R\tan\alpha+1.57Lh)R^2 \tag{2-10}$$

半椭圆状：

$$V_{椭}=(0.452b\tan\alpha+0.785h)bL \tag{2-11}$$

式（2－10）和式（2－11）中：R 为坑半径，m；α 为地面坡度，（°）；L 为坑长，m；h 为坑的最低挖深，m；b 为坑宽，m。

根据工程实践，一般小型鱼鳞坑的尺寸是：坑长 0.8～1.5 m；坑宽 0.4～0.5 m；坑深 0.4～0.5 m；坑埂高 0.3～0.4 m。

2.1.3.2　水平沟

水平沟一般用于治理荒坡的造林整地。它可拦蓄一定的径流泥沙。水平沟设计的主要任务是确定断面大小、挖方量及间距。

水平沟单位长度上的蓄水容积 $V_{蓄}$ 为：

$$V_{蓄}=(b+mh)h+\left[b+2mh+\frac{1}{2}(m+m')h'^2\right] \tag{2-12}$$

单位长度上的挖方量 $V_{挖}$ 为：

$$V_{挖}=(b+mh)h+\frac{1}{2}(b+2mh)^2\frac{\tan\alpha}{1-m\tan\alpha} \tag{2-13}$$

沟上口开挖宽度 B 为：

$$B=\frac{b+2mh}{\cos\alpha-m\sin\alpha} \tag{2-14}$$

沟间距 L 为：

$$L\leqslant\frac{V_{蓄}}{W} \tag{2-15}$$

式（2－12）～式(2－15）中：b 为沟底宽，m；h 为沟深，m；h'为开挖部分以上最大蓄水深，m；m 为挖方部分的边坡系数；m'为填方部分的边坡系数；α 为地面坡度，（°）；W 为单位面积来水量，m^3/m^2。

水平沟断面尺寸的确定，要根据土层厚薄、土质、当地雨量和地形坡度情况而定。一般情况下，挖深与底宽均可取为 0.3～0.5 m，挖方边坡系数可取为 1∶1，填方边坡系数可取为 1∶(1.2～1.5)，蓄水深 0.7～1.0 m，沟间距 2 m 左右，对于造林水平沟，可视具体情况放大尺寸，多拦蓄降水，以利树木成活。

水平沟沿等高线开挖，每两行水平沟呈品字形排列，每个水平沟长3～5 m，植树3～5棵。

2.1.3.3　水平阶

水平阶是沿等高线自上而下里切外垫，修成一台面，台面外高内低，以尽量蓄水，减少水土流失，但其效果不如水平沟。水平阶适用于15°～25°的陡坡，阶面宽1.0～1.5 m，具有3°～5°的反坡，故也称反坡梯田，多在山石多、坡度大的坡面上应用。

上下两阶间的水平距离，以设计造林行距为准，要求在暴雨时各台水平阶间斜坡径流在阶面上能全部或大部分容纳入渗，以此确定阶面宽度和反坡坡度（或阶边设埂），或调整阶间距离。

水平阶的设计计算类同梯田，如采用断续式水平阶，实际相当于窄式隔坡梯田。阶面面积与坡面面积之比为1∶(1～4)，可应用梯田的计算方法。

2.2　山沟治理工程

山沟治理工程的目的在于防止沟头前进、沟床下切和沟岸扩张，减缓沟床纵坡，调节山洪洪峰流量，减少山洪或泥石流的固体物质含量，使山洪安全排泄，对沟口冲积锥不造成灾害。

属于山沟治理工程的措施有：沟头防护工程、谷坊和淤地坝等。

2.2.1　沟头防护工程

沟头防护工程是沟壑治理的起点，目的是保护沟头因坡面径流侵蚀而引起的沟头前进、沟道下切和沟岸扩张。沟头防护工程还可拦蓄坡面径流泥沙，提供生产和人畜用水。

沟头防护工程按不同的径流处理方式可分为蓄水型沟头防护工程和排水型沟头防护工程。

2.2.1.1　蓄水型沟头防护工程

当沟缘线以上坡面来水量不大，可以全部拦蓄时，宜采用蓄水型沟头防护工程。它是沿沟头等高线布设的等高截水沟埂。蓄水型沟头防护又可分为以下两种：

1. 围堰式沟头防护

在沟缘线以上3～5 m处，围绕沟边修筑土埂或石埂，以拦蓄上面来水，防止径流进入沟道。根据地形的破碎情况，围堰又可分为连续式围堰和断续式围堰。

2. 池埂结合式沟头防护

当沟缘线以上来水量单靠围埂不能全部拦蓄时，应采用池埂结合式沟头防护。池埂结合式沟头防护，即在围埂以上附近低洼处修建蓄水池，拦蓄部分坡面来水，配合围埂共同防止径流进入沟道。

2.2.1.2　排水型沟头防护工程

当沟缘线以上坡面来水量较大，蓄水型沟头防护工程不能全部拦蓄，或由于地形、土质限制不能采用蓄水型沟头防护工程时，应结合实际地形增设排水设施，采用排水型沟头防护工程。排水型沟头防护工程又分为跌水式和悬臂式两种。

1. 跌水式

当沟边陡崖（或陡坡）高差较小时，应采用浆砌石修成跌水，下设消能设施，水流通过跌水安全进入沟道。

2. 悬臂式

当沟边陡崖高差较大时，应用木制水槽（或陶瓷管、混凝土管）悬臂置于土质陡坎之上，将来水挑泄下沟，沟底设消能设施。

沟头防护工程的具体设计可参阅《水土保持综合治理 技术规范 沟壑治理技术》（GB/T 16453. 3—2008）。

2. 2. 2　谷　坊

谷坊是修建在深丘区、山区及土石山区侵蚀沟内的土、石坝。谷坊多在流域支、毛沟中建造，特别是发育旺盛的 V 字形沟道，一般规模小数量多，是防治沟壑侵蚀的第二道防线工程。其作用主要是固定和抬高侵蚀基点，防止沟道下切和沟岸扩张，拦蓄、调节径流泥沙量，变荒沟为生产用地。

谷坊按建造材料分类，常见的有土谷坊、石谷坊和柳谷坊。

1. 土谷坊

土谷坊是由土料筑成的高度小于 5 m 的小土坝，顶宽为 1.0 ~ 3.0 m，内坡为 1∶1，外坡为 1∶(1 ~ 1.5)，断面如图 2 – 2 所示。

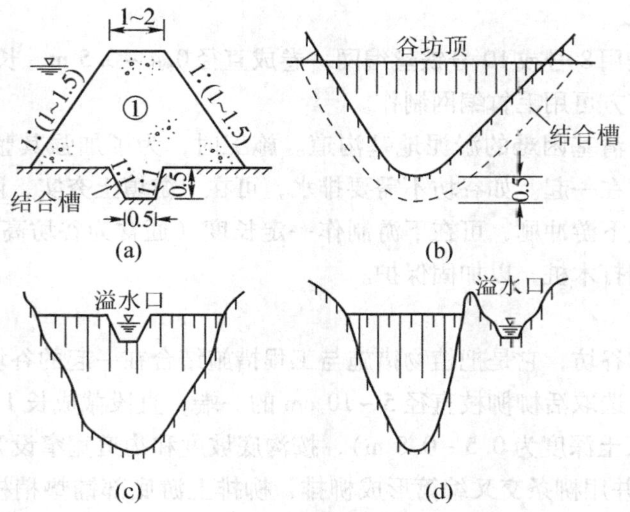

图 2 – 2　土谷坊断面示意图（单位：m）

（a）土谷坊断面；（b）下游立视；（c）谷坊顶溢流；（d）谷坊侧溢流

谷坊坝与地基用结合槽紧密联结。由于坝面一般不过水，所以须在坝顶或坝端设溢水口，并且溢水口应用石料砌筑。当不设溢流口而允许坝面溢流时，可在坝顶、坝坡种植草灌或砌面保护。土谷坊在西北黄土高原水土流失较大的地区和土质沟道地区广为采用。

2. 石谷坊

根据不同的修筑方式，石谷坊可分为下述几种：

（1）干砌石谷坊。

谷坊用干砌块石筑成，顶面和下游面用毛料石护面，高度一般不大于3.0 m，断面为梯形，顶宽1.0 m，上游边坡为1:0.5，下游边坡为1:1.0，底部没有结合槽，以防渗、截水，增加稳定。为了泄洪，谷坊顶可设梯形或簸箕形断面溢流口，下游沟床铺设海漫防冲。海漫长为坝高的2~3倍，厚为0.3~0.5 m。

（2）浆砌石谷坊。

谷坊用浆砌石或毛料石筑成，断面为梯形（与干砌石谷坊相同）或曲线形（滚水坝），迎水坡为1:(0.2~0.5)，下游面为1:(1~1.5)（梯形断面），在山洪大的沟道中，迎水坡为1:0.5，下游面为1:(1.5~2.0)，以增强稳定性；顶宽1.0 m，坝基上、下游做一齿坎，淤积厚的地基，清基深度在1.0 m以上，两侧深0.5~1.0 m，下游为防冲，须设护坦，其长度与干砌石谷坊海漫相同，若为岩基可不设齿坎与护坦。

浆砌石谷坊适用于石质沟道岩石露头或土石山区有石料的地方。谷坊一般高3~5 m，坚固可靠，防冲性好。其中，曲线形断面谷坊过流量大，水利工程上叫滚水坝，对常流水沟道和洪水流量变化较大的沟道来说最为理想。它的曲面尺寸可用水力学中的实用断面堰公式求算。

（3）石笼谷坊。

石笼谷坊一般是用8号或10号铁丝编网，卷成直径0.4~0.5 m、长3~5 m的网笼，内装石块堆筑而成，南方可用毛竹编网制作。

这种谷坊适用于清基困难的淤泥地基沟道。施工时，为了加强其整体性，常将石笼用$\phi8\sim\phi10$的钢筋串联在一起。如谷坊不需要排水，可在上游填土夯实，网笼间空隙填以小石块或砾石。为了防止下游冲刷，可在下游制作一定长度（通常为谷坊高的1.5~2.0倍）的石笼护底，护底末端打木桩，以加固保护。

3. 柳谷坊

柳谷坊又叫生物谷坊，它是把植物措施与工程措施结合在一起的谷坊。制作柳谷坊的材料主要是活柳柳枝，选取活柳柳枝直径5~10 cm的一端，直段截成长1~2 m的柳桩，然后将柳桩打入沟底（入土深度为0.5~0.8 m），按沟底坡度和沟道宽窄设为一排或两排（单排编柳或双排编柳），并用柳条交叉编篱形成柳排，柳排上游底部铺垫梢枝，上压石块或堆筑塑料编织土袋即成柳谷坊。

单排柳谷坊只在沟道打一排柳桩编篱而成，双排柳谷坊在沟道打两排柳桩编篱而成，柳桩间距一般为0.2~0.3 m，排间距为0.5~1.0 m。柳谷坊通常只拦泥不蓄水，北方、南方均可应用。

谷坊工程的具体设计可参阅《水土保持综合治理 技术规范 沟壑治理技术》（GB/T 16453.3—2008）。

2.2.3 淤地坝

2.2.3.1 淤地坝的概念

在水土流失严重的地区，用于拦泥淤地而横建于沟道中的坝工建筑物叫淤地坝。淤地坝是我国黄土高原沟壑区建于沟道中的一种独特水土保持工程，它不同于国外的留淤坝和拦沙坝，而是一种淤地种植的坝工工程。淤地坝在我国陕西、山西、内蒙古、甘肃等省、自治区分布较多。

在流域坝系中，用于淤地生产的坝叫淤地坝或生产坝，淤成的地叫坝地。在支干沟中兴建的控制性缓洪和拦泥淤地坝，叫骨干淤地坝，或叫骨干工程，通常称为治沟骨干工程。

2.2.3.2 淤地坝枢纽工程的组成及使用特性

淤地坝的主要目的在于拦泥淤地，一般不长期蓄水，其下游也无灌溉要求。随着坝内淤地面的逐年抬高，坝体与坝地能较快地连成一个整体。实际上，坝体可以看作一个重力式挡土墙。

淤地坝一般由土坝、溢洪道和放水建筑物 3 部分组成，俗称“3 大件”，其布置形式如图 2－3 所示。

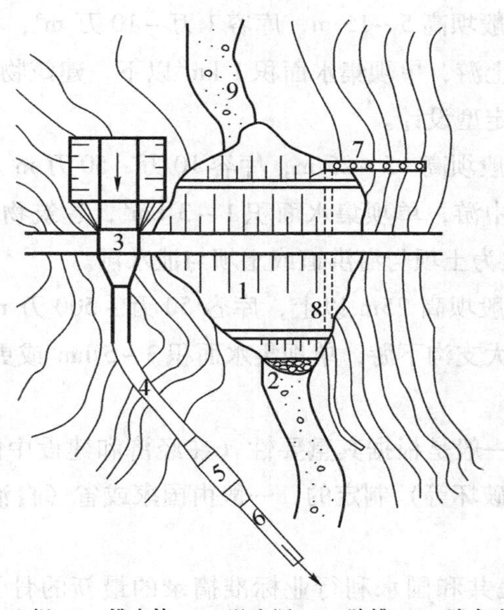

1—土坝；2—排水体；3—溢流堰；4—陡槽；5—消力池；
6—渠道；7—卧管；8—放水洞；9—河道。

图 2－3　淤地坝枢纽工程的组成

坝体是横拦于沟道的挡水拦泥建筑物，用以拦蓄洪水，淤积泥沙，抬高淤积面，一般不长期用于蓄水，当拦泥淤成坝地后，即投入生产种植，不再起蓄水调洪的作用。

溢洪道是排泄洪水的建筑物，当淤地坝洪水位超过设计坝高时，就由溢洪道排出，以保证坝体的安全和坝地的正常生产。一般要求在正常情况下能排除设计洪水径流，在非常情况下能排除校核洪水径流。

放水建筑物又叫放水洞或清水洞，主要作用是排除坝地中的积水，在蓄水期间为下游供水，或为常流水沟道排流，有的可兼顾部分排洪任务。放水建筑物多采用竖井式或卧管式。

2.2.3.3　淤地坝的分类及分级标准

1. 淤地坝的分类

淤地坝按筑坝材料可分为土坝、石坝、土石混合坝等；按坝的用途可分为缓洪骨干坝、拦泥生产坝等；按建筑材料和施工方法可分为夯碾坝、水力冲填坝、定向爆破坝、堆石坝、干砌石坝、浆砌石坝等；按结构性质可分为重力坝、拱坝等；按坝高、淤地面积或库容可分为大型淤地坝、中型淤地坝、小型淤地坝等；也可进行组合分类，如水力冲填土坝、浆砌石重力坝等。

2. 淤地坝的分级标准

淤地坝一般根据库容、坝高、淤地面积、控制流域面积等因素分级，参考水库分级标准并考虑群众习惯叫法，可分为大、中、小三级。

（1）小型淤地坝：一般坝高5～15 m，库容1万～10万 m^3，淤地面积0.2～2 hm^2，修在小支沟或较大支沟的中上游，单坝集水面积1 km^2以下，建筑物一般为土坝与溢洪道或土坝与放水建筑物，可采用定型设计。

（2）中型淤地坝：一般坝高15～25 m，库容10万～50万 m^3，淤地面积2～7 hm^2，修在较大支沟下游或主沟上中游，单坝集水面积1～3 hm^2，建筑物少数为土坝、溢洪道、放水建筑物“3大件”，多数为土坝与溢洪道或土坝与泄水洞。

（3）大型淤地坝：一般坝高25m以上，库容50万～500万 m^3，淤地面积7 hm^2以上，修在主沟的中、下游或较大支沟下游，单坝集水面积3～5 hm^2或更多。建筑物一般是“3大件”。

淤地坝工程设计标准一般是根据其重要性（在经济和建设中的作用和地位）和失事后的危害性（造成下游淹没破坏等）制定的，一般由国家或省（自治区）制定，通常叫规范，设计工程时须以此为据。

表2－2是从中华人民共和国水利行业标准摘录的最新的骨干坝等别划分及设计标准［《水土保持治沟骨干工程技术规范（附条文说明）》（SL 289—2003）］；表2－3为淤地坝工程等别［《水土保持工程设计规范》（GB 51018—2014）］，供参考。

表 2－2　骨干坝等别划分及设计标准

总库容／(10^4m^3)		100～500	50～100
工程等别		四	五
建筑物等级	主要建筑物	4	5
	次要建筑物	5	5
洪水重现期／a	设计	30～50	20～30
	校核	300～500	200～300
设计淤积年限／a		20～30	10～20

表 2－3　淤地坝工程等别

工程等别	工程规模		总库容／(10^4m^3)
Ⅰ	大型淤地坝	1 型	100～500
		2 型	50～100
Ⅱ	中型淤地坝		10～50
Ⅲ	小型淤地坝		<10

2.2.3.4　淤地坝的作用

淤地坝是小流域综合治理中一项重要的工程措施，它在控制土壤流失、发展农业生产等方面具有极大的优越性。淤地坝的作用可归纳如下：

（1）抬高侵蚀基点，稳定沟坡，减少水土流失。

（2）拦泥淤地，发展生产。

（3）实现高产稳产，促进退耕还林还草。

（4）促进农村产业结构调整。

（5）拦洪蓄水，合理利用水资源。

（6）以坝代路，便利交通。

（7）防洪保收。

2.2.3.5　淤地坝工程规划

淤地坝工程规划是水土保持总体规划的一部分，也是农业综合规划的一个重要组成部分。工程规划应在小流域坝系规划的基础上，按照工程类型分别进行。其具体内容包括：确定枢纽工程的具体位置，落实枢纽及结构物组成，确定工程规模，拟定工程运用规划，提出工程实施规划、工程枢纽平面布量及技术经济指标，并估算工程效益。

1. 坝系的规划原则与布设

在一个小流域内修有多种坝，如淤地种植的生产坝，拦蓄洪水和泥沙的防洪坝，蓄水灌溉的蓄水坝，这些坝各就其位，能蓄能排，形成以生产坝为主，拦泥、生产、防洪、灌溉相结合的坝库工程体系。

合理的坝系布设方案，应满足投资少、多拦泥、淤好地的需求，使拦泥、防洪、灌溉三者紧密结合为完整的体系，达到综合利用水沙资源的目的，尽快实现沟壑川台化。

（1）坝系的规划原则。

① 坝系规划必须在流域综合治理规划的基础上，上下游、干支沟全面规划，统筹安排；要坚持沟坡兼治、生物措施与工程措施相结合和综合、集中、连续治理的原则，把植树种草、坡地修梯田和沟壑打坝淤地有机地结合起来，以形成完整的水土保持体系。

② 最大限度地发挥坝系调洪拦沙、淤地增产的作用，充分利用流域内的自然优势和水沙资源，满足生产上的需要。

③ 各级坝系，自成体系，相互配合，联合运用，调节蓄泄，确保坝系安全。

④ 坝系中必须布设一定数量的控制性骨干坝和安全生产的中坚工程。

⑤ 在流域内进行坝系规划的同时，还要提出交通道路规划。对泉水、基流水源，应提出保泉、蓄水利用方案，勿使水资源埋废。坝地盐碱化会直接影响农业生产，所以规划中需拟定防治措施，以防后患。

⑥ 对分期施工加高的坝，规划时应当考虑溢洪道和放水建筑物在坝高达到最终设计高程时能合理地重新布设。

（2）坝系的布设。

在一条流域或一条沟道的什么地方建坝？建几座坝？哪个坝为控制骨干坝？哪个坝为生产坝？等等，都要根据沟道地形、水沙来源、利用方式以及经济技术上的合理性等因素来确定，这是一个比较复杂的经济技术方案的比选问题。

根据多年的生产实践和前人研究的成果，常见的沟道中的坝系布设一般有以下几种。

① 上淤下种，淤种结合的布设方式。

凡集水面积小，坡面治理较好，洪水来源少的沟道，可采取由沟口到沟头、自下而上分期打坝的方式，当下坝淤满能耕种时，再打上坝，拦洪淤地，逐个向上发展，形成坝系。

② 上坝生产，下坝拦淤的布设方式。

对于流域面积较大的沟道，在坡面治理差，来水很多，劳力又少的情况下，可以采取从上到下分期打坝的方法，待上坝淤满利用时，再打下坝，滞洪拦淤，由沟头直打到沟口，逐步形成坝系。坝系的防洪方法是在上坝淤成后，从溢洪道一侧开挖排洪渠，将洪水全部排到下坝拦蓄，淤淀成地。

③ 坝系交替加高，轮蓄轮种，蓄种结合的布设方式。

在不同大小的流域内，只要劳力、经费充足，就可以同时打几座坝，分段拦洪淤地，待这些坝淤满生产时，再在这些坝的上游打坝，作为拦洪坝，形成隔坝拦蓄，所蓄洪水可灌溉下坝，待上坝淤满后，由滞洪改为生产，接着加高下坝，变生产坝为滞洪坝，这就是坝系交替加高，轮蓄轮种，蓄种结合的布设方式。

④ 支沟滞洪，干沟生产的布设方式。

在已成坝系的干支沟中，干沟坝以生产为主，支沟坝以滞洪为主，干支沟各坝应按区间流域面积分组调节，控制洪水，达到拦、蓄、淤、排和生产的目的。这种坝系调节洪水的方法是：干支沟相邻的 2 ~3 个坝作为一组，丰水年时可将滞洪坝容纳不下的多余洪水漫淤生产坝进行调节，以保证安全度汛。

⑤ 多漫少排，漫排兼顾的布设方式。

在形成完整坝系及坡面治理较好的沟道里，可通过建立排水滞洪系统把全流域的洪水分成两部分，大部分引到坝地里漫地肥田，小部分通过排洪渠排到坝外漫淤滩地。布设时，在坝系支沟多的一侧挖渠修堤，坝地内划段修挡水埂，在每块坝地的围堤上端开一引水口，进行漫淤，下端开一退水口，把多余的洪水或清水通过排洪渠排到坝外。

⑥ 以排为主，漫淤滩地的布设方式。

一些较大的流域往往洪水也较大，当所有坝地不能容纳大部分洪水时，就采取以排为主的方式，有计划地把洪水泥沙引到沟外，漫淤台地、滩地。其方法主要是通过坝系控制，分散来水，将洪水由大化小，由急变缓，创造控制和利用洪水的条件，把排洪与引洪漫地结合起来。

⑦ 高线排洪，保库灌田的布设方式。

在坝地面积不多的流域或者有小水库的沟道，为了充分利用好坝地或长期运用水库，不能淤积，可以绕过水库和坝地，在沟坡高处开渠，把上游洪水引到下游沟道或其他地方加以利用。

⑧ 隔山凿洞，邻沟分洪的布设方式。

在一些流域面积较大且坡面治理差的沟道，虽然沟内打坝较多，但由于洪量太大，坝系的拦洪能力有限，或者坝地盐碱化严重，排洪渠占用坝地太多，这样做既不能有效地拦蓄所有洪水，又不能安全地向下游排洪。在这种情况下，只要邻近有山沟，隔梁不大，又有退洪漫淤的条件，就可开挖分洪隧道，使洪水泄入邻沟内，淤漫坝地或沟台地，分散洪水，不致集中危害，从而达到安全生产、合理利用的目的。

⑨ 坝库相间，清洪分治的布设方式。

这种方式就是在沟道里能多淤地的地方打淤地坝，在泉眼集中的地方修水库，因地制宜地合理布置坝地和水库位置。

2. 坝系的形成顺序和建坝顺序

（1） 坝系的形成顺序。

坝系的形成顺序应根据其控制流域面积的大小和人力、财力等条件合理地安排，一般有 3 种：

① 先支后干。

先支后干，即先在支沟形成坝系，后在干沟形成坝系。这种建坝顺序符合先易后难、工程安全和见效快的原则。

② 先干后支。

先干后支与先支后干相反，即先在干沟形成坝系，然后在支沟形成坝系。这种筑坝顺序开始时就要投入较多的人力和财力，适合于干沟宽阔、支沟狭窄、劳力多的地方。

③ 以干分段，按支分片，段片分治。

当流域面积较大、乡村多时，可以按坝系的整体规划分段划片实行包干治理。这种建坝顺序符合小集中、大连片的治理原则。

（2）坝系的建坝顺序。

坝系中打坝的先后，直接影响坝系能否多、快、好、省地形成。不论是干系、支系还是系组，建坝的顺序都有两种：

① 自下而上。

自下而上，即从下游向上游逐座分段建坝，依次形成坝系。这种顺序可集中全部泥沙于一坝，淤地快，收益早；淤成一坝，上游始终有一个一定库容的拦洪坝，可确保下游坝地安全生产，并能供水灌溉；同时，上坝可修在下坝末端的淤积面上，有利于减少坝高和节省工程量；但采用这种顺序打坝，初期工程量较大，需要的投劳、投资也多。

② 自上而下。

自上而下，即从上游向下游逐座修建，上坝修成时，再修下坝，依次形成坝系。这种顺序，单坝控制流域面积小，来洪少，可节节拦蓄，工程安全可靠，且规模不大，易于实施；但坝系成地较慢，上游无坝拦蓄洪水，坝地防洪保收不可靠，初期防洪能力较差。

3. 流域的建坝密度

流域的建坝密度应根据降雨情况、沟道比降、沟壑密度、建坝淤地条件，按梯级开发利用原则，因地制宜地规划确定。据各地经验，在沟壑密度为5 ~ 7 km/km^2，沟道比降为2% ~ 3.9%，适宜建坝的黄土丘陵沟壑区，每平方千米可建坝3 ~ 5座；在沟壑密度为3 ~ 5 km/km^2，适宜建坝的残垣沟壑区，每平方千米建坝2 ~ 4座；在沟道比较大的土石山区，每平方千米建坝5 ~ 8座比较适宜。

2.2.3.6 坝址的选择

坝址的选择在很大程度上取决于地形和地质条件，但是如果单纯从地质条件好坏的观点出发去选择坝址是不够全面的。选择坝址必须结合工程枢纽布置、坝系整体规划、淹没情况和经济条件等综合考虑。一个好的坝址必须满足拦洪或淤地效益大、工程量最小和工程安全3个基本要求。在选定坝址时，还要提出坝型建议。坝址选择一般应考虑以下几点：

（1）坝址在地形上要求河谷狭窄，坝轴线短，库区宽阔容量大，沟底比较平缓（即口小肚大的葫芦形地形）。

（2）坝址要选在支沟分岔、弯道的下方和沟底陡坡、跌水的上方，坝肩不应有集流洼地或冲沟，以免洪水冲刷坝体。

（3）坝肩两侧应有适宜开挖溢洪道的地形，最好有马鞍形岩石山洼或红胶土山坡，其位置不宜太靠近坝体，最好在10 m以外。

（4）库区淹没损失要小，应尽量避免村庄、大片耕地、交通要道和矿井等被淹没。

2.2.3.7　设计资料的收集与特征曲线的绘制

1. 设计资料的收集

进行工程规划时，一般需要收集和实测如下资料。

（1）地形资料。

① 坝系平面布置图应在 1∶10 000 的地形图中标出。

② 库区地形图一般采用 1∶5 000 或 1∶2 000 的地形图，等高线间距采用 2 ~ 5 m，测至淹没范围 10 m 以上。库区地形图可以用来计算淤地面积、库容和淹没范围，绘制高程与淤地面积曲线、高程与库容曲线。

③ 坝址地形图一般采取 1∶1 000 或 1∶500 的实测现状地形图，等高线间距采用 0.5 ~ 1.0 m，测至坝顶以上 10 m。此图可以用来规划坝体、溢洪道和放水建筑物，估算大坝工程量，安排施工期土石场、施工导流和交通运输等。

④ 溢洪道、放水建筑物所在位置的横断面图用 1∶（100 ~ 200）的比例尺，纵断面图可用不同的比例尺。这两种图可用来设计建筑物，估算挖填土石方量。

上述各图在特殊情况下可以适当地放大和缩小。规划设计所用图表，一般均应统一采用黄海高程系和国家颁布的标准图式。

（2）流域、库区和坝址地质及水文地质资料。

① 区域或流域地质平面图。

② 坝址地质断面图。

③ 坝址地质构造，河床覆盖层的厚度及物质组成，有无形成地下水库条件等。

④ 沟道地下水、泉水溢出地段及其分布状况。

（3）流域内河水、沟水化学测验分析资料。

这部分资料包括总离子含量、矿化度（mL/g）、总硬度、总碱度及 pH 值在区域内的变化规律，为预防坝地盐碱化提供资料。

（4）水文气象资料。

水文气象资料包括降水、暴雨、洪水、径流、泥沙情况，气温变化和冻土深度等。

（5）天然建筑材料的调查资料。

天然建筑材料的调查资料包括土、沙、石、沙砾料的分布，结构性质和储量等。

（6）社会经济调查资料。

社会经济调查资料包括流域内人口、经济发展现状、土地利用现状和水土流失治理情况等。

（7）其他资料。

其他资料包括交通运输、电力、施工机械、居民点、淹没损失和当地建筑材料的单价等。

2. 集水面积测算及库容曲线绘制

（1）集水面积的计算方法。

集水面积是指淤地坝所控制的流域面积，是计算洪水、泥沙的主要依据之一。计算集水面积的方法很多，一般淤地坝所控制的集水面积可用求积仪法、方格法和梯形断面法等。鉴于基层工作的特点，这里我们主要阐述方格法。

方格法是用透明的方格纸铺在画好的集水面积平面图上（由地形图上沿分水岭勾绘的闭合面积），数一下流域内有多少方格，根据每一个方格代表的实际面积乘以总的方格数，即可算得淤地坝所控制的集水面积值。

（2）淤地坝坝高与淤地面积和库容关系曲线的绘制方法。

淤地面积和库容的大小是淤地坝工程设计与方案选择的重要依据，而它又是随着坝高而变化的，所以，确定其值时，一般采用绘制坝高与淤地面积和库容关系曲线，以备设计时使用。绘制的方法有等高线法、横断面法和简易计算法等，这里只阐述等高线法的绘制过程。

利用库区地形图，按地形条件选择等高距，一般为 2 ~ 5 m。计算时，首先量出各层等高线间的面积，再计算各层间的库容及累计库容，然后绘出坝高—淤地面积曲线、坝高—库容曲线。

① 坝高—淤地面积曲线。

淤地坝坝高与淤地面积之间的关系曲线称为坝高—淤地面积曲线，简称淤地坝面积曲线。该曲线可根据地形图采用等高线法绘制。

每一个坝高的淤地面积等于相应的等高线与坝轴线所围成的面积，可采用求积仪法或方格法量出。

以坝高为纵坐标，以相应的淤地面积为横坐标，求出相应的点距，描绘成平滑的曲线，即得坝高—淤地面积曲线，如图 2 – 4 中的 $H-A$ 曲线。

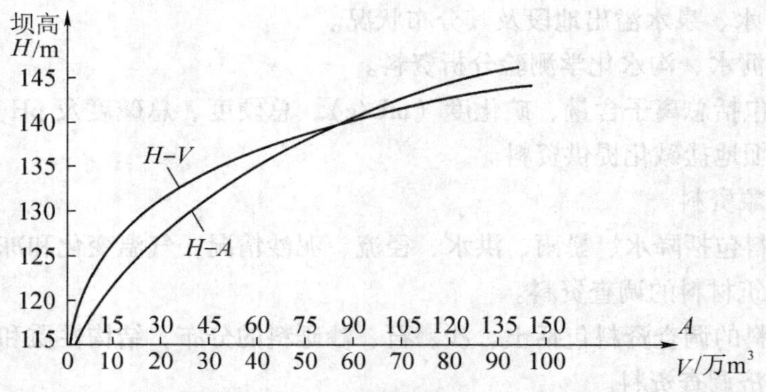

图 2 – 4　某淤地坝坝高（H）、淤地面积（A）、库容（V）关系曲线

② 坝高—库容曲线。

坝高—库容曲线简称淤地坝库容曲线，它反映了淤地坝各级坝高与淤地坝容积的关系，可由淤地坝面积曲线算得。首先，按下列公式从淤地坝最底层起计算相邻两条等高线间的体积，即：

$$V_n = \frac{A_n + A_{n+1}}{2} H_n \qquad (2-16)$$

式中：V_n 为相邻两条等高线之间的淤地体积，m^3；A_n，A_{n+1} 为相邻两条等高线对应的淤地面积，m^2，可由坝高—淤地面积曲线上查得；H_n 为两条相邻等高线的高差，一般为 2 ~5 m。

然后，从淤地坝最低点向上累加这些容积，即得每一坝高相应的容积，并绘出淤地坝库容曲线，如图 2 -4 中的 $H-V$ 曲线。

淤地坝工程的具体设计可参阅《水土保持综合治理 技术规范 沟壑治理技术》（GB/T 16453. 3—2008）。

2.3　小型蓄排引水工程

小型蓄排引水工程的作用在于将坡地径流及地下潜流拦蓄起来，以减少水土流失危害，灌溉农田，提高作物产量。其工程包括小型蓄水排水工程、小水库、蓄水塘坝、淤滩造田、引洪漫地和引水上山等。本节将就水土保持工程常用措施进行阐述。

2.3.1　水　窖

水窖又称旱井，即在地下挖成井或缸的形式，以储蓄地表径流，多修在中国北方干旱山区和黄土地区，主要解决人畜用水困难的问题，是一种地下埋藏式蓄水工程。在雨水集蓄利用工程中，水窖是采用得十分普遍的蓄水工程形式之一，因其结构简单、造价低、蒸发渗漏少，是人畜用水和小面积灌溉、减少水土流失的有效工具，在土质地区和岩石地区都有应用。土质地区的水窖多为圆形断面，可分为圆柱形、瓶形、烧杯形和坛形等，其防渗材料可采用水泥砂浆抹面、黏土或现浇混凝土；岩石地区的水窖一般为矩形宽浅式，多采用浆砌石砌筑。

2.3.1.1　水窖的形式

根据不同的形状和防渗材料，水窖可分为黏土水窖、水泥砂浆薄壁水窖、混凝土盖碗水窖和砌砖拱顶薄壁水泥砂浆水窖等。建造水窖时，应主要根据当地土质、建筑材料和用途等条件选择适合的类型。黄河流域的水窖形式有井窖和窑窖两种（见图 2 -5），群众多用井窖。

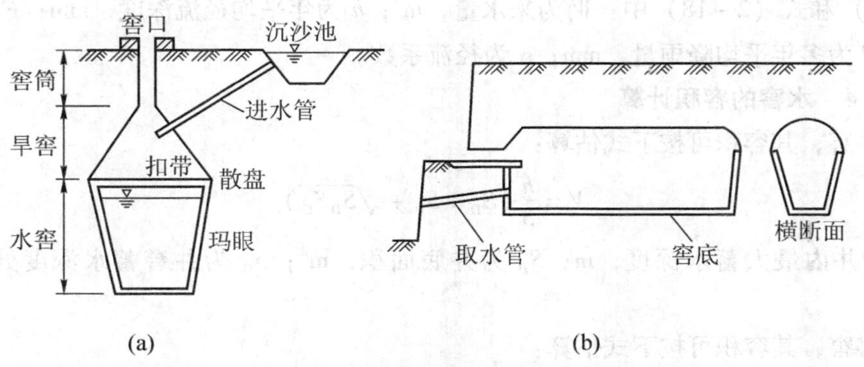

图 2 -5　水窖结构示意图

（a）井窖；（b）窑窖

井窖的主要组成部分有窖筒、旱窖（不蓄水）、水窖（蓄水部分）和沉沙池。窖形有锅扣缸式、瓮式和酒瓶式，土质差时采用缸扣缸式、喇叭筒式和枣核式。与井窖相比，窑窖容量较大，技术简单，施工容易，出土方便，开挖较快，还可自流引水，取水方便。窑窖的横断面同窑洞［见图 2－5（b）］，主要组成部分有窖门、窖顶、水窖和沉沙池。窖顶矢跨比一般为1:2，跨度 3～4 m，矢高 1.5～2.5 m，窖长 8～15 m，蓄水部分为上宽下窄的梯形槽，边坡横竖比为8:1，深3～4.5 m，底宽1.5～4.5 m。

2.3.1.2　窖址的选择

（1）窖址要选择有较大来水面积和径流集中的地方。吃水窖一般选在院内、场边和村庄的硬地面附近。生产用的水窖多选在地头、路边和山坡凹洼处。

（2）窖址处要土质良好，以质地坚硬、黏结性强的胶土最好，硬黄土和黑垆土次之。从土的节理上看，立土较好，卧土差。土层要深厚，土质均一，无裂缝、陷坑和洞穴，以保证水窖坚固、耐用、不漏水。

（3）窖址处要有好的地形和环境条件。窖址要远离裂缝、陷穴、沟头和沟边。崖坎窑窖要选在高度在 3 m 以上的崖坎底下。窖址距离树木、房屋等建筑物要有一定的距离，以免树根吸水钻穿窖壁，或是水窖损坏危及建筑物安全。吃水窖必须远离粪坑、渗污井、厕所、猪圈和坟墓，以保证饮水清洁卫生。

（4）窖址要尽可能临近水利设施。在有条件的地方，窖址的选择尽量和附近的井、渠、涝池和抽水站串联起来，长短结合，调剂余缺，提高水窖的蓄水能力。

2.3.1.3　水窖来水量计算

正确计算来水量，是确定水窖大小的可靠依据。来水量的测定取决于来水面积和径流量。有径流观测资料的地方，可根据径流量直接计算来水量；若无观测资料，可查阅当地水文手册，或通过调查当地的降雨、径流和原有水窖收入情况，估算来水量。计算公式如下：

$$W=hF_1 \tag{2-17}$$

或

$$W=\alpha PF_1 \tag{2-18}$$

式（2－17）和式（2－18）中：W 为来水量，m^3；h 为年平均径流深度，mm；F_1 为来水面积，m^2；P 为多年平均降雨量，mm；α 为径流系数。

2.3.1.4　水窖的容积计算

对于井窖，其容积可按下式估算：

$$V=\frac{h}{3}(S_D+S_0+\sqrt{S_DS_0}) \tag{2-19}$$

式中：h 为井内最大蓄水深度，m；S_D 为井底面积，m^2；S_0 为井窖蓄水深度处的水面面积，m^2。

对于窑窖，其容积可按下式估算：

$$V=0.5(b_1+b_0)hl \tag{2-20}$$

式中：b_1 为窑窖蓄水面宽度，m；b_0 为窑窖顶宽，m；h 为窑窖蓄水深度，m；l 为窑窖长度，m。

2.3.1.5 窖壁防渗处理

对于水窖防渗，群众多用胶泥捶，也有一些采用水泥抹面。

（1）胶泥捶。

防渗材料主要为红黏土掺加部分黄土。1958 年，黄河水利委员会水科所进行试验，防渗材料的颗粒组成要求沙粒、粉粒、黏粒的比例以 1∶2∶1 较好。掺料拌好后，加水浸泡透，搅拌均匀。然后，用水将窖壁洒湿，开始用胶泥塞进玛眼钉窖，窖钉好后及时捶打，共捶 20 遍左右，直至干容重达 1.7 g/cm^3 为止，捶成后的厚度，上、中、下和底部依次为 2 cm、3 cm、4 cm、5 cm。最后，倒几担水并加盖，以保持窖内潮润，防止干裂。

（2）水泥抹面。

所用材料白灰砂浆体积比为 1∶（1.5～2），水泥砂浆体积比为 1∶（1～2），先用白灰砂浆打底，接着用水泥砂浆抹面，再用水泥砂浆漫一层。水泥窖应漫至窖口，以增加有效容量。

2.3.2 蓄 水 池

蓄水池在中国北方地区一般叫涝池，在中国南方地区一般叫陂塘、山湾塘。蓄水池在北方地区多用于拦蓄坡面径流、道路洪水，以解决人畜用水为主，并结合灌溉，多修在村庄附近、路旁、山坡浅凹地、沟头以上集流处，或挖坑，或筑埂，或半挖半填而成。南方地区由于地表径流和泉水丰富，蓄水保证率高，蓄水池多以灌溉为主，并结合水生养殖业生产，多修在浅沟的上、中游坡凹地及水田以上集流槽等地方。

蓄水池一般多为圆形。蓄水容积根据来水面积、雨量、灌溉需水量等具体情况而有所不同。有的几百立方米，有的达到 10 万 m^3 以上，水深保持在 3 m 左右。

2.3.2.1 蓄水池位置布设

蓄水池应尽量选在高于农田的天然局部低地上，以便汇集径流，便于自流灌溉，减少工程量，一般在沟头、路旁、村边等处的坚实土地上都可布置蓄水池。但在沟头坡崖畔上布置时，蓄水池应远离沟边，以保证安全。布置形式通常有以下几种：

（1）路边蓄水池，主要可用来防止道路冲毁，在路边低洼地长期积水影响交通时，也可在路边布设。

（2）沟头蓄水池，主要用以保护沟头拦蓄洪水，如利用沟头低洼地或人工挖筑的蓄水池。

（3）田间蓄水池，主要用于田间灌溉，如在梯田较高处的天然低地，或在引洪渠、灌溉渠边低洼地修筑的灌溉蓄水池。

2.3.2.2 蓄水池的组成及防渗

蓄水池包括池底、池坎（埂）和进出口 3 个部分。池底多呈锅底形，一般须进行防渗处理。池坎常修成斜坡，以利稳定，仅在取水处修成台阶形，以便上下；池坎应高出地面

0.3～0.7 m，顶宽为1.0 m左右。

目前，蓄水池防渗漏的方法有微生物法、化学法、塑料薄膜法以及人工胶泥防渗和水泥砂浆抹面防渗等方法。前两种方法技术要求较高；后面的方法较简单，应用广泛。

2.3.2.3 蓄水池的容积及形态

蓄水池在平面上的形态有浅锅底形、圆形、圆台形和长方形，常见的为浅锅底形。蓄水池的容积由集水面积上的径流量而定，可分别按以下公式计算：

浅锅底形蓄水池：

$$V=\frac{3}{5}\pi R^2 H \tag{2-21}$$

圆形蓄水池：

$$V=\frac{2}{3}\pi R^2 H \tag{2-22}$$

圆台形蓄水池：

$$V=\frac{1}{3}\pi\ (R_1^2+R_1R_2+R_2^2)\ H \tag{2-23}$$

长方形蓄水池：

$$V=\frac{1}{2}\ (BL+dI)\ H \tag{2-24}$$

式（2－21）～式（2－24）中：V为蓄水池容积，m³；R为蓄水池的平均半径，m；R_1，R_2为上圆和下圆的半径，m；H为蓄水池深，m；B，d为蓄水池上方形和下方形的宽度，m；L，I为蓄水池上方形和下方形的长度，m。

计算结果应使$V=Q$（径流量），若不相等，则要调整蓄水池容积。

2.4 集雨节水灌溉工程

集雨节水灌溉工程是指对降雨进行收集、汇流和存储，以供生活用水或进行节水灌溉的一整套系统。

2.4.1 工程组成

集雨节水灌溉工程一般由集雨系统、输水系统、蓄水系统和用水系统组成。

2.4.1.1 集雨系统

集雨系统主要是指收集雨水的集雨场地，也称集流场，也就是第3节所阐述的内容。建立集雨系统，首先应考虑将具有一定产流面积的地方作为集雨场，如果没有天然的地方可利用，则要人工修建集雨场。为了提高集流效率，减少渗漏损失，要用不透水物质或防渗材料对集雨场表面进行防渗处理。

2.4.1.2　输水系统

集雨场和蓄水设施不一定在一起，集雨场也可以不止一个，如果相距有一定的距离就需要用输水沟把各个集雨场收集到的雨水集中到一起送到蓄水设施中。输水系统的形式和大小要根据各地的地形条件、防渗材料的种类以及经济条件等，因地制宜地进行规划布置。

2.4.1.3　蓄水系统

蓄水系统包括储水设施、净化设施和消力设施等。

1. 储水设施

储水设施的作用就是存储雨水。各地群众在实践中创造出了许多不同的形式。西北、华北、黄土高原一带，主要是建水窖（窑）和蓄水池；而南方土石山区则多建山塘。

2. 净化设施

在所收集的雨水进入存储系统之前，一般要经过一定的沉淀过滤处理，以除去雨水在汇集与输送过程中混进的泥沙等杂物。常用的净化设施有沉沙池和拦污栅。

3. 消力设施

为了减轻进窖（窑）水流对窖底的冲刷，要在进水暗管（渠）的下方窖（窑）底部设置消力设施。根据进窖流量的大小，可选用消力池或消力筐或设石板（混凝土板块）。

2.4.1.4　用水系统

用水系统是实现雨水高效利用的最终设施。集蓄的雨水一般作为人畜用水或用于田间灌溉，因此，用水系统可以分为两部分，一是生活用水系统，二是田间灌溉系统。

生活用水系统包括提水设施、高位水池、输水管道和水处理设施等。

田间灌溉系统包括首部提水设备、输水管道、田间过滤器和灌水器等节水灌溉设备。由于各地地形条件、雨水资源量、灌溉作物和经济条件不同，因此，各地可选择适宜的节水灌溉方法。常用的灌溉方法有滴灌、渗灌、微喷灌、坐水种、注射灌、膜下穴灌与细流沟灌等。

2.4.2　雨水利用的适宜节水灌溉技术

由于受地形、降雨资源和经济条件的限制，有些地方不可能用传统的地面灌水方法和某些节水灌溉方式，也不可能进行充分灌溉，只能实施灌关键水或救命水的局部灌溉方式，最大限度地发挥灌溉水的效益。现介绍几种局部灌溉技术。

2.4.2.1　微灌技术

微灌（包括滴灌、微喷灌和涌泉灌）由于具有省水节能，增产优质，适应性强，可充分利用小水源等特点，最适合在雨水利用中采用。由于多以一口窖（窑）为一灌水系统，控制面积不大，规划布置及设计计算较简单，所以，除对面积较大的窖群要统一考虑规划设计外，一般不需要烦琐计算。

（1）选择适宜的微灌形式。

实际应用时，应根据窖（窑）区地形、土质和作物等情况，选择适宜的灌水方式。对于菜园（包括塑料大棚和日光温室），适宜用滴灌。对于果园，适宜用滴灌、微喷灌和涌泉灌。蒸发量大的地方，不宜用微喷灌。对于庭院种植的花卉、食用菌等，可考虑用微喷灌。对于粮、棉、瓜类作物，适宜用滴灌。

（2）选择微灌类型。

为节省投资，有条件的地方首先应考虑自压方式，没有自压条件时，可根据经济和电源状况，考虑用人工手压泵或微型电泵抽水。根据控制面积、作物种类可选用固定式或移动式类型。果园、花卉等，因行距较宽或灌水次数较多，经济效益又高，一般采用固定式。对于大田粮、棉等密植作物或一些面积较小的庭院种植业，多采用移动式。目前有两种移动模式：一套微灌系统，2 口窖，控制面积约 0.27 hm^2，首部用手压泵作为动力；一套微灌系统，4 口窖，控制面积约 0.53 hm^2，首部用微型电泵作为动力。移动时，一条毛管可横向移动数次，一组毛管可移到另一处。对于电泵系统，为了不停泵，可备用一组毛管，当一组灌完后，先开备用的一组毛管灌水，等已停灌的一组毛管中的水放空后，移到另一处要灌溉的地方，如此反复移动，直到一口窖（窑）所控制的面积灌完后，再将整套微灌系统移到另一窖（窑）继续灌溉。

微灌技术的节水效果十分显著，使干旱、半干旱缺水地区发展庭院经济、日光温室等高效经济作物成为可能，同时，对减少水土流失、改善生态环境也有促进作用。

2.4.2.2 抗旱坐水种技术

北方干旱、半干旱地区，在作物播种时期由于雨水少，土壤墒情差，往往会造成出苗晚或缺苗断垅，甚至不出苗等问题，从而严重影响农业生产。为了保证出全苗、出壮苗，可采用一种称为坐水种的方法。作业程序是刨穴（或开沟）、注水、点种、施肥、覆盖和镇压。采用这种方法，可以适时播种，提高播种质量，达到苗齐、苗壮的目的，出苗率可达 95% 以上，并能提高抗旱能力和肥效，促进早熟增产。

2.4.2.3 地膜集流穴灌技术

该技术是在抗旱坐水种技术的基础上进行的。其作业程序为：盖膜；放风；放苗至地膜外；将播种坑扩大为 30 cm 直径的锅形集流坑穴；用沙子封闭播种坑；通过锅形集流坑穴的低洼集水作用收集降雨时降到其他部位地膜上的水，达到集流穴灌的目的。

2.4.2.4 注射灌溉技术

注射灌溉技术，即采用特制的灌水器，直接向植物根区土壤注水（或水肥溶液）的一种方法。其特点：一是灌水、追肥、根区施药可以一次完成；二是适宜干旱地区的果树、瓜类、玉米等稀植作物灌关键水；三是可根据作物长势情况进行定量灌溉，苗期少灌、浅灌，旺盛期多灌、深灌。注射灌溉的灌水定额仅为 2 ~ 3 m^3/亩，一般每株（处）每次注水 0.5 ~ 1.0 kg。

2.4.2.5 瓦罐渗灌技术

瓦罐渗灌的灌水器是用不上釉的粗黏土烧制而成的，四周有微孔（也有在罐壁按一定间距钻 1 mm 微孔的），灌水时需要人工向罐内注水，水从罐四周微孔渗入，借助土壤毛细管的作用，渗入作物的根区。瓦罐埋深 30 ~ 40 cm，底面不打孔，罐壁厚 4 ~ 6 cm，上口加盖，盖中心留一个 10 mm 的圆孔，供排气和向罐内注水用。渗水半径随土质的不同可达 30 ~ 40 cm。瓦罐制造工艺简单，可就地取材，造价便宜，适宜在株行距较宽的作物，如果树、瓜类、玉米上进行抗旱保苗或灌关键水用。播种时随即埋上瓦罐，果树应埋设在树冠半径的 2/3 处。

小　结

水土保持工程措施是小流域水土保持综合治理 3 大措施之一，它与水土保持生物措施、农业技术措施同等重要，不能互相代替。本章的重点是：坡面治理工程中的梯田工程、鱼鳞坑等造林整地工程；山沟治理工程中的沟头防护工程、谷坊和淤地坝；小型蓄排引水工程中的水窖和蓄水池。本章涉及许多计算公式，而且没有详细说明公式的应用，只是列出了公式，这给本章的学习增加了难度，所以，同学们在学习本章时需要查阅“水力学”“工程水文学”“土力学”“工程力学”“水土保持工程学”等专业基础课的相关内容。本章涉及工程设计方面的内容一律不做阐述，仅给出参考规范，如《水土保持综合治理 技术规范 沟壑治理技术》（GB/T 16453. 3—2008）等相关技术规范，这些规范是进行水土保持工程设计必不可少的资料。

思考题

1. 简述坡面水土保持工程的基本类型。
2. 简述淤地坝的组成、分类及分级标准。
3. 简述沟头防护工程的作用、类型及适用条件。
4. 什么是梯田？梯田断面设计的主要任务是什么？

第3章 水土保持林草措施

学习要求

掌握水土保持林规划设计的内容、方法和工作程序；掌握适地适树、混交等理论，学会立地条件类型划分、树种选择、造林密度的确定以及整地、造林、幼林抚育和水土保持种草等实用技术；了解生态修复理论和封山育林等植被自然恢复的应用条件。

3.1 水土保持林培育技术

3.1.1 水土保持造林规划设计

3.1.1.1 立地条件类型的划分

1. 基本概念

《中国农业百科全书·林业卷》对“立地”的定义是：按影响森林形成和生长发育的环境条件的异同所区分的有林地和宜林地地段。立地常常是立地条件或森林植物条件的简称。立地条件类型是指具有相同植物生长环境条件即立地性质的地段的群体，换句话说，这些立地具有大致相同的作用于植物生长的外界因子。立地条件类型划分是研究立地条件的自然分异规律及由此引起的不同立地性质及植物生产力之间的差异，并按照一定的原则和方法，对不同综合自然体的立地条件进行划分和归并。此外，立地质量评价这一概念也应了解。立地质量评价，亦称立地评价，是指对立地质量或生产力高低所进行的分析和判断，并按其生产力高低进行分级。

2. 立地条件类型划分的方法

（1）按生活因子的分级组合划分。

该方法是20世纪50年代苏联波氏林型学派为苏联欧洲部分平原地区划分立地条件类型所采用的。这种方法认为，在气候条件大致相似、经营措施完全一致的情况下，在一个不大的区域内，影响树木正常生长发育的主要因素是土壤的干湿状况和土壤的肥瘠程度，因此，可用两者不同等级的组合反映立地性质。其缺点是等级划分的标准难以掌握，一般必须通过指示植物的生长状况来进行定级。

（2）按主导环境因子的分级组合划分。

这种方法是根据立地因子调查分析，从中找出影响栽培区域立地性质的主导环境因子，并按主导环境因子的分级组合来划分立地条件类型。陕甘宁黄土丘陵沟壑区立地条件类型及适生树种表如表3－1所示。

表3－1　陕甘宁黄土丘陵沟壑区立地条件类型及适生树种表

立地质量等级	立地条件类型名称	主要适生树种
Ⅰ	沟坝川水地、石砾河滩地	油松、河北杨、新疆杨、小青杨、国槐、白榆、臭椿、沙枣
Ⅱ	黄土残塬、台旱地、黄土梁间低地	油松、河北杨、新疆杨、小青杨、小叶杨、白榆、刺槐、臭椿、杜梨、毛条、柠条、沙棘、文冠果、沙枣
Ⅲ	黄土梁阴坡	河北杨、小叶杨、白榆、臭椿、柠条、沙棘、山桃、山杏、毛条、柠条、油松、侧柏
Ⅳ	黄土梁阳坡、黄土梁顶	侧柏、白榆、臭椿、山杏、杜梨、毛条、柠条、沙棘、文冠果、沙柳、油松、侧柏（背风面）、柠条、沙棘（迎风面）
Ⅴ	盐碱河滩地	胡杨、沙枣、柽柳、紫穗槐

注：该表摘自黄土高原立地条件类型划分和适地适树研究报告（1984年北京林学院）。

这种方法通俗易懂，使用方便，因此是我国目前普遍应用的划分立地条件类型的方法；但这种方法比较粗放，对一些次要因子照顾不够，尤其是在大范围内划分的立地条件类型，很可能名称完全相同，立地性质并不完全一致。

（3）用数量化方法划分类型。

这种方法是在总结、分析前两种方法优、缺点的基础上，通过对栽培区域土壤、气候和植被分布特征的分析，以土壤水分含量为基础变量，以地形（地形部位、海拔、坡向、坡度）和土壤因素为自变量，采用数量化理论（Ⅰ）的数学模型建立预测方程，编制出土壤水分数量化立地质量得分表，并划分立地条件类型。原西北林学院曾采用这一方法对黄土高原沟壑区淳化县的立地条件类型进行了划分。

3. 划分立地条件类型的步骤

（1）绘制平面图。

小流域平面图是划分立地条件类型最基本的图面资料，已经做过水土保持规划设计的流域可利用该规划设计平面图，未进行规划设计的流域可利用1∶1 000的地形图对坡勾绘或者测绘，然后绘制平面图。

（2）划分小班。

小班是造林设计的基本单位，其地类、权属和立地条件基本一致。在平面图确定的宜林地上，根据地面的明显标志（如山脊、道路、流水线和地类界）划分小班，小班面积一般为1～20 hm^2，小班号应自上而下、自左向右排列。

（3）确定划分立地条件类型的方法。

立地条件类型应按主导环境因子法划分。

(4) 确定小班调查的因子。

根据主导环境因子法的要求，确定小班调查的具体因子，如地形（地貌）、土壤和水文等。

(5) 划分立地条件类型和命名。

根据小班调查资料，通过分析找出主导环境因子，如黄土区主导环境因子有坡向、地貌部位和土壤种类，土石山区有海拔高度、坡向和土层厚度，河滩地区有地下水位和土壤质地等；主导环境因子找出后，要进行分级并组合成不同立地条件类型，然后进行命名，如梁峁阳坡黄墡土、冲风口峁顶黄墡土、阳向沟坡下部姜石粗骨土、低山阳坡紫色土、海拔 800 m 以上阳坡厚层土等。

3.1.1.2 林种与树种规划

林种是按森林所起的作用来划分的。《中华人民共和国森林法》将我国森林分为防护林、用材林、薪炭林、经济林及特种用途林 5 类。虽然水土保持林是防护林的一种，但从广义上讲，在水土流失区，能够产生防护及水土保持作用的林木均可归入水土保持林体系的范畴。其主要包括分水岭防护林、坡面水土保持林、护坡薪炭林、护坡用材林、护坡经济林、坡面护牧林、梯田护埂林、塬面农田防护林、塬面农林复合经营林、护路护渠林、沟头沟边防护林、沟底防冲林、水库防护林和护岸固滩林等。

树种规划主要按照适地适树的原则，兼顾防护和群众的需要来选择树种。选择树种时，必须坚持以优良乡土树种为主，乡土树种与引进外地良种相结合。在树种搭配上，应尽量做到针阔结合，乔木和灌木相结合。在典型设计的基础上，还应统计各树种的面积。

另外，在树种规划的基础上，应按各树种的防护和生产性能统计各林种的面积。

3.1.1.3 造林典型设计

造林典型设计是指对各立地条件类型的造林树种、造林密度、配置方式、混交、整地和造林方法等进行设计。

造林典型设计的具体内容一般以图、表和文字相结合的形式表示，称其为造林类型配置图式。

3.1.1.4 造林顺序的安排与种苗规划

根据规划和治理实施的原则，结合当地实际情况安排不同林种、不同造林类型的具体造林顺序，为造林年进度安排提供依据。

种苗规划时要贯彻“自采、自育、自选”的原则，尽量减少苗木调运。规划时，首先要计算出每年各树种种苗需求量，然后提出育苗计划，并具体规划出苗圃用地。

3.1.1.5 幼林抚育规划

抚育是巩固造林成果，促进林木生长的重要措施。规划时，应按照林地水分、杂草、灌木和土壤情况确定抚育方法、抚育年限及每年的抚育次数。

3.1.1.6 投入劳力与投资预算

投入劳力与投资预算即依据规划结果和造林投入劳力、投资定额，对完成造林规划任务的总投入劳力和总投资进行预算。

3.1.1.7　水土保持造林规划设计的工作程序

通过水土保持外业综合调查，应对规划区域的环境因子和林木生长状况有较为详细的了解，在此基础上，应根据土地利用规划结果对宜林地进行水土保持林内业规划设计，设计时，应按以下程序进行工作。

（1）准备阶段。

准备阶段主要包括对规划人员的技术培训和对规划指导思想、规划原则、规划内容、规划要求及有关指标的统一等。

（2）资料的分析研究阶段。

该阶段应根据土地利用规划结果具体落实宜林地的面积和位置以及外业调查资料，分析和研究影响当地造林成活及林木生长的主要环境因子，总结造林技术等方面的经验和教训，为具体规划设计提供依据。

（3）规划与设计阶段。

规划与设计阶段包括造林立地条件类型的划分、造林典型设计、树种和林种规划、造林顺序的安排、种苗规划、幼林抚育规划、投入劳力和投资预算等。

（4）规划设计图的绘制和规划设计报告的编写。

在基本图和现状图的基础上，按立地条件类型、树种和林种等绘制规划设计图。规划设计图要用大比例尺成图，并显示小班界、小班号及面积，标出造林树种和施工年限，同时用颜色表示林种。

规划设计报告的编写是规划设计最重要的内容，也是造林施工的主要依据，其内容的详简程度可根据规划设计的目的、要求及范围大小而定。

3.1.2　水土保持造林技术

3.1.2.1　适地适树

适地适树中的“地”包括两个方面的内容，一是栽培区域的自然环境条件，二是社会经济条件。自然环境条件主要考虑的是水热状况和具体的立地条件类型；社会经济条件主要包括该地区的历史和当前植物生产在各项生产上所占的比重，群众的生产经验和经营方式，国家对该地区水土流失治理、植被建设和植物生产基地建设布局的要求等。

适地适树中的“树”是指栽培植物的类型、品种，应注重其生态特性和栽培管理措施。

适地适树就是使造林树种的特性，主要是生态学特性和造林地的立地条件相适应，以充分发挥生产潜力，达到该立地在当前技术经济条件下可能取得的高产水平。适地适树是因地制宜原则在造林树种选择上的体现，是造林工作的一项基本原则。

适地适树的途径是多种多样的，但可以归纳为两条：第一条是选择，包括选地适树和选树适地；第二条是改造，包括改地适树和改树适地。

1. 选择

选地适树，就是根据当地的气候、土壤条件确定了主栽树种或拟发展的造林树种后，选择适合的造林地；而选树适地是在确定了造林地以后，根据其立地条件选择适合的造林树种，通常以乡土树种为主，外来树种为辅。

2. 改造

改树适地，就是在地和树某些方面不太相适的情况下，通过选种、引种驯化和育种等手段改变树种的某些特性，使之能够相适应。

改地适树，就是通过整地、施肥、灌溉、树种混交和土壤管理等措施改变造林地的生长环境，使之适合于原来不太适应的树种生长。

选择的途径和改造的途径是互相补充、相辅相成的。改造的途径会随着经济的发展和技术的进步逐步扩大，但是，在当前的技术经济条件下，改造的程度是有限的，只在某些情况下使用，而选择造林树种，使之达到适地适树的要求，仍然是最基本的途径。

3.1.2.2 造林树种的选择与林分组成

1. 造林树种的选择

（1）水土保持树种应具备的条件。

水土保持树种应具备的条件如下：根系发达，抗拉力强，能固持土壤；适应性强，具有较强的抗旱、耐瘠薄或耐水湿性能和一定的抗病、抗虫及抗鼠害能力；适宜密植或分枝多、落叶丰富且易于分解，可以迅速郁闭或较快形成松软的枯枝落叶层；生长迅速、收益早，丰产、稳产性强，产品质量好，经济价值高；具有一定的经营传统、成熟的栽培经验和技术；产品易于保存或运输，产品的采收不应引起新的水土流失。

当然，任何一个树种很难同时满足上述条件，但是，只要我们抓住抗逆、抗蚀性能强等特点，其他条件均可以通过细致的经营管理来弥补。

（2）不同栽培地区树种的选择。

① 乡土树种的选用。

所谓乡土树种，就是指本地区原有天然分布的树种。这些土生土长的树种，由于长期适应分布地区的气候和土壤条件，所以在当地生长发育良好。选择这些树种进行造林，不仅种源丰富，有利于实现品种区域化栽培，而且能充分发挥树种的优良特性，确保产品质量。

② 外来树种和优良品种的选用。

所谓“外来树种”，是指本地区没有天然分布，而由外地区引进的树种。在本地没有适当的树种（品种）或外地有更好的优良树种（品种）时，可按引种程序和要求，认真比较引进地区和原产地区的自然条件，特别是气候条件，只有当自然条件基本相似时，才能引种造林。

③ 立地条件与树种的选择。

同一个立地条件类型，可能有几个甚至更多的适生树种可供选择；或者同一个树种可能适用于几个不同的立地条件类型。因此，在最后确定造林树种时，必须通过分析、比较，把立地条件相对较好的地块优先留给经济价值高或对立地条件要求较为严格的树种，把立地条件较差的地块留给适应性强、经济价值相对较低的树种。

2. 林分组成

林分组成是指构成林分的树种成分及其所占的比例。通常，由一种树种组成的林分称为纯林，而由两种或两种以上树种组成的林分称为混交林。森林的树种组成一般以每一乔木树种胸高断面积占全林总胸高断面积的百分比表示；而人工幼林的树种组成以各树种占全林总株数的百分比表示，包括所有的乔灌木树种。

（1）混交类型。

① 混交林中的树种分类。

混交林中的树种，依其所起的作用可分为主要树种、伴生树种和灌木树种 3 类。

主要树种是人们培育的目的树种，防护效能好，经济价值高，或风景价值高。混交林中数量最多的一般是优势树种。同一混交林内主要树种的数量有时是 1 个，有时是 2 ~ 3 个。

伴生树种是在一定时期与主要树种相伴而生，并为其生长创造有利条件的乔木树种。伴生树种是次要树种，在数量上一般不占优势，多为中小乔木。

灌木树种是在一定时期与主要树种生长在一起，并为其生长创造有利条件的树种。灌木树种在乔灌混交林中也是次要树种，在林内的数量依立地条件的不同不占优势或稍占优势。

② 树种的混交类型。

混交类型是将主要树种、伴生树种和灌木树种人为搭配而成的不同组合，通常把混交类型划分为如下几种。

A. 主要树种与主要树种混交。两种或两种以上的目的树种混交，这种混交搭配组合可以充分利用地力，同时获得多种木材，并可发挥其他有益效能。种间矛盾出现的时间和激烈程度，随树种特性、生长特点等而不同。由作为主要树种的多种乔木构成的搭配组合，称为乔木混交类型。

B. 主要树种与伴生树种混交。这种树种搭配组合，林分的生产率较高，防护效能较好，稳定性较强，林相多为复层林，主要树种居第一林层，伴生树种组成第二林层或次主林层。主要树种与伴生树种的矛盾比较缓和，也比较容易调节。由主要树种与伴生树种构成的搭配组合，可称为主伴混交类型。

C. 主要树种与灌木树种混交。这种树种搭配组合，树种种间关系缓和，林分稳定。混交初期，灌木可以给主要树种的生长创造各种有利条件；郁闭以后，因林冠下光照不足，其寿命又趋于衰老，有些便逐渐死亡，但耐阴性强的仍可继续生存；而当郁闭的林冠重新疏开时，灌木又可在林内大量再现。由主要树种与灌木树种构成的搭配组合，一般称为乔灌木混交类型。

D. 主要树种、伴生树种与灌木混交。这种类型可称为综合性混交类型，兼有上述 3 种混交类型的特点，一般可用于立地条件较好的地方。通过封山育林或人工林与天然林混交（简称人天混）方式形成的混交林多为这种类型，据研究，这种类型的防护林防护效益很好。

(2) 混交树种的选择。

营造混交林，首先要按培育目标要求及适地适树原则选好主要树种（培育目的树种），其次是按培育的目标结构模式要求选择混交树种（可作为次目的树种或伴生辅佐树种），应该说这是成功的关键。如果混交树种选择不当，有时会被主要树种从林中排挤出去，更多的可能是压抑或替代主要树种，使培育混交林的目的落空。

选择混交树种的具体做法，一般可在主要树种确定后，根据混交的目的和要求，参照现有树种混交经验和树种的生物学特性，同时借鉴天然林中树种自然搭配的规律，提出一些可能与之混交的树种，并充分考虑林地自然植被成分，分析它们与主要树种之间可能发生的关系，最后加以确定。

(3) 混交方法。

混交方法是指参加混交的各树种在造林地上的排列形式。混交方法不同，种间关系特点和林分生长状况也不相同。

① 星状混交。

星状混交是将一树种的少量植株点状分散地与其他树种的大量植株栽种在一起的混交方法，或栽植成行内隔株（或多株）的一树种与栽植成行状、带状的其他树种相混交的方法。这种混交方法，既能满足某些喜光树种扩展树冠的要求，又能为其他树种创造良好的生长条件，同时还可最大限度地利用造林地上的原有自然植被。

② 株间混交。

株间混交又称行内混交、隔株混交，是在同一种植行内隔株种植两个以上树种的混交方法，如图3-1（a）所示。这种混交方法，不同树种间开始出现相互影响的时间较早。如果树种搭配适当，能较快地产生辅佐等作用，种间关系以有利作用为主；若树种搭配不当，种间矛盾就比较尖锐。株间混交会给造林施工带来一些麻烦，但对种间关系比较融洽的树种仍有一定的实用价值，一般多用于乔灌木混交类型。

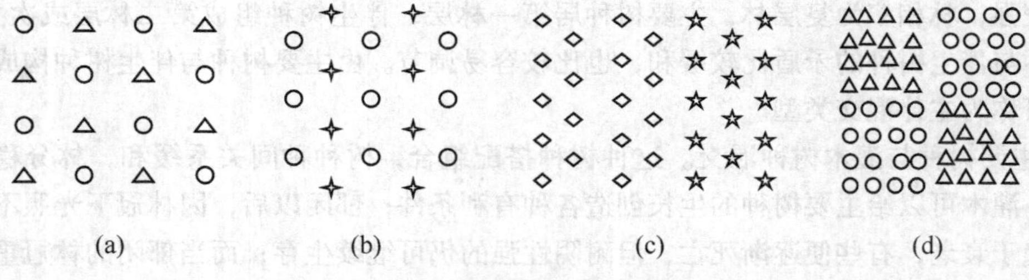

图3-1 几种常见的混交方法

（a）株间混交；（b）行间混交；（c）带状混交；（d）块状混交

③ 行间混交。

行间混交又称隔行混交，是一树种的单行与另一树种的单行依次栽植的混交方法，如图3-1（b）所示。这种混交方法，树种间的有利或有害作用一般多在人工林郁闭以后才显现出来，行间混交的种间矛盾比株间混交的种间矛盾容易调节，施工也较简便，是常用的一种混交方法，适用于乔灌木混交类型或主伴混交类型。

④ 带状混交。

带状混交是一个树种连续种植 3 行以上构成的“带”，与另一个树种构成的“带”依次种植的混交方法，如图 3 - 1（c）所示。

带状混交的各树种种间关系最先出现在相邻两带的边行，带内各行种间关系则出现较迟。带状混交的种间关系容易调节，栽植、管理也都较方便，适用于矛盾较大、初期生长速度悬殊的乔木混交类型，但可将伴生树种改栽单行。这种介于带状混交和行间混交之间的过渡类型，可称为行带状混交。行带状混交的优点是可保证主要树种的优势，削弱伴生树种过强的竞争能力。

⑤ 块状混交。

块状混交又叫团状混交，是将一个树种栽成一小片，与另一栽成一小片的树种依次配置的混交方法，如图 3 - 1（d）所示。块状混交一般分成规则的块状混交和不规则的块状混交两种。

规则的块状混交是将平坦或坡面整齐的造林地划分为正方形或长方形的块状地，然后在每一块状地上按一定的株行距栽植同一树种，相邻的块状地栽种另一树种，其边长一般可为 5 ~ 10 m。

不规则的块状混交是在山地造林时，按小地形的变化，在保持间隔的情况下分别成块栽植不同树种。这样既可以使不同树种混交，又能够因地制宜地安排造林树种，更好地做到适地适树。块状混交造林施工比较方便，适用于矛盾较大的主要树种与主要树种混交，也可用于林分改造。

此外，混交方法还有不规则混交和植生组混交等。

（4）混交比例。

树种在混交林中所占比例的大小，直接关系到种间关系的发展趋向、林木的生长状况及混交的最终效益。调节混交比例，既可防止竞争力强的树种过分排挤其他树种，又可使竞争力弱的树种保持一定的数量，从而有利于形成稳定的混交林。

确定混交林比例时，应预估林分未来树种组成比例的可能变化，注意保证主要树种始终占有优势。一般来说，在造林初期，伴生树种或灌木树种的混交比例应占全林总株数的 25% ~ 50%，但特殊的立地条件或个别的混交方法，混交树种的比例不在此限。

3. 1. 2. 3 造林密度的控制

林分密度是指单位面积林地上的林木数量。由于密度在森林一生中不断变化，为了便于区别，常将森林起源时形成的密度称为初始密度，它是森林生长发育各个时期密度变化的基础，而将其他时期的密度称为经营密度。人工林的初始密度称为造林密度，是指单位面积造林地上栽植的株数或（穴）数。

造林密度对郁闭成林过程和林木的生长均有很大的影响，因此，造林时确定合理的密度是非常重要的。常用的确定合理密度的方法一般有以下几种。

1. 经验的方法

根据过去不同密度的林分对其经营目的方面是否满足的情况，分析、判断其合理性及需要调整的方向和范围，从而确定在新的条件下应采用的初始密度和经营密度。采用这种方法时，决策者应当有足够的理论知识及生产经验，否则将会产生主观随意性的弊病。

2. 试验的方法

通过造林试验来确定合理的密度，其不足之处是时间长，需要花费较大的精力和财力，一般只能对几个主要造林树种在其典型的生长条件下进行密度试验，从这些试验中得出密度效应规律及其主要参数，以便指导生产。

3. 调查的方法

如果在现有的森林中就存在着相当数量的用不同造林密度营造的，或因某种原因处于不同密度状况下的林分，则就有可能通过大量调查得知不同密度下林分的生长发育状况，然后采用统计分析的方法，得出类似于密度试验林可提供的密度效应规律和有关参数。这种方法使用也较为广泛。

4. 查阅图表的方法

对于某些主要造林树种，相关人员已进行了大量密度规律的研究，并制定了各种地区性的密度管理图（表），这时，可通过查阅相应的图（表）来确定造林密度。

3.1.2.4 整地与造林方法

1. 整地

水土保持造林用地一般都是未经耕作的荒山、荒地，上面或多或少都有植被，即使是原有栽培经济林的老荒地，也有杂灌，这就需要整地，整地包括林地的清理和土壤耕作（挖垦）两个内容。在山区进行林地清理，通常多用火烧法。在夏、秋、冬季先将林地杂灌砍倒（俗称砍山），铺开晒干，然后用火烧（俗称烧山、炼山），再进行挖垦，这就是砍、烧、挖的整地步骤。

（1）整地的方法。

整地的方法应根据地势、土壤、耕作习惯和水土流失等条件来确定，一般采用全面整地（全垦）或局部整地（梯田整地、带状整地、块状整地）。

① 全面整地。

全面整地是将准备栽种的林地全部挖垦。全面整地只适于坡度较小，立地条件在中等肥厚湿润类型以上，以及有在林地内间种作物习惯的地区使用。由于林地坡度较小，有利于机械操作，一些农用机具可直接使用。

② 局部整地。

局部整地即根据林地的自然条件进行局部整地，以保持水土。局部整地有梯田整地、带状整地、块状整地3种方法。

A. 梯田整地。梯田整地如果应用得好将是最好的一种水土保持方法。其方法是：用半挖半填的办法，把坡面一次修改成若干水平台阶，上下相连，形成阶梯。梯田由梯壁、梯面、边埂和内沟等构成。每一梯面为一林木种植带，梯面宽度因坡度和林木的行距要求不同而异，一般是坡度越大，梯面越狭窄。筑梯面时，可反向内斜，以利蓄水。

B. 带状整地。在坡度为25°以上的地段，不宜采用梯田整地，此时可采用等高带状整地。其方法是：沿山坡按一定宽度放等高线开垦，带与带之间的坡面不开垦，留生土带，每隔3～5条种植带开一条等高环山沟截水。常用的带状整地方法有水平阶、水平沟、反坡梯田和水平犁沟等。

C. 块状整地。在坡度大、地形破碎的山地或石山区造林，可采用块状整地。块状整地是按照种植点的位置在其周围翻松一部分土壤，以利栽树成活。这种方法灵活、省工，但在改善立地条件方面作用相对较差，蓄水保墒的作用不如带状整地。鱼鳞坑是一种常用的块状整地方法，在与山坡水流方向垂直环山挖半圆形植树坑，使坑与坑交错排列成鱼鳞状。坑一般长1 m，宽50 cm，深25 cm，由坑外取土，使坑面成水平，并在坑外边筑成半环状土埂，以保水土。

（2）整地时间。

无论什么样的整地方法，“要想效果好，就要整得早”，这是各地群众在整地方面的重要经验。所谓整得早，就是要在造林前一年或半年进行预先整地，至少也要提前一季整地。提前整地，土壤才有熟化的过程，造林才会取得良好效果。除土壤结冻时期外，一年四季均可整地。

（3）整地的规格。

① 深度。

整地深度是整地各种技术指标中最重要的一个指标。整地时，首先，应考虑造林地区的气候特点。在干旱地区，为了提高蓄水能力，整地深度应比湿润地区大些。其次，应考虑栽培地的立地条件。阳坡、低海拔地区，土壤水分含水量变化大，整地深度宜稍大。最后，应考虑林木根系的分布特点。在自然界中，林木根系的分布范围一般随树种、林龄和立地条件而不同。在一定范围中，加大整地深度，根系的分布也有加深的趋势。整地深度一般应为25～40 cm，以保证根系充分伸展，不窝根。

② 宽度。

在自然条件允许和经济条件可能的前提下，局部整地时的破土宽度应以力争最大限度地改善造林地的立地条件为原则。确定破土宽度一般需要根据发生水土流失的原因、坡度的大小、植被状况、经济条件和树种要求的营养面积而定。

破土穴或带间的距离主要根据造林地的坡度和植被状况等而定。在陡坡、植被稀少、水土流失严重的地方，带（穴）间应保留的宽度可以大些，原则上应使其上产生的地表径流量能为整地带（穴）所容纳。一般破土宽度与保留部分宽度在杂草、灌木高度不大的荒山可为1∶1或1∶2，在灌木高大茂密的地方可为1∶1或2∶1。

③ 长度。

整地破土面的长度主要是指带状整地或块状整地中带或块的边长。在山地的采伐迹地上，破土面的长度随地形破碎程度、裸岩或伐根的分布和坡度而不同。一般地形越破碎，影响整地施工的障碍越多，破土的长度应越小，地形越高越陡，破土面长度也应越小，否则不易保持水平，反而会使地表径流大量汇集，从而造成冲刷。

④ 断面形式。

断面形式一般多与造林地区的气候特点和造林地的立地条件相适应。在干旱地区，为了更多地积蓄大气降水、减少蒸发、增加土壤湿度，破土面可低于原地面（或坡面），与原地面（或坡面）成一定角度，以构成一定的积水容积。在水分过剩的地区，为了排除多余的土壤水分，提高地温，改善通气条件，促进有机质分解，破土面积可高于原地面。

整地的技术规格，还涉及土埂的有无及其规格等。一般来说，在带（或穴）外缘修筑土埂有利于蓄水拦泥，在带中筑横埂有利于防止水流汇集。整地工程的防御标准应按 10～20 年一遇 3～6 h 最大雨量设计，根据各地不同的降雨情况，分别采用不同的暴雨频率和当地最易产生严重水土流失的短历时、高强度暴雨的雨量。

2. 造林方法

水土保持树种造林方法根据不同的所用材料（种子、苗木、插穗等），可分为播种法、植苗法和分殖法 3 种。

（1）播种法。

播种是把种子直接播种到造林地的方法，简称直播。播种是一种常用的造林方法，可显示出较大的优越性。

① 种子的播前处理。

春季播种时种子的处理方法与播种育苗相同。雨季一般应播干种子，但如能准确地掌握雨情，也可以先浸种再播种。秋季播种造林时，均以播种未处理的种子为宜。近年来，在干旱地区飞播中开始采用一项大粒化处理技术，其方法是用吸水物质、胶结剂、黏土、腐殖土和农药等做配料，使之黏着在种子表面进行造粒，当其成为具有一定强度的泥壳种粒时，再用于播种。

② 播种方法。

播种方法可分为撒播、条播、穴播和块播 4 种。

③ 播种量。

播种量的多少主要取决于种子的发芽率和单位面积上要求的最低限度的幼苗数量。由于种子的发芽率和保存率受很多因素的制约，所以要根据不同情况区别对待。

根据各地的生产经验，穴播种粒大的核桃、胡桃楸、板栗、三年桐等，每穴播种 2～3 粒；种粒稍小的栎类、油茶、山杏、文冠果等，每穴播种 3～5 粒；种粒中等的红松、华山松等，每穴播种 4～6 粒；种粒较小的油松、马尾松、樟子松、云南松等，每穴播种 10～20 粒；柠条、花棒等，每穴播种 20～30 粒。播种方法不同，用种量也不相同。一些树种穴播的用种量要比条播、撒播低2~3倍，乃至十余倍不等。

另外，播种时大粒种子的覆土厚度可为5~8 cm，中粒种子的覆土厚度可为2~5 cm，小粒种子的覆土厚度可为1~2 cm。秋季播种、土质黏重、土壤湿度较大时，覆土厚度宜稍大；反之，覆土厚度宜稍小。覆土厚度一般以相当于种子短径的2~3倍为宜。

④ 播种的季节和时间。

播种的季节和时间不仅会影响种子的出苗率、出土时间和成苗数量，而且关系到苗木的木质化程度和抗旱越冬能力。就全国范围来说，四季都可以进行播种造林，但北方应把水分和低温作为确定播种期的首要条件，而南方则应将伏旱、高温和降水强度作为主导因素，同时还要分析不同树种播种方法和技术上的异同，作为最后确定适宜播种季节和时间的依据。

(2) 植苗法。

植苗法是以苗木作为造林材料进行造林的方法，又称栽植法。植苗法是应用最普遍的一种造林方法。

① 苗木的种类、年龄和规格。

植苗法应用的苗木种类主要有播种苗、营养繁殖苗（包括扦插和嫁接苗）、播种苗和营养繁殖苗的移植苗以及容器苗等。如仅从对造林技术的影响分析，这些苗木按根系是否带土可分为裸根苗和带土苗两大类。裸根苗是目前生产上应用最广的一类苗木。带土苗包括各种容器苗和一般带土苗。这一类苗木根系比较完整，造林易活，但质量大，搬运费工、费力。

② 苗木栽植前的保护和处理。

植苗法苗木成活的关键在于保持苗体内的水分平衡。苗木从圃地起出后，在分级、处理、包装、运输、造林地假植和栽植取苗等工序中，必须加强保护，以减少失水变干，防止茎、叶、芽折断和脱落，避免运输过程中发热、发霉。

为了保持苗木的水分平衡，造林前应对裸根苗应进行适当的处理。地上部分的处理措施有截杆、去梢、剪除枝叶、喷洒化学药剂、喷洒蒸腾抑制剂或其他制剂等；地下部分的处理措施有修根、浸水、蘸泥浆、蘸吸水剂、化学药剂或激素蘸根及接种菌根菌等。

当利用容器苗造林时，一般只须保护苗木，特别是要防止运输过程中散坨，而无须进行其他处理。

③ 苗木的栽植方法和技术。

A. 栽植方法。栽植方法一般可分为如下几种。

a. 按植穴的形状分类，可分为穴植、缝植和沟植3种。穴植是在经过整地的造林地上挖穴栽苗，应用最为普遍，可栽植各种苗木，但工效低。穴深应大于苗木主根长度；穴宽应大于苗木根幅；使用手工工具或挖坑机开穴，每穴植入苗木1株或多株。缝植是在经过整地的造林地或未整地的造林地上，用锄、锹开成窄缝，植入苗木后，再从侧方挤压，使土壤与苗根密接。此法造林速度快，能获得较高的成活率，特别是在高寒地区，还可以预防或减轻冻拔害，不足之处是根系常被挤压变形。缝植一般用于新采伐迹地、沙地栽植针叶树小苗。沟植是在经过整地的造林地上，以植树机或畜力拉犁开沟，苗木按一定株、行距摆放于沟底，然后再覆土、扶正、压实。此法效率高，但只能用于地势平坦或坡度较缓的地方。

b. 按苗木根系是否带土分类，可分为裸根栽植和带土栽植两种。两者的利弊如前所述。

c. 按同一植穴栽植的苗木数量分类，可分为单植和丛植两种。丛植的优点类似于群状配置，由于其可以形成独特的小气候，抵御不良环境的影响，因而造林成活率和保存率较高，林木生长快，干材质量好。适于丛植的树种主要是耐阴或幼年耐阴的树种。

d. 按使用的工具分类，可分为手工栽植和机械栽植两种。手工栽植一般以镐、锹等或畜力牵引犁铧进行栽植，多用于山地造林。机械栽植是在经过整地的造林地上，取合格苗，利用植树机进行画线开沟、植苗、培土等工序完成栽植的造林方法，主要用于地形平坦且宜林地集中连片的平原、草原、沙地和滩地等。

B. 栽植技术指的是栽植深度、栽植位置和施工具体要求等。适宜的栽植深度应高于苗木根茎处原土痕2~3 cm。栽植过浅，根系外露或处于干土层中，苗木易受旱；栽植过深，会影响根系呼吸，导致根部发生二重根，从而妨碍地上部分的正常生理活动。此外，在干旱条件下应适当深栽，土壤湿润黏重可略浅栽；秋季栽植可稍深，雨季宜略浅；生根能力强的阔叶树可适当加深，针叶树多不宜栽植过深；截杆苗宜深埋少露。

在施工要求方面，除前面所说的以外，栽植时可先把苗木放入植穴，理好根系，使其均匀舒展，不窝根，更不能上翘、外露，同时注意保持深度，然后分层覆土，把肥沃湿润的土壤填于根际，并分次踏实，使土壤与根系密切接触，以防止干燥空气侵入，保持根系湿润。

④ 植苗的季节和时间。

就全国范围来说，一年四季均可进行植苗造林，但不同地区、不同树种又有各自的适宜季节和具体时间。

(3) 分殖法。

分殖法是利用树木的营养器官（如枝、干、根、地下茎等）作为造林材料进行造林的方法，又称分生法。

① 插木法。

插木法是利用树木的一段枝条或树干做插穗，直接插植于造林地的方法。根据所用材料的差异，插木法可进一步分为插条和插杆两种方法。

A. 插条法。该法是截取树木或苗木的一段枝条做插穗，直接插于造林地的方法，在分殖法中应用最广。插穗可在树木秋季落叶后到春季发芽前从中、壮年优良母树上选取，也可以从采穗圃和苗圃中选取，最好利用根部或干基部萌生的粗壮枝条。有些萌芽力弱的针叶树，应利用梢部带顶芽的枝条。枝条的年龄随树种而不同，一般1~3年生即可。插条粗度1~2 cm、长度30~70 cm（针叶树30~60 cm），下口切成马耳形或切平。扦插多用直插，扦插深度因树种、穗长、土壤湿度和造林季节而异。落叶阔叶树在干旱、风沙危害严重的地方造林，应深埋使插穗低于地面，以预防干旱和风蚀；而在造林地水分条件良好或土壤含盐量较高的地方造林，则可露出地面3~5 cm，以顺利发芽，预防盐碱危害。常绿针叶树种（柳杉、杉木等）的插植深度可为插穗长度的1/3~1/2。秋季扦插时，为保护插穗顶端不致在冬、春季失水风干，要适当深埋，不使上切口外露。

B. 插杆法。该法是将幼树树干或大树粗枝直接插于造林地的方法，又叫栽杆造林。插杆造林一般采用 2 ~ 4 年生直径为 3 ~ 5 cm 的枝干，截成长为 3 ~ 5 m 以备用。插植深度约 100 cm，每穴直插插杆 1 株。插杆造林多用于旱柳、垂柳、白柳及某些杨树营造片林或"四旁"绿化。近年来，华北、西北、华中和华东部分省区推广的杨树长杆深插也是一种插杆造林方法。这种方法是把二三年生的杨树大苗自根茎处截断，并剪去部分枝条。用此种不带根的树干造林，应深插 2 ~ 3 m，使其接近地下水，其余部分露于地面之上。目前，长杆深插主要用于易生根的杨类，如 I – 214 杨、I – 72 杨、沙兰杨和群众杨等。

长杆深插的技术关键在于使下切口接到地下水，达不到地下水的地方，也要尽量深插。栽插的孔穴，可用人工挖成或以机械钻成。长杆插入后，插孔要用土填满砸实，如有可能，最好适当地进行灌水。

② 分根法。

分根法是利用刨取的粗根截成插穗插植于造林地的方法。根条可于秋季树木落叶后而土壤尚未结冻前，或春季土壤已经解冻而树木尚未发芽前，从发育健壮的母树根部挖取。其方法是：选取粗度不小于 1 ~ 2 cm 的根条，剪成长约 20 cm 的根插穗，倾斜或垂直插入土中，上端微露，上切口盖土成堆。这种方法适用于根部容易萌生不定芽的树种，如泡桐、漆树、楸树、刺槐、香椿和文冠果等。

③ 地下茎法。

地下茎法是竹类的造林方法之一。不同类型的竹子，其分殖造林的方法也不完全相同。常用的方法有移栽母竹、移鞭、埋蔸和埋节等。

④ 分殖的季节和时间。

插木法的季节和时间与植苗法基本相同，随树种、地区的不同，可在春季或秋季插植。常绿树种随采随插，落叶树种随采随插或采条后经储藏再插。有些树种可在雨季插植。

在竹类产区造林，除寒冷及酷热天气外，其他时间都可以进行小规模栽竹，不受时间限制。大面积造林时，单轴型竹类可在生长缓慢的冬季和早春（11 月至翌年 2 月）进行，合轴型竹类可在 1 ~ 3 月进行。

3.1.3 幼林抚育管理

幼林抚育是指造林后到郁闭以前所采取的一切技术措施。幼林抚育的任务在于创造优越的环境条件，满足幼树对于水、肥、光、热各方面的要求，以获得较高的成活率和保存率，使幼林适时郁闭，为速生丰产打下良好的基础。

3.1.3.1 土壤管理

1. 除草、除灌、松土

(1) 除草、除灌、松土的方式。

除草、除灌、松土的方式因整地方式的不同而异，一般有 3 种：全面除杂松土、带状除杂松土和块状除杂松土。

（2）除草、除灌、松土的季节。

除草、除灌、松土的季节视杂灌生长情况和劳力情况而定：一般造林前1~2年每年两次，时间为5~6月和8月下旬至9月，以后每年一次，直至郁闭，时间为5~6月。

2. 灌水、施肥

幼林受旱应及时灌水保苗，水保型经济林应根据不同树种的需水规律适时灌水，以保证优质高产。林地施肥一般遵循用材林（生产枝叶、木材）以施氮肥为主，经济林以施磷肥为主的原则，同时要结合松土除草进行埋青肥地。

3. 以耕代抚

幼林郁闭前，在不影响幼林生长的前提下，在树盘以外可利用林间空地种植低杆、簇生的绿肥、蔬菜、药材或其他经济作物，结合耕作管理，兼顾幼林抚育。

3.1.3.2 幼树管理

1. 间苗

在播种造林、丛植时会形成植生组，所以，为了保证优良单株生长，应进行间苗定株。间苗时，应依“去劣留优、适当照顾距离”的原则，并结合松土，分次间苗，直至第三年秋冬定株。

2. 平茬、除萌

（1）平茬。

平茬即由于地上部分生长不良而把地上部分除掉，适于阔叶树种及少数针叶树种，如樟、泡桐和苦楝。

（2）除萌。

一些萌蘖力强的树种（杉、刺槐）栽植后常在茎基部发生萌条，分散养分利用，丧失主干的顶端优势，从而降低生长林量，为此，应清除萌条。除萌的方法为刀砍土压，一般应连续砍萌条2~3年，或把基部埋掉。

平茬、除萌主要应用于具有萌蘖能力的树种。平茬一般在春季萌芽前进行，除萌则在萌芽后进行。除萌时间一般越早越好。

3. 抹芽

幼树上未萌发的嫩芽在未木质化时抹除，可省工，提高材质，培育无节良材。

4. 补植

在造林后，经过一个完整的生长季，苗木是否成活大体已成定局，但有时苗木的成活（缓苗）过程要长达2~3年。每年冬季，对去冬今春新造幼林应在不同部位进行成活率抽样调查，抽样比例见表3-2。在第一次进行幼林成活率调查后，当成活率低于85%且高于40%（$40\% < P < 85\%$）时，要立即组织补植，低于40%的要重造。补植力求大苗（原树种），使它与原有成活苗木的生产不相上下；也可用另一树种的苗木进行补苗，以形成不规则的混交形式。

表 3-2 新造幼林成活率调查抽样比例

造林面积/hm^2	<10	10~50	>50
抽样比例	3%~5%	2%~3%	1%~2%

5. 修枝整形

对于水土保持型经济林，应根据不同树种的具体要求整形修剪。水土保持型用材林修枝应将主干下部 1/3 的枝条剪掉。阔叶林要在第二年秋后进行，针叶林可适当推迟。

3.1.3.3 封育管护

新造幼林要实行封育，禁止放牧及其他不利幼林生长和破坏整地工程的活动。

3.1.4 封山育林

在有水土流失的荒坡与残林、疏林地，应采取封山育林措施，封禁、抚育与治理相结合，以恢复林草植被，防治水土流失，提高林草效益的组织措施和技术措施。封山育林区应具备的条件是地面有残林、疏林（含灌丛），或遭到自然灾害（如火灾、病虫害）、人为破坏的林地和采伐迹地时，当地的水热条件能满足自然恢复植被的需要。

3.1.4.1 封禁方式

1. 全年封禁

原有林地破坏严重，残留树木很少，恢复比较困难和地广人稀的地区，应实行全年封禁，严禁人畜进入，以利植被恢复。

2. 季节封禁

当地水热条件较好，原有树木破坏较轻，植被恢复较快的地区，应实行季节封禁。一般春、夏、秋生长季节封禁，晚秋和冬季可以开放，允许村民到林间割草、修枝。

3. 轮封轮放

封禁面积较大，保存林木较多，植被恢复较快，在当地村民燃料、饲料较缺乏的地区，应将封禁范围划分几个区，实行轮封轮放。每个区封禁 3~5 年后，可开放一年，合理地安排封禁与开放的面积，做到既能有利于林木生长，又能满足群众需要。

3.1.4.2 抚育管理

（1）结合封禁在残林、疏林中进行育苗补植，平茬复壮，修枝疏伐，择优选育，促进林木生长，加快植被恢复。

（2）定期检查树木的生长情况，加强病虫害防治。

（3）在不影响林木生长和水土保持的前提下，利用林间空地种植饲草、药材，培养食用菌类，保护野生动物，发展多种经营。

（4）建立封山育林技术档案。除记载有关基本情况外，应着重记载封育效果、植被演替、林木生长和野生动物的繁衍变化等情况。

3.2 水土保持种草技术

在有水土流失的荒山、荒坡、荒沟、荒滩，没有林草覆盖的河岸、堤岸、坝坡、退耕的陡坡地，以及由于过度放牧引起退化的天然牧场上可采取人工种草的措施保持水土。

3.2.1 适宜草种的选择

水土保持草种选择的基本条件是草种抗逆性强，保土性好，生长迅速，经济价值高。

3.2.1.1 根据地面水分情况选择草种

（1）干旱、半干旱地区选种旱生草类，其特点是根系发达、抗旱耐干，如沙蒿和冰草等。

（2）一般地区选种中生草类，其特点是对水分要求中等、草质较好，如苜蓿和鸭茅等。

（3）水域岸边、沟底等低湿地选种湿生草类，其特点是需水量大、不耐干旱，如田菁和芦苇等。

（4）水面、浅滩地选种水生草类，其特点是能在静水中生长繁殖，如水浮莲、茭白等。

3.2.1.2 根据地面温度情况选择草种

（1）低温地区选种喜温凉草类，如披碱草等。其特点是耐寒、怕热，高温则停止生长，甚至死亡。

（2）高温地区选种喜温热草类，如象草等。其特点是在高温下能生长繁茂，低温下则停止生长，甚至死亡。

3.2.1.3 根据土壤酸碱度选择草种

（1）酸性土壤，即 pH 在 6.5 以下，选种耐酸草类，如百喜草、糖蜜草等。

（2）碱性土壤，即 pH 在 7.5 以上，选种耐碱草类，如芨芨草、芦苇等。

（3）中性土壤，即 pH 在 6.5~7.5，选种中性草类，如小冠花等。

3.2.1.4 根据其他生态环境分别选择不同的适应草种

（1）在林地、果园内荫蔽地面，选种耐阴草类，如三叶草等。

（2）风沙地选种耐沙草类，如沙蒿、沙打旺等。

不同气候带、不同生态环境的主要水土保持草种见表 3-3。

表 3-3 不同气候带、不同生态环境的主要水土保持草种

气候带	荒山、牧坡	退耕地、轮歇地	堤防坝坡、梯田坎、路肩	低湿地、河滩、库区
热带 南亚热带	葛藤、毛花雀稗、剑麻、百喜草，知风草、山毛豆、糖蜜草、象草、坚尼草、芭茅、大结豆、桂花草	柱花草、香茅草、无刺含羞草、山毛豆、宽叶雀稗、印尼豇豆、紫花扁豆、百喜草、大翼豆	百喜草、香根草、凤梨、葛藤、柱花草、黄花菜、紫黍、非洲狗尾草、狗牙根	香根草、双穗雀稗、狼尾草、小米草、稗草、毛花雀稗、非洲狗尾草

续表

气候带	荒山、牧坡	退耕地、轮歇地	堤防坝坡、梯田坎、路肩	低湿地、河滩、库区
中亚热带 北亚热带	龙须草、弯叶画眉草、葛藤、坚尼草、知风草、菅草、芭茅、毛花雀稗	苇状羊茅、牛尾草、鸡脚草、象草、三叶草、无芒雀麦、印尼豇豆	狗牙根、串叶松香、香根草、黄花菜、芒竹、弯叶画眉草、药菊白三叶草、牛尾、小冠花、细叶结缕草	小米草、稗草、五节芒、杂交狼尾草、双穗雀稗、香根草、水烛、芦竹、杂三叶草
南温带	菅草、芭茅、沙打旺、龙须草、半茎冰草、弯叶画眉草、葛藤、多年生黑麦草、狗牙根	草木樨、苇状羊茅、沙打旺、红豆草、苜蓿、红三叶草、杂三叶草、葛藤、冬棱草、牛尾草、无芒雀麦	小冠花、药菊、黄花菜、冰草、龙须草、结缕草、菅草、地毯草、狗牙根、早熟禾、小糠草	芦苇、荻草、田菁、黄花菜、小米草、芭茅、冬牧 70 黑麦、双穗雀稗
中温带	草木樨、沙打旺、苜蓿、野豌豆、羊草、红豆草、披碱草、野牛草、狗牙根、扁穗冰草、伏地肤、多年生黑麦草	苜蓿、白草、苏丹草、沙打旺、马兰、无芒雀麦、鹅冠草、黄芪、披碱草	野牛草、鹅冠草、紫羊草、马兰、白草、黄花、芨芨草、沙生冰草、草地早熟禾	芦苇、芭茅、黄花、扁穗冰草、水烛、马兰

3.2.2　整地技术

播种前需要进行耕翻，耕翻深度 20 cm 左右，坡地沿等高线，并按条播的行距做成水平犁沟，以利于保水保土。在干旱、半干旱地区，耕翻后应及时耙耱保墒，有条件的可采取与造林相似的工程整地，前一年先修水平阶（或反坡梯田）等工程，秋冬容蓄雨雪，第二年种草。

3.2.3　播前种子的处理

3.2.3.1　生理预处理

生理预处理包括对种子进行干湿循环，有时称为“锻炼”或“促进”；在低温下潮湿培育；用稀的盐溶液，如浸在硝酸钾、磷酸钾或聚乙二醇中进行渗透处理。另外，还有液体播种，就是将已形成胚根的种子同载体物质（如藻胶）混合，然后通过液体播种设备直接将它们移植到土壤中去。

3.2.3.2　丸粒化

为便于机械化播种，可以利用一定材料对种子进行包衣处理，使其丸粒化。包衣剂可根据需要加入各种防病剂、防虫剂、营养及生长调节剂等成分。丸粒化的种子发芽势强，发芽率高。

3.2.4 播种技术

3.2.4.1 播种时期

不同草类在不同立地条件下各有不同的最佳播种期，一般可根据当地实践经验确定。大多数草本植物播种时期为春播或秋播，一般春播在3～4月，秋播在9～10月。在干旱、半干旱地区应通过试验（在春夏之间2～3个月时期内，每5～10天播种一次），分别观察出苗和生长情况，以确定最佳播期。

3.2.4.2 播种方法

播种方法一般有条播、点播、撒播和飞播。大田直播以点播、条播为宜。

1. 条播

条播是按一定行距在畦面横向开小沟，将种子均匀播于沟内。条播适用于地面比较完整、坡度在25°以下的地区，一般用牲畜带犁沿等高线开沟，或牲畜带耧完成。

2. 点播

点播也称穴播，按一定的株行距在畦面挖穴播种，每穴播种子2～3粒，发芽后保留一株生长健壮的幼苗，其余的除去或移作补苗用。点播适于大粒种子或地面比较破碎，坡度较陡（有的达25°以上），以及坝坡、堤坡、田坎等部位。播种植株较大的草类时也可采用这种方法。

3. 撒播

撒播是把种子均匀地撒在畦面上，疏密适度，过稀或过密都不利于增产。撒播操作简便，能节省劳动力，但不便于管理，适于小粒种子或对退化草场进行人工改良时采用。

4. 飞播

在地广人稀且种草面积较大时，可采用飞播，可参照《水土保持综合治理 技术规范 风沙治理技术》（GB/T 16453.5—2008）执行。

3.2.4.3 播种量

播种量是指单位面积土地播种种子的质量。播种量主要根据播种方法、密度、种子千粒重、种子净度、发芽率（或发芽势）等条件来确定。播种量计算公式如下：

$$\text{播种量}(\text{kg/hm}^2) = \text{每公顷需要苗株数} \times \text{种子千粒重}(\text{g}) / [\text{种子净度}(\%) \times \text{种子发芽率}(\%) \times 10^6] \tag{3-1}$$

用上式计算出的播种量是理论播种量，但在生产实践中，并不能保证每粒种子都发芽成苗，因此，实际播种量须将上式求得的播种量乘上损耗系数。损耗系数主要依种子大小、是否育苗及播种管理技术等而变化。种粒越小，损耗越大。通常，损耗系数为1～20。

3.2.4.4 播种深度

播种深度应依植物种类和种子大小而定。大粒种子要深些（3～4 cm），小粒种子可浅些（1～2 cm）。禾本科草类种子要深些，豆科草类种子可浅些。凡种子发芽时子叶出土的应浅播，若播种较深，则胚芽不易出土，常因窒息而死；子叶不出土的应深播，因其根深扎土中，过浅则生长不良。另外，播种深度还与气候和土壤有关。种子的盖土厚度一般为种子大小的 2 ~3 倍。无论哪种情况，播种后都要镇压。

3.2.5　间作与混作技术

间作的类型很多，除常规的作物、蔬菜间作类型外，还有林草、粮草、果草等间作类型。

混作一般以禾本科草类与豆科草类混播、根茎型草类与疏丛型草类混播两种类型较好，其配合比例见表 3 –4。

表 3 –4　混作的主要类型及配合比例

草地年限	第一类混播		第二类混播	
	禾本科草类	豆科草类	根茎型草类	疏丛型草类
短期（2 ~3 年）	25 ~35	65 ~75	0	100
中期（4 ~5 年）	75 ~80	20 ~25	10 ~25	75 ~90
长期（8 ~10 年）	80 ~90	10 ~20	50 ~75	25 ~50

3.2.6　田间管理技术

播种后和幼苗期间以及二龄以上的草地，要进行以下田间管理工作。

3.2.6.1　松土、补种

播种后地面板结的，应及时松土，以利出苗。有些草本植物种子发芽率低或由于其他原因造成缺苗，必须及时补种和补苗。大田补苗可结合间苗同时进行，即从间苗中选生长健壮的幼苗带土进行补栽。补苗最好选阴天或晴天的傍晚进行，有灌水条件的应浇足定根水，以保证成活。

3.2.6.2　中耕除草

一般齐苗后 1 个月左右，应中耕松土，抗旱保墒，结合中耕除去杂草，以利主苗生长。二龄以上的草地，每年春季萌生前，都要清理田间留茬，进行耙地保墒；秋季最后一次性茬割后，都要进行中耕松土。杂草对播种植物生长极为不利，必须及时清除。清除杂草的方法有人工除草、机械除草和化学除草。化学除草可以节省劳力，降低成本，提高生产率。

3.2.6.3　灌水、施肥

一般所选的水土保持草种均具有耐干旱、耐瘠薄的特性，生长期不需要人工进行灌水或施肥，但对种子田和经济价值高的草类，有条件的可适时灌水、施肥，以促进生长。

植物的不同生长发育时期对水分的需求也有变化。苗期根系分布浅，抗旱能力弱，要多次少灌；封行以后，植株正处在旺盛生长阶段，根系深入土层，需水量多，而这时正值酷暑炎热高温天气，蒸散量大，可采用少次多量，灌水要足。灌溉应尽量在早晨或傍晚进行，以免因土温发生急剧变化而影响植株生长。

为了提高肥效，在生产中常采用根外施肥和深层施肥等技术。根外施肥是经济用肥的方式之一，但要注意肥料浓度、喷洒时间和方法等。深层施肥方式是将肥料施于植物根系附近土层5～10 cm深处。

3.2.6.4 人工管护

新种植的草地应有专人看管，以防止人畜践踏。发现病、虫、兽害时，应及时进行防治，勿使其蔓延。每年汛后和每次较大暴雨后，应派专人检查，若发现整地工程损毁或其他问题，应及时采取补救措施。

3.2.6.5 抗寒防冻

抗寒防冻是为了避免或减轻冷空气的侵袭而使植物免遭寒冻危害。抗寒防冻的措施很多，除选择和培育抗寒力强的优良品种外，还可采用以下措施。

1. 调节播种期

各种植物在不同的生长发育时期其抗寒力亦不同，一般苗期和花期抗寒力较弱，因此，适当提早或推迟播种期可使苗期或花期避过低温的危害。

2. 灌水

灌水是一项重要的防霜冻措施。根据灌水防霜冻试验，灌水地较非灌水地的温度可提高2 ℃以上。灌水防冻的效果与灌水时期有关，越接近霜冻日期，灌水效果越好，最好在霜冻发生前一天灌水。灌水防霜冻最适于春季晚霜的预防。

3. 增施磷肥和钾肥

此法可增强植株的抗寒力。磷能促进根系生长，使根系扩大吸收面积，促进植株生长，提高对低温、干旱的抗性。钾能促进植株纤维素的合成，利于木质化，提高植株的抗寒性。因此，在降霜前一个半月内适当增施磷肥和钾肥，可促使植株充分木质化，以便安全越冬。

4. 覆盖

对于植株矮小的草种，用稻草、麦秆或其他草类将其覆盖，可以防冻。覆盖厚度应超过苗梢5 cm左右，同时应采取固定措施，以防止覆盖物被风吹走。土壤如果太干，可在土壤结冻前灌一次冬水。草种遭受霜冻危害后，应及时采取补救措施，如扶苗、补苗、补种、改种和加强田间管理等。

3.2.6.6 草地更新

根据多年生草类的不同生理特点，每4～5年或7～8年需要进行草地更新，重新翻耕、整地和播种。

3.2.7 收割与留种

3.2.7.1 收割利用

1. 收割时间

根据不同草类的生长特点和经济目的分别确定其收割时间，划分收割区，各区分期进行轮收。立地条件较好，管理水平较高，草类再生能力较强的收割区，每年可收割 2 ~ 3 次；相反，每年只收割 1 ~ 2 次。豆科草类应在开花期收割，禾本科草类应在抽穗期收割。收割时期最晚应在初霜来临 25 ~ 30 天以前。以收籽为目的的收割区应在种子成熟后收割，以收草为目的的收割区应在秋后收割。雨后不宜收割。

2. 留茬高度

不同草类、不同条件分别采取不同的留茬高度。高大型草类留茬高 10 ~ 15 cm，稠密低草留茬高 3 ~ 4 cm，一般草类留茬高 5 ~ 6 cm。第二次刈割的留茬高度应比第一次高 1 ~ 2 cm。

3.2.7.2　种子采收

1. 采收时间

1 年生草类在当年秋末种子成熟后采收，2 年生草类在次年种子成熟后采收，多年生草类可在 2 ~ 5 年内随不同结籽期在种子成熟后采收。草籽成熟后容易脱落的应及时采收。采种应在种子蜡熟期和完熟期进行，不得在乳熟期采青。对于豆荚易爆裂的豆科草类，应避开在雨天采收。

2. 采后工作

种子采回后，要及时脱粒、晒干（含水量应小于 13%）、清选、分级、储藏，严防种子混杂，确保种子的纯净度和质量。

小　结

水土保持林培育技术是在水土保持林规划设计的基础上实施的。水土保持造林规划设计包括立地条件类型的划分、造林典型设计和工作程序等。水土保持造林技术有适地适树、造林树种的选择与林分组成、造林密度控制、整地与造林方法。为了使人工造林成林，并很好地发挥作用，造林后还需要对幼林进行抚育管理。除人工造林外，封山育林也是植被自然恢复的重要措施之一。它包括封禁方式与抚育管理两个主要内容。

水土保持种草技术包括适宜草种的选择、整地技术、播前种子的处理、播种技术、间作与混作技术、田间管理技术、收割与留种，在生产中应遵照相关规定执行。

思考题

1. 简述水土保持造林规划设计的内容、方法与工作程序。
2. 简述适地适树的途径和方法。
3. 试述混交林的树种类型和主要的混交方法。
4. 简述造林密度的确定方法。
5. 比较几种造林方法的特点及其适用条件。
6. 试述封山育林的方式与适用条件。
7. 水土保持种草技术包括哪几个环节？各有何特征？

第4章　水土保持农业技术措施

学习要求

重点掌握水土保持农艺措施的种类和作用；掌握各种水土保持耕作措施与栽培技术措施的技术要点和应用条件范围；掌握农林复合的分类与规划设计；了解我国典型的水土保持农林复合模式与技术要点。

4.1　水土保持农艺措施

水土保持农艺措施包括水土保持耕作措施、水土保持栽培措施和土壤培肥措施。

4.1.1　水土保持耕作措施

前文已述及坡耕地是土地侵蚀发生的主要发源地，因此，人们在坡度大于10°或15°的耕地上兴修的各类梯田能够有效地防治水土流失，而在缓坡耕地上实施农业技术措施，也可以起到相同的效果，且投资少。

4.1.1.1　水土保持耕作措施的意义

水土保持耕作措施是指以保土、保水、保肥为主要目的的提高农业生产的耕作措施。从广义上讲，整个农业技术改良措施，特别是旱地农业技术措施均属此类。从狭义上讲，水土保持耕作措施是专门用来防治水土流失的独特的耕作措施，即习惯上的水土保持耕作法。两者的差异是前者泛指广大的旱作农业区，而后者专指水土流失区。

农田的翻耕除了能翻埋肥料、清除杂草、清洁田面、减少病虫害等外，更重要的是能够蓄积天然降水，抑制径流产生，并为作物发芽生长提供良好的湿润环境。因此，合理地使用水土保持耕作措施能够收到良好的生态与经济效益。

4.1.1.2　水土保持耕作措施的种类

水土保持耕作措施按其不同的性质可分为以下主要类型：

① 以改变微地形为主，包括等高耕作、沟垄耕作、坑田耕作和半旱式耕作。

② 以增加地面覆盖为主，包括留茬（或残茬）覆盖、秸秆覆盖、砂田覆盖、地膜覆盖和青草覆盖。

③ 以改变土壤物理性状为主，包括少耕（含少耕深松、少耕覆盖等）、免耕和马尔采夫耕作法。

各种水土保持耕作措施的种类见表 4－1。

表 4－1　水土保持耕作措施的种类

类别	耕作法名称		适宜条件	适宜地区 （括号内的地区可作为示范试验区）
以改变微地形为主	等高耕作		① 25°以下 ② 坡越陡作用越小	全国
	沟垄耕作	垄作区田	① 20°以下 ② 年降水量 300 mm 以上	全国
		山地水平沟种植法	① 25°以下 ② 坡越陡作用越大	西北（华北）
		平播起垄	① 15°以下 ② 川地、坝地、梯田均可	西北（华北）
		圳田	① 20°以下 ② 坡越缓作用越大	西北（华北）
		水平防冲沟种植	① 20°以下 ② 坡度越大间隔越小 ③ 夏季休闲地和牧坡	西北
		蓄水聚肥耕作	① 平地，15°以下 ② 旱塬、梯田均可 ③ 需劳动力较多	西北（华北）
		抽槽聚肥耕作	① 平地，15°以下 ② 造林、建设经济林园 ③ 需劳力较多	湖北（南方）
	坑田耕作		① 20°以下 ② 品字形排列 ③ 平地也可 ④ 需劳力较多	全国
	半旱式耕作		① 在冬水田少耕，免耕 ② 掏沟垒埂，治理隐匿侵蚀	四川（南方）

续表

<table>
<tr><th>类别</th><th colspan="2">耕作法名称</th><th>适宜条件</th><th>适宜地区
（括号内的地区可作为示范试验区）</th></tr>
<tr><td rowspan="5">以增加地面覆盖为主</td><td rowspan="5">覆盖耕作</td><td>青草覆盖</td><td>① 茶园
② 种植绿肥也可</td><td>湖北
安徽（南方）</td></tr>
<tr><td>地膜覆盖</td><td>① 缓坡或梯田、平地
② 经济作物、果树等</td><td>全国</td></tr>
<tr><td>砂田覆盖</td><td>① 干旱区10°以下
② 有砂卵石来源
③ 需劳动力较多</td><td>甘肃（新疆）</td></tr>
<tr><td>留茬覆盖</td><td>① 缓坡地
② 平地也可
③ 不翻耕</td><td>黑龙江（北方）</td></tr>
<tr><td>秸秆覆盖</td><td>① 缓坡地或平地
② 不翻耕</td><td>山东（北方）、云南</td></tr>
<tr><td rowspan="8">以改变土壤物理性状为主</td><td rowspan="6">少耕</td><td>少耕深松</td><td>① 缓坡地
② 平地
③ 深松铲</td><td>黑龙江、宁夏（北方）</td></tr>
<tr><td>少耕覆盖</td><td>① 缓坡地
② 平地
③ 5年以上要全面深耕，尚待研究</td><td>云南（南方）</td></tr>
<tr><td>搅垄耙茬</td><td>缓坡地、平地、风沙区</td><td>东北</td></tr>
<tr><td>硬茬播种</td><td>缓坡地、平地、风沙区</td><td>华北</td></tr>
<tr><td>垄作深松耙茬耕作</td><td>缓坡地、平地、风沙区</td><td>全国</td></tr>
<tr><td>轮耕</td><td>风沙旱地、风沙区</td><td>全国</td></tr>
<tr><td colspan="2">免耕</td><td>① 平地
② 用除草剂</td><td>湖北、东北</td></tr>
<tr><td colspan="2">马尔采夫耕作法</td><td>平地、缓坡地</td><td>东北</td></tr>
</table>

1. 以改变微地形为主的水土保持耕作措施①

（1）等高耕作。

等高耕作或称横坡耕作，是指在坡面上沿等高线方向所实施的耕犁、作畦及栽培等作

① 本部分以及后文关于水土保持耕作措施类型的相关文字介绍与表4－1不完全对应，文字部分只对常用类型进行介绍，特此说明。

业。它是坡耕地实施其他水土保持耕作措施的基础，一切水土保持耕作措施都要在此基础上进行。这种横坡耕作方法可以拦蓄大量地表径流，控制水土流失的发生，增加土壤的蓄水量。

(2) 沟垄耕作。

这是在等高耕作的基础上进行的一种耕作措施，即在坡面上沿等高线开犁，形成沟和垄，用以蓄水拦泥、保土和增产，如图 4 - 1 所示。

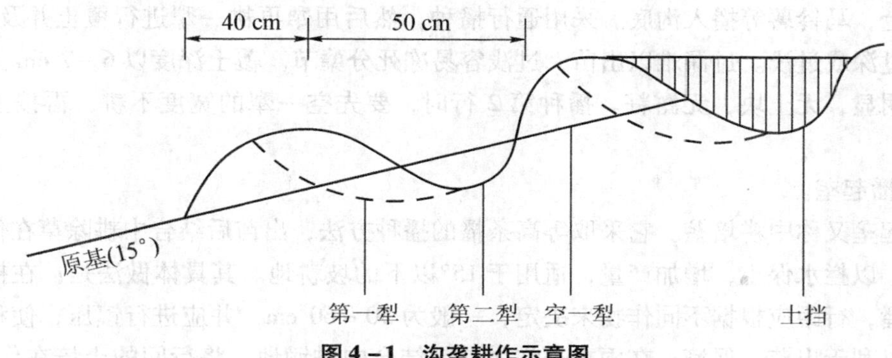

图 4 - 1 沟垄耕作示意图

我国沟垄耕作的做法有以下几种。

① 垄作区田。

垄作区田又称带状区田，也是一种有效的蓄水、保土、增产的坡地耕作方法，是西北地区进行水土保持耕作常用的方法。

其具体做法如下：在坡耕地上沿等高线犁成水平沟垄，作物种在垄的半坡上，在沟中每隔一定距离做一土挡，以蓄水留肥，如图 4 - 2 所示。因为垄作区田有耙耱不便和苗期蒸发量大的缺点，所以一般只适用于 20°以下的坡地和年降水量在 300 mm 以上的地区，并且应特别注意保墒工作，播种后应打、压土块，以利出苗。

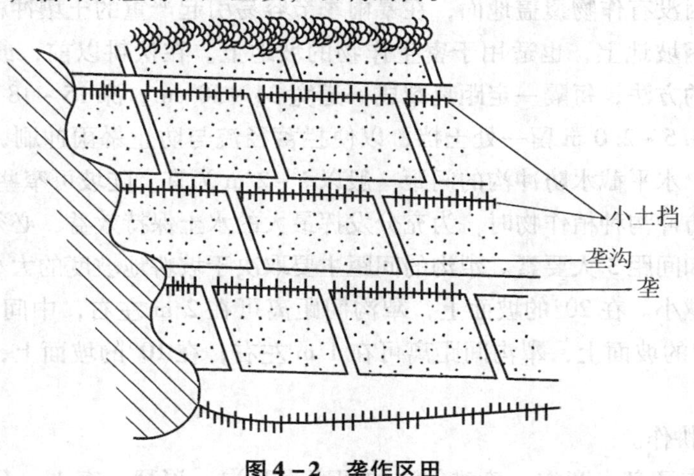

图 4 - 2 垄作区田

垄作区田应注意垄作前必须精细整地，适当密植，最好和田间工程配合应用，以发挥更大的保水、保土作用。

② 山地水平沟种植法。

山地水平沟种植法主要适用于25°以下的坡耕地。山地水平沟种植法的特点：播种时沿坡地等高线开沟，紧接着施入底肥，然后用耩子冲沟，使土、肥拌匀。行距视坡度而定，陡坡自下而上，行距40 cm左右，以防止浮土下滑，埋没垄沟。随开沟随播籽，小粒种子点在沟内半坡上，马铃薯等播入沟底。采用通行播种，然后用犁再耕一犁进行覆土并及时镇压。覆土不宜过深或过浅。过深难以出苗，过浅容易冻死分蘖节。覆土深度以6～7 cm为宜，要做到沟垄明显，无土块，无露籽。播种第2行时，要先空一犁的宽度不耕，再按上述方法播种。

③ 平播起垄。

平播起垄又称中耕培垄。它采取等高条播的播种方法，出苗后结合中耕除草在作物根部培起土垄，以拦水保土，增加产量，适用于15°以下的坡耕地。其具体做法是：在播种时采取隔犁条播，行距应根据不同作物来决定，一般为50～60 cm，并应进行镇压，使种子和土壤密接，以利于出苗、保墒；在雨季来临之前，结合中耕锄地，将行间的土培在作物根部，形成等高水平沟垄，并每隔1～2 m做一土挡，以防止径流集中而形成冲刷。

④ 圳田。

圳田实际是指宽约1 m的水平梯田。其具体做法是：沿坡耕地等高线做成水平条带，每隔50 cm挖宽、深均为50 cm的沟，并结合分层施肥将生土放在沟外拍成垄，再将上方1 m宽的表土填入下方沟内，由于沟垄相间，便自然形成了窄条台阶地。施工时，可采用人畜相结合的方法，以提高工效。

⑤ 水平防冲沟种植。

水平防冲沟种植也称水平犁沟种植、等高拦水防冲沟。在我国西北或华北地区，夏季麦收以后，坡地上因没有作物覆盖地面，在暴雨季节容易引起严重的土壤冲刷。此方法一般应用在坡耕地或轮闲坡地上，也适用于密生作物的坡地上。在伏耕以前，或在进行伏耕的同时，可以用套犁的方法，每隔一定距离犁成一道宽24～30 cm、深15～18 cm的水平截水防冲沟。沟内每隔1.5～2.0 m留一处土挡，以便拦蓄径流与防止暴雨冲刷，同时，还可起到一定的增产作用。水平截水防冲沟的间距一般以1～2 m为宜，陡坡可窄些，缓坡可略宽些。

在采用水平防冲沟种植作物时，为充分发挥最大的水土保持效益，必须掌握犁沟的深浅尺寸、水平程度和间距3大要素。犁沟的间距主要取决于坡耕地坡度的大小，也就是说，坡度越大，间距应越小。在20°的坡面上，犁沟间距离可在2 m左右，中间可种植谷子4行、黑豆3行；在30°的坡面上，犁沟间距离可在1 m左右；在10°的坡面上，犁沟间距可以适当增大。

⑥ 蓄水聚肥耕作。

蓄水聚肥耕作又名丰产沟。该耕作法的程序为开沟→深翻→客土→分层施肥→集中施肥→种植高产作物等，不仅当年有增产效果，而且有蓄水、保墒、培肥地力、加速土壤熟化的功能，这为进一步建设高产、稳产农田创造了有利的物质条件。

⑦ 抽槽聚肥耕作。

抽槽聚肥耕作即按作物（树木）的行距挖成一定宽度和深度的沟壕（或称槽子），然后回填肥土和肥料，再种植作物（树木）。这种方法是保持水土、促进作物（树木）生长、获得丰产的好方法。此法在湖北黄冈地区得到了广泛的应用，无论在农业、林业还是在经济林生产上都显示出了它的优越性。

（3）坑田耕作。

坑田耕作又名区田，适用于20°以下土层较厚的陡坡上，有较大的水土保持作用。具体做法是：沿着等高线划分成 1 m^2 的小耕作区，每区中掏出 1 ~ 2 个钵，合计 1 hm^2 地上为 10 000 个钵。在掏钵的时候，用锨或镢挖掘长、宽、深均为50 cm 的钵，由下向上进行，并纵横成行，先将表土刮到下面，然后开始掏钵，将底土放在钵的下方或左右侧，并扳成土埂，再将钵的上方表土层刮到钵内，照此类推。这样自下而上地进行，上下行的坑呈品字形错开，使整个坡面形成许多凹形种植坑。坑内作物可高度密植。区田在第 1 次掏钵后每隔 3 ~ 4 年再掏 1 次，第 2 次掏钵就较省工。在区田操作过程中，掏钵数也不一定必须做成 10 000 个，可根据坡度大小、劳力多少和种植作物的种类等采取不同的钵数。这种方法推广到大田种植作物，产量均比一般耕地显著提高。

2. 以增加地面覆盖为主的水土保持耕作措施

覆盖耕作法是将草类、作物残株或其他材料覆盖在作物株行间或裸露的地表上，以达到以下目的：减少径流和土壤流失，增加土壤水分含量；抑制杂草，减少中耕除草；调节地温；增加土壤有机质；减少土壤水分蒸发。

（1）残株覆盖。

稻草、杂草、蔗叶、蔗渣、玉米秆、谷壳等，其他如木屑、切碎的草、各种叶、松枝、肥料、草袋等，都可以作为覆盖材料。秸秆覆盖材料主要是麦秸、麦糠和玉米秸等。

实施覆盖措施时，通常的做法是在前茬作物收获后，将残株堆集在田块边角，等后茬作物栽植后，再铺撒于地面。

（2）青草覆盖。

在中低山区，林草丰茂，山场面积大，在夏秋季节，割青草覆盖地面，厚 10 ~ 15 cm，覆盖后雨滴打在青草上，避免了雨滴直接打在土壤上；同时因青草覆盖，地面没有野草滋生，从而保持了土壤墒情，减少了中耕环节，起到了保持水土的作用。

（3）地膜覆盖。

这是旱地农作物节水、保土、提温的一项革新措施，一般采用的是先覆盖膜后播种的方法。

3. 以改变土壤物理性状为主的耕作法

（1）少耕法。

少耕法是指在一定的生产周期内尽量减少耕翻次数的方法，如将每年深翻一次改为隔年深翻或3年深翻一次。少耕法有许多种，如以拖拉机胶轮镇压播种行的轮迹耕播法，其轮迹镇压沟可以减轻风蚀。少耕法减少了作业次数，减轻了风蚀和水蚀，但是该法只限于种植玉米等宽行作物，而不适合轮作中的其他作物。

① 少耕深松法。

少耕深松法是用深松铲取代有壁犁，对土壤只松不翻，并在数年中只进行一次的土壤耕作法。在黑龙江、宁夏等北方地区，一般是在肥沃的土地上沿等高线用深松铲每隔一定年限（5~8年）对土壤深松一次（只松不翻），深松深度以30 cm为宜，深松距离以26 cm为好，播前耙耱一次。深松时间是提高深松效果的关键，伏天深松效果较好。

② 少耕覆盖法。

其做法是：前茬小麦收获后不翻地、整地，用犁或开沟机开出玉米播种沟，沟宽20 cm，沟深15~20 cm，沟距（即玉米行距）80~100 cm，沟间保留残茬。播种沟要求深厚、细碎、松软。玉米株距26~33 cm，以保证玉米30 000塘/hm^2，即达到52 500~60 000株/hm^2。玉米出苗后20~30天铲草皮1次，同时用作物秆11 250~15 000 kg/hm^{2}覆盖地面，或在玉米间播种满园花、1年生草木樨等作为覆盖作物，直至收获不再深中耕高培土。玉米采收后，清除地面杂草，不翻地、整地，用人工开深度15~20 cm的小麦播种沟，条播小麦，盖上秸秆。覆盖作物和覆盖材料可因地制宜，就地取材。

③ 硬茬播种。

硬茬播种是在半湿润偏旱的华北及关中地区，在一年两熟的情况下，于冬小麦收获后复种夏玉米时所常采用的一种保墒耕作方式。这种耕作方式通常是在冬小麦收后的茬地按照玉米行距，沿麦垄行间用冲沟器（耠子或独犁）冲沟播种（近年已试制成功硬茬播种机），待苗高15~20 cm以后，再于行间进行浅耕或深中耕，以接纳伏雨并进入正常管理。这种耕作方式既可减少犁地时土壤水分的散失，又可保证早播及全苗，有利于夏玉米的生长及高产。

④ 垄作深松耙茬耕作。

这种耕作方式是在垄作地区对传统耕作的改革，在其基础上结合使用机械，根据具体情况（原有耕作基础、土壤肥力、湿润情况等）采用原垄深松、耙茬深松、垄翻深松和中耕深松等方法。前三类在秋、春休闲期间进行，中耕深松在苗期或作物生长期进行。

⑤ 轮耕。

这种耕作方式利用深耕后效，将连年翻耕改为隔一定时间翻耕，对深耕后播种的茬地只进行旋耕或深松或两者结合进行。耕作时应尽可能保留残茬覆盖地面，耕后平播（茬地播种机）或垄作。在已进行垄作的基础上，深松、垄翻和耙茬可以结合进行，要求秋天不动土或少动土，春天也以少动土为宜，减少耕作次数，以达到既能保墒又能松动土层的目的。种后有垄，既可提高地温，又能防风保土。连续深松、表土耕作—旋耕耙茬二三年后再进行翻耕，如此进行轮耕。

（2）免耕法。

免耕法也称零式耕法，即不耕不耙，也不中耕，是依靠生物的作用进行土壤耕作，用化学除草代替机械除草的一种保土耕作法。残茬或秸秆覆盖与除草剂是免耕法的两个重要作业环节。

4.1.2　水土保持栽培措施

水土保持栽培措施主要包括轮作技术措施，间作、套种和混播技术措施，等高带状间作和等高带状轮作。

4.1.2.1　轮作技术措施

轮作是指在一定的周期之内（一般是 1～2 年），两种以上的农作物本着持续增产和满足植物生长的要求，按照一定次序一轮一轮倒种的农业栽培措施。例如，小麦→大豆→玉米，2 年 1 轮，倒种 3 次。

轮作可分两大类：一类是以生产粮食或工业原料为主的大田轮作；另一类是生产粮食和牧草并重的草田轮作。草田轮作是利用空间季节和作物行间隙地种植绿肥，达到用地、养地相结合的粮肥轮作和绿肥轮作，以及以生产饲料为主，种植粮食作物或蔬菜作物的饲料轮作。

轮作中，按照水土保持的作用可将栽培的作物分为 3 大类，以供选择。

(1) 中耕作物。

如玉米、棉花和土豆等水土保持作用较小，而且容易引起土壤侵蚀。这些中耕作物采取连年栽植，常常会使土壤的结构恶化，进而导致土壤的透水能力降低，并造成土壤侵蚀的发生与发展。此外，这些中耕作物的行距和株距都比较大，对地面覆盖度小，容易引起降水时的土壤溅蚀和表层土壤的侵蚀。

(2) 密播作物。

如小麦、大麦、莜麦、谷类、糜子等禾本科和豆类，这些作物在保持水土方面具有较大的作用，而且这些作物也是水土流失地区的主要作物。

(3) 1 年生和多年生的牧草。

如紫花苜蓿、沙打旺、红豆草和草木樨等，这些牧草的水土保持和改良土壤的作用都很大。目前，我国水土流失地区实行草田轮作主要是采用以上几种牧草和有关的作物轮作，效果比较明显。

4.1.2.2　间作、套种和混播技术措施

间作、套种与混播是增加土壤表层覆盖面积，提高单位面积作物产量、保持水土、改良土壤的一项有效农业技术措施。

间作是两种作物同时在一块地上间隔种植的一种栽培方法，如玉米间作大豆、玉米间作马铃薯等。

套种是在同一块地上，不同时间播种两种以上的不同作物，当前作物未成熟收获时，就把后作物播种在前作物的行间，如小麦套种黑豆。

混播是指两种作物均匀地撒播或混播在同一播种行内，或在同一播种行内进行间隔播

种，如小麦混播豌豆等。

在实施间作、套种和混播时，应该注意两点。一是品种选择。首先要考虑的是提高地上作物的覆盖度并减少水土流失，其次要考虑作物的生物学特性、它们之间的关系以及延长地面的覆盖时间，所以，应该选择高秆与矮秆、疏生与密生、浅根与深根、早熟与晚熟、禾本科与豆科等作物相配合的组合方式。这样，既能充分利用阳光与地力，又能增加地面覆盖和防止水土流失。二是在进行作物间作、套种与混播的时候，必须结合水土保持耕作技术措施，如垄沟种植、水平犁沟、横坡耕作等，使其发挥更大的蓄水保土和提高作物产量的作用。

4.1.2.3 等高带状间作

所谓等高带状间作，就是沿着等高线将坡地划分成若干条地带，在各条带上交互或轮流种植密生作物与疏生作物或牧草与农作物的一种坡地保持水土的种植方法。

（1）农作物带状间作。

农作物带状间作就是利用疏生作物（如玉米、高粱、棉花、土豆等）和密生作物（如小麦、莜麦、谷子、糜子等）形成带状相间的种植方式。

在采用带状间作时，条带的宽度应依据当地的降水量大小、坡度大小和所种植的作物品种而定。一般来说，在坡度大、降水量大、降水强度大和土壤透水性小的地区，作物条带应窄一些，相反条带可宽一些。例如，坡度为12°~15°时，条带宽可以设置为10~20 m；坡度为15°~20°时，条带宽可设置为5~10 m。疏生作物的条带可比密生作物、早熟作物和牧草带宽一些，因为中耕作物的株行距大，如果条带太窄，则种植的行数太少。

（2）草田带状间作。

草田带状间作就是利用牧草与作物形成带状相间的种植方式。草田带状间作的设计和布置要根据当地的具体情况，因地制宜地来确定。在选用牧草品种和确定草和作物的种植宽度时，要根据不同的土壤、坡度、坡形和当地的雨量大小而定。若坡度陡，雨量多且强度大，土壤黏重，则草和作物的种植宽度均要缩小，而且草的种植宽度一定要大于或等于作物的种植宽度。若雨量少且强度小，土质疏松，渗水性好，则种植宽度可相应地增大些，并且作物的种植宽度要大于牧草的种植宽度。一般降水在400~500 mm，坡度在15°以下时，草田比以3∶7或3∶8为宜。在设计草田带时，一定要在坡地上沿等高线进行。

4.1.2.4 等高带状轮作

等高带状轮作要求首先将坡地沿等高线划分为若干条带，然后再根据粮食轮作的要求分带种植作物和草。一面坡地至少要有2年生或4年生草带3条以上，并沿峁边线种植紫穗槐或柠条带。

4.1.3 土壤培肥措施

4.1.3.1 土壤培肥的关键问题

土壤培肥是一项综合性很强的工作，解决以下3个问题最为重要。

（1）增加有机质的还田量。

水土流失地区土壤肥力低的重要标志之一是土壤有机质含量很低，一般多在 1% 以下，有的甚至不足 0.5% 。因此，提高土壤有机质含量，达到当地气候生产潜力所应有的水平，是土壤培肥的核心问题之一。

（2）固定大气中的氮素。

目前，通过施用化肥直接增加土壤库的有效成分，可以达到增加产量并不断扩大氮循环的效果，然而，通过生物固定大气中的氮还应加强。

（3）合理施用磷肥。

土壤磷素的主要来源要依靠有机质还田和施用磷肥，还可以设法通过加强土壤生物作用使土壤中固有的不溶性磷化物矿化。由于磷高度集中于作物的繁殖器官，往往会作为产品移出农田，因此，单靠原农田生态系统内部有机物质还田是远远不够的，必须通过不同来源（磷肥、骨粉、人畜粪便和其他有机质等）补充磷的供应，扩大土壤磷循环，这对水土流失区低有机质含量及贫磷的土壤尤为重要。另外，在增施氮肥的同时，要特别注意磷肥的补充和合理施用。

4.1.3.2　土壤培肥的具体措施与途径

（1）广开肥源。

结合水土流失区的实际，开发利用能源的优势，缓和燃料和肥料的矛盾，使更多的农副产品返回农田，充分利用土地资源优势，通过多种形式把非耕地的动植物产品向农田集中，提高化肥施肥水平，增加用量。

（2）使用有机肥料。

在水土流失区，可采取集中施肥的办法来解决肥源不足的问题。另外，在使用有机肥时，要注意熟化问题。

（3）发展绿肥牧草。

种植绿肥牧草，对于改善生态环境、防治土壤侵蚀、培肥地力、实现农牧结合都有显著效果，是水土流失区改善农业生态环境的一项重要措施，但在压青时要注意翻压时期和压青深度（10 ~ 15 cm）等问题。

绿肥一般通过直接翻耕和沤制两种方式还田。沤制是先把绿肥切断，长约 30 cm，再拌入适量河泥，堆放于田头，以便耕播时使用。

（4）秸秆直接还田。

在年降雨量 500 mm 以上和有一定灌溉条件的地区，秸秆直接还田也是培肥地力的一种有效方式。一般情况下，旱地争取边收割边耕埋，水田在插秧前 7 ~ 15 天实施。另外，秸秆直接还田后，还应注意加强水分管理和添加其他化学肥料等。

除上述措施外，近几年推行的平衡施肥和测土配方施肥等也是很好的措施。

4.2 农林复合经营措施

4.2.1 农林复合的类型划分

农林复合，又名农地林业、农用林业、立体林业、混农林业和复合农业等。它是指在同一土地利用单元中，将木本植物与作物或养殖等多种成分同时结合或交替生产，使土地的生产力和生态环境均得以持续提高的一种土地利用系统。农林复合的实践由来已久，但其研究还是近20年来的事情。目前，人们已经认识到它是在充分利用各种作物、林木、牧草等在生育过程中的“时间差”“空间差”的基础上，进行合理组装，精细配套，形成多类型的具有多功能、多层次、多途径特征的高效人工生产系统。因此，它具有生态学的普遍特征。由于区域内自然、社会、经济条件不同，特别是农业、林业和种植习惯及方式的差异，农林复合的范畴非常广泛，内容也非常复杂。

2003年，孟平在参考前人研究成果和各地生产实践传统习惯的基础上，按照有序性和系统性、客观性、结构与功能的关系以及实用性与简明性的原则，将我国的农林复合分为林（果）农复合型、林牧（渔）复合型、林（果）农牧（渔）复合型和特种农林复合型4大型以及若干个亚类型，如表4－2所示。

表4－2 中国农林复合系统分类表

组类型	分类型	模式	典型（案例）模式
林（果）农复合型	农林间作型	以农为主的农林间作 以林为主的林农间作	泡桐—粮间作、杨树—粮间作、水杉—粮间作、杉木—粮间作、竹—粮间作
	农田林（带）网型	生态防护型 生态经济型	泡桐林（带）网、杨树林（带）网、杨树—银杏复合林（带）网
	农果间作型	以果为主的果农间作 以农为主的农果间作	银杏—粮间作、核桃—粮间作、枣—粮间作、梨—粮间作、苹果—粮间作、柑橘—粮间作、杏—粮间作
	林果农间作型		杨树—梨—粮间作、杨树—银杏—粮间作
林牧（渔）复合型	林牧（草）间作型	以林为主 以牧草为主	杨树—草间作、刺槐—草间作、柠条—草间作、茶树—草间作、桑—草间作、桉—草间作
	护牧林型		桑—畜型、池杉—畜/禽型、茶—草/畜型
	林渔复合型		桑—渔型
林（果）农牧（渔）复合型	林农牧多层结构型		池杉—粮—畜/禽型
	林牧渔复合型		池杉—草—畜—渔型、杨—禽—渔型
	林农渔复合型		桑—粮—渔型、池杉—粮—渔型

续表

组类型	分类型	模式	典型（案例）模式
特种农林复合型	林果间作型		泡桐—果间作、油茶—果间作
	林药间作型		橡胶树—药间作、云南樟—药间作、杉木—药间作、胡杨—药间作
	林（果）菌间作型		苹果—蘑菇复合经营、杨树—木耳复合经营、杉—平菇复合经营
	其他类型		林—蛙型、林—蜂型

4.2.1.1　林（果）农复合型

林（果）农复合型是指在同一土地单位上，通过时间序列、空间配置进行结构搭配，相继把林（果）与作物结合在一起的种植方式。根据经营目的不同组成比例又可将其分为以下 4 种经营模型：

（1）农林间作型。

该类型有两种模式：一种是以林为主，在幼林期内，林木未郁闭前间作作物，既可获得作物等短期效益，又可促进林木生长，林木郁闭后，采用疏伐或改种耐阴作物；另一种是以农为主，农林共存的模式。

（2）农田林（带）网型

该类型主要为农田防护林（带），包括生态防护型和生态经济型 2 种模式。

（3）农果间作型。

该类型可分为两种：一种是以果（树）为主的模式；另一种是以农为主，农果共存的模式。

（4）林果农间作型

该类型是林果木与作物混合种植的经营模式。

4.2.1.2　林牧（渔）复合型

（1）林牧（草）间作型。

这是林木与牧草合而为一的系统，可分为两种模式，一种是以林为主，另一种是以牧草为主。

（2）护牧林型。

这是林业与牧业合而为一的系统，林下为放牧场地，林木成为牲畜的“绿色保护伞”。

（3）林渔复合型。

这是林业与渔牧业合而为一的系统，一般是在林下水沟和池塘内养鱼，尤其是当林分郁闭后更适合渔业生产。桑基鱼塘就是典型的模式。

4.2.1.3　林（果）农牧（渔）复合型

（1）林农牧多层结构型。

该类型将农林间作型和林牧（草）间作型进行有机组合。畜禽以树木果实、叶子和林下牧草为食，粪便归还土地，形成一个自养的物质循环系统，也有人将之称为三度林业。所谓三度，是指在同一土地上收获木材、木本粮油和畜产品。

（2）林牧渔复合型。

此类型是在林渔复合型的基础上进一步利用地面和水面来饲养猪、牛、羊、鸡、鸭等家畜和家禽，使林、渔、牧三者有机结合，形成高产出，而且使物质循环更加合理。

（3）林农渔复合型。

此类型通常造林地开沟（池），在沟内养鱼，林内间作经济作物，实行林、渔、农相结合。江苏里下河地区实行的垛田造林就是一例，即在滩地开沟和筑垛抬面，然后在垛面上造林，垛沟内养鱼，林下间作芋头、油菜和黄豆等作物。

4.2.1.4　特种农林复合型

特种农林复合型可分为林果间作型、林药间作型、林（果）菌间作型和其他类型。其中，果园内栽植食用菌就是典型的林（果）菌间作型。该类型利用林（果树）下弱光照、高湿度和低风速等小气候条件栽植食用菌，不仅利于食用菌的生长，而且菇类的废基料能起到改良土壤结构、增加土壤养分等作用，也可促进果树的生长。菌类在生长过程中所释放的 CO_2 可以补充果树光合作用所需的 CO_2，促进果树的光合生产，从而达到果（树）、菌互补互利的效果。

4.2.2　农林复合规划设计

4.2.2.1　规划设计的原则

以水土保持为目的农林复合规划设计应遵循以下原则：

（1）系统性原则。

农林复合是由多个子系统所组成的复杂的土地利用系统与资源管理系统，又是一种生产系统，它追求整体效益，注意组分间的相互关系。因此，它的规划设计必须以系统论的原则和方法作为指导。

（2）群众参与原则。

群众的参与包括参与制定规划、参与决策和参与管理，以确保工程实施的可行性、科学性与稳定性，从而使农林复合经营变得更顺利、更完善、更符合实际。

（3）循序渐进，以点带面的原则。

规划设计中要充分考虑到生产者在生产技术、思想方法上对新的生产模式有一个逐步适应的过程。设计与实施也需要在实践过程中逐步调整，以更好地适应当地的自然条件、社会经济和生产方式。在经营初期，系统结构配置上仍应考虑原来生产方式下经营对象的核心地位，新成分的引入要以对原有经营对象的发展有利为宜，要通过建立示范区（户）来带动地方农林复合经营的发展。

此外，因地制宜的原则、当前利益与长远利益相结合的原则、社会经济条件可行性原则以及经济、社会与生态效益相结合的原则等，在规划设计时也应重视。

4.2.2.2　规划设计的内容与步骤

（1）基本情况调查。基本情况调查包括自然条件、工农业、林牧渔副业等的生产状况以及社会经济状况调查等。基本情况调查是开展农林复合的基础工作。

（2）测绘构图与土地利用规划。首先是利用已有的地形图对规划区进行补充测绘，将过去地貌上发生的变化重新标注在图上，有了不同比例尺的图后，就可对拟开展复合经营的地段坡面进行现场土地利用规划，包括道路、房屋、渠道、沟塘、农、林、牧的设置位置，农林作物的株行距，绿篱带的排列方式与距离等，然后将整个地段或坡面的规划绘制成一张示意图。规划时，应尽可能在现场搞好外业初步设计，将经营类型因地制宜地落实到地块，并在图上标明，做内业时再适当调整。另外，与复合经营类型设计相配合的一些专项工程设计也应进行，诸如村庄、加工厂、苗圃、灌溉机井等的布设。

（3）编写专题报告，进行可行性分析，对充分掌握的各项基础信息加以整理，做深入的综合分析，写出专题报告。

（4）制定实施经营内容。实施经营内容包括农林复合经营类型名称，选用树种（薪炭林、经济林、果树等）的组成、苗龄、种植密度，选用作物的品种及其比例，农、林、草品种的水平配置方式与垂直配置方式，种植时间，抚育管理措施（中耕、施肥、喷药、灌溉等），产品处理方式（自供、直销、加工销售），经营年限，牧渔的配比与饲养计划，沼气发酵池的建设规模等。同时，还要准备好各类数据统计表，如农林牧渔分类面积统计表，树种与作物种苗用量分类、分年度统计表，用工与成本预算统计表等。

4.2.2.3　结构设计

（1）物种搭配设计。

选择合适的系统组分是农林复合系统能否成功的关键，应考虑的因素如下：

① 要与当地的气候和土壤条件相适应，以乡土种为主。

② 有利于提高土壤肥力和总体生产力。

③ 要有抗旱性强、根系深、固土能力强的树种。

④ 能够提高系统抵御自然灾害的能力，稳定农业生产。

⑤ 要有薪炭林树种。

⑥ 易繁殖、易成活、易管理。

⑦ 尽量少用种间竞争强的物种，尽量多用有共生互利的物种。

⑧ 乔木树种的树冠结构尽量有利于光能的透过。

⑨ 树种的搭配要有利于提高物质利用率和能量转化率。

⑩ 避免选用有共同病虫害的物种。

（2）系统组分的配比设计。

在确定了系统物种搭配之后，就要安排各组分之间的比例关系。在农林复合系统的食物链结构中，较高一级的营养级种群数量与低一级营养级种群数量之间要满足“营养级金字塔”定律，否则就应从系统外向高营养级种群输入额外的能量补充。但是，大多数农林复合系统的组分均为植物性生产者，它们之间并不完全受生物性规律的制约，更大程度上由市场供需、生物对环境的作用等因素所决定，所以，在进行系统组分的配比设计时，要以生态学原理为基础，同时要考虑地区的生产性质和农民的自身需求。

(3) 空间结构设计。

农林复合系统的空间结构设计包括垂直结构设计与水平结构设计。

① 垂直结构设计。

农林复合系统的垂直结构设计以提高光能利用率，充分利用地上和地下资源为出发点，同时要使形成的垂直结构对于水土流失的防治有很大的作用。垂直结构在组分上一般包括乔木、灌木和其他作物，这些高低不同的多种植物一起生长在有限的空间内，它们对环境条件的要求不同，彼此和谐地伴生在一起，在各自不同的空间高度上利用着适合于自身的不同强度的光照与其他条件。天然植物群落在长期自然选择和演替过程中所形成的这种独特的结构特征对于我们设计人工复合生态系统中的垂直结构具有重要的参考价值。

② 水平结构设计。

水平结构设计首先要充分考虑物种组分的生物学特性、生境条件、生产性质以及管理水平，使物种的水平配置既有利于提高经济收入，也有利于环境的保护与改善。水平结构设计还要考虑以下内容：系统所在地域不同地点小地形和微地形的变化以及土壤养分、水分和酸度等因素的不同，农林复合结构本身造成的差异，使得一个物种与其他物种共同生长在同一土地单元与它单独生长时相比，不会表现出更差的长势；应通过空间结构安排，尽量扩大组分之间有益的相互作用，避免不良的相互作用；整个系统的结构有利于施工、管理和收获；具有良好的环境保护效益；在同一地块上能提供多种产品。

(4) 时间结构设计。

① 实行轮作。

对于以林为主的农林复合系统，轮作要做到用地与养地相结合，豆科作物与树木和其他作物相结合，促进树木生长与促进耐阴的经济作物生长相结合。对于以农为主的农林复合系统，除实行轮作外，应定期补充因树木消耗水肥而导致的土壤中某些营养元素的损失。另外，在有条件的山区最好安排土地休闲时间，做到用地、养地相结合。

② 掌握物候，合理安排。

很多作物品种并不是在整个生长过程中都需要较强的光照，有的可能在某个生长阶段还需要一定程度的遮阴保护，所以，在设计时很好地了解所经营植物的物候特征，不但可以充分利用光热土地资源，而且可以在一定条件下化不利因素为有利因素。其次，不同作物对光照要求也不一样，当上层乔木未长叶时，可以间作对光照要求较高的作物；而当枝叶茂盛时，则应间作耐阴作物。对于不同的树木以及不同的密度，系统结构及其内部光能分布的动态变化规律会有所不同，一旦掌握了这种动态变化规律，就能合理地安排间作时间与种类。此外，经营者在某些情况下还可以对系统局部乃至全局进行调整，如对树木进行适当的修剪、间伐和疏伐等，从而改变下层植物的生长环境，扩大其生存空间。

小　结

水土保持农业技术措施包括水土保持耕作措施、水土保持栽培措施、土壤培肥措施和农林复合经营措施。水土保持耕作措施主要通过改变地面微地形、增加地面覆盖和改变土壤物理性状来实现粮、草丰产和减少水土流失的目的。水土保持栽培措施包括轮作技术措施，间作、套种和混播技术措施，等高带状间作和等高带状轮作，该措施主要是发挥多种作物的优势，扬长避短，相互促进，减少水土流失，取得稳产、高产。土壤培肥措施通过直接施肥来提高土壤有机质和肥力水平，进而达到提高土壤生产力、抗冲性和抗蚀性的目的，因此，施肥时养分的配比和有机肥的投入非常重要。农林复合经营措施实质是土地利用的一种形式，它强调在不同区域或同一田块上实现农、林、牧、副、渔各业的有机结合，并发挥其“正向”作用。因此，在广大的山丘区实施农林复合配置，也可以收到农民增收和减少水土流失的效果。

我国地域辽阔，自然条件复杂，社会经济条件不一，水土流失成因各异，因此，在安排农业技术措施时，一定要依据各种措施的特征，并参考范例，因地制宜地进行。

思考题

1. 水土保持农艺措施包括哪些种类？各有何特点？
2. 我国的农林复合分为哪几类？如何进行农林复合的规划设计？

第5章 荒漠化防治技术

学习要求

掌握飞机播种造林种草固沙技术、人工植物固沙技术、沙地造林方法和工程治沙技术；了解化学固沙、风力治沙和水力拉沙的特点和方法。

5.1 植被建设技术

植物治沙以其比较经济，作用持久、稳定，并可改良流沙的理化性质，促进土壤形成，改善和美化环境及提供木材、燃料、饲料和肥料等多种具有生态和经济效益的优点，成为防治土地沙质荒漠化最有效的措施。荒漠化地区植被建设技术主要包括封育恢复天然植被、飞机播种造林种草固沙技术和人工植物固沙技术。

5.1.1 封育恢复天然植被

在干旱、半干旱地区原有植被遭到破坏或有条件生长植被的地段，实行一定的保护措施（设置围栏），建立必要的保护组织，把一定面积的地段封禁起来，严禁人畜破坏，给植物以繁衍生息的时间，逐步恢复天然植被，即封沙育林育草，简称封育。封沙育林育草是防治荒漠化土地，促进荒漠化地区天然植被恢复的重要措施之一。

5.1.1.1 封育带宽度与规模

封育面积大小与位置要考虑需要与可能，因干旱沙区沙源物质、风力强度、绿洲规模、绿洲水源和植被破坏程度不同，所以封育带的宽度与规模应有所差别。各地方应根据绿洲迎风侧的沙源状况和残留植物数量加以确定。如果沙源广，流动沙丘高大，连绵分布，残留植物少，植被覆盖度低（$<10\%$），则封育面积大，封育带宽度应为1 000 m以上；如果沙丘较低矮，残留植物覆盖度较高（$>10\%$），则封育宽度可规划为500～1 000 m。在能对绿洲生存构成威胁的地段，均应划出封育带，以形成绿洲外围的生物保护屏障。封育可促进沙生植物的生长和固沙效益的发挥。

封育时间的长短要看植被恢复的情况。封育要重视时效性，封育区必须存在植物生长的条件，有种子传播、残存植株、幼苗、萌芽、根蘖植物的存在；南疆要有夏洪与种子同步的条件等。在以往植被遭到大面积破坏，或存在植物生长条件，附近有种子传播的广大地区，都可以考虑采取封育措施，以改善生态环境。

5.1.1.2 封育类型的划分

依据沙地类型，封育可划分为重点封育和一般封育两个类型。流动沙丘及危害绿洲沙丘的主要风口地段，应划分为重点封育类型治理区，进行重点投入，未治理好前应进行全封闭管理，严禁一切形式的开发利用。其他区段可划入一般封育类型治理区，主要是进行监护，促进天然植物的自然更新。育草技术要因地制宜，根据可能进行。多数情况下，春季或秋季可以人工撒播沙生旱生草种，促进植物繁殖。条件许可和立地条件较好的地段，可辅以飞机播种；有些地段可以利用绿洲灌溉的尾水进行灌溉，以改善育草环境。

5.1.1.3 封育带的管理

建立健全管理体系，是实现封育带管理目标的关键。这一管理体系包括管理目标、管理内容、法规管理和行政管理。

1. 管理目标

管理目标主要是控制沙漠化发展方向，通过封育措施，使流动沙丘向固定沙丘转化。这一目标的实现，不仅意味着封育带的生态环境得到良性发展，而且表明干旱区的绿洲体系得到了稳定和提高。

2. 管理内容

管理内容主要是环境保护和资源的合理利用。对于沙漠化严重的地段，管理内容是严禁滥垦、滥樵、滥牧、滥挖，实行全封育管理。随着流动沙丘不断地被固定，资源的质量将会有所提高，数量也将会有所增加。当流动沙丘被固定，植被覆盖度达到30%以上时，便可适当地放牧和樵采，但其利用强度应当控制在天然草场良性循环的范围内。

3. 法规管理

法规管理即利用法规进行规范管理。法规管理是建立健全管理体系的重要环节，应依据草原法、环境保护法以及地方法规进行有效的管理，对违法违规行为施以法律约制。只要规范了人类行为，封育的目标就很容易实现。

4. 行政管理

行政管理即明确不同行政级别领导的责任和不同部门的管理分工，实行管理目标责任制，运用奖惩、监督和职务提降手段，调动一切管理部门的积极性，使封育尽快取得成效。

5.1.2 飞机播种造林种草固沙技术

飞机播种造林种草具有速度快、用工少、成本低和效果好等特点，是治理风蚀荒漠化土地、恢复植被的重要措施之一，也是绿化荒山荒坡的有效手段，尤其是对地广人稀、交通不便、偏远荒沙荒山的地区，恢复植被意义更大。

5.1.2.1 飞机播种的技术问题

1. 飞机播种植物种子的选择

因流动沙丘迎风坡有剧烈风蚀，背风坡有严重沙埋，故要求飞机播种的植物种子易发芽、生长快、根系深，地上部分有一定的生长高度及冠幅，在一定的密度条件下，可形成有抗风蚀能力的群体；同时还要求植物种子和幼苗能适应流动沙丘的环境，忍耐沙表高温。经过大量试验，在草原带飞机播种最成功的植物有花棒、杨柴、籽蒿、沙打旺等，在荒漠草原飞机播种最成功的有花棒、蒙古沙拐枣、籽蒿等。

2. 飞机播种植物种子的处理

在流动沙丘上，为防止某些体积大而轻的种子（如花棒）被风吹跑发生位移，可对种子进行大粒化处理，并且通常用骨胶和沙子来代替黄土进行种子大粒化处理。具体方法是：如要大粒化 50 kg 花棒种子，用骨胶 2 kg，加水 25 kg，在大锅里熬 4 h，准备好过筛的细沙 40 kg；在容器中将熬好的胶水倒在花棒种子上，立即搅拌，接着将沙子倒进去，趁热迅速搅拌均匀，使每个种子都沾上一层胶水，外面沾满沙子；拌匀后铲出晾在毡布上，晒干收好备用。种子实际仅沾沙子 25 kg，质量上增加了种子的一半，但体积增加不多，从而达到了既提高固结力又减轻质量的目的，应用效果良好。

3. 飞机播种期的选择

适宜的飞机播种期要保证种子发芽所必需的水分、温度条件和苗木生长足够的生长期，使种子能迅速发芽，既能减少鼠、虫对种子的危害，又能使苗木充分木质化以提高越冬率，还能保证苗木生长的高度和冠幅，满足防风蚀的需要；同时，还要考虑种子发芽后能避开害虫活动盛期，减少幼苗损失。榆林沙区飞机播种期宜选在 5 月下旬至 6 月上旬，并应保证播后有雨和阴天，以利于种子发芽。

4. 飞机播种量的确定

根据实际调查资料，花棒 1 年生幼苗 1 m^2 需要 20 株，杨柴 16 株可抵抗风蚀。一般来说，杨柴的播种量为 11.25 ~ 15 kg/hm^2，花棒的播种量为 15 ~ 22.5 kg/hm^2。近年来，由于飞机播种技术的不断改进，播种量不断下降，花棒、杨柴的播种量降到 6.75 kg/hm^2，沙蒿由原播种量 7.5 kg/hm^2 降到 4.5 kg/hm^2，明显地节省了种子用量，降低了飞机播种成本。实践证明，混播效果优于单播，有更好的群体固沙效果。如能使沙生先锋植物与后期耐旱植物混播成功，固沙效果会更稳定。

5. 飞机播种区立地条件的选择

飞机播种区立地条件是影响飞机播种成效的重要因素。榆林流动沙丘基本上可分为两大类型。一种沙丘高大密集（沙丘密度为 0.75 ~ 0.82），丘间地较窄，地下水较深；另一种沙丘比较稀疏（沙丘密度为 0.54），丘间地较宽阔，地下水较浅。后者水分条件较好，飞机播种出苗率、保存率高，植株生长量大，易形成大面积幼苗群体，因而飞机播种成效高。阿拉善飞机播种成功，就与飞机播种区是平缓流沙地有关。

6. 兔、鼠、虫、病害防治

飞机播种花棒等豆科植物种子受鼠、虫害较严重，小面积播种种子受害可达 90% 以上，大面积播种种子受害达 13% ~ 64%。大皱鳃金龟子对发芽后的花棒、杨柴为害严重，该虫活动高峰正值种子发芽期，其幼虫会在地下为害根系。兔害在播种当年结冻前及次年解冻后，可成片咬断受风蚀的幼株，受害率可达 17% ~ 31%。因此，对兔、鼠、虫害必须加以防治。

对鼠害可采取化学和机械、生物捕杀措施。防治金龟子可用人工捕杀或放鸡捕食，1 只公鸡 1 天可食 300 只金龟子；还可营造紫穗槐隔离带诱杀。兔害可狩猎捕杀，设套捕杀，或用胡萝卜丝拌磷化锌毒杀。如发现花棒幼苗立枯病，应采用化学药剂防治。

7. 飞机播种区的封禁管护

飞机播种后数年，播种区要严加封禁保护，防止人畜破坏。管护工作除保护播种区防止人畜破坏外，还可移密补稀，以及在播种区条件好的地方栽植樟子松等容器苗。播种区管护需要专门组织，形成保护网络，由专人负责；此外，还需要对群众进行广泛深入的宣传，真正提高群众的认识，把护林变成群众的自觉行动。

5.1.2.2　飞机播种作业

飞机播种作业首先需要选好飞机。我国目前多采用农业无人机或植保无人机的方式。较之前所采用的大飞机播种、直升机播种相比，无人机播种更加精准，适合小地块作业（1 000 亩以下），更符合中国农业国情，且无人机价格低廉，在安全性能和可操作性上相对更安全、操作比较容易。

1. 播种前准备工作

设计人员要绘制详细的飞机播种作业图和播区位置图。飞机播种作业图应附作业计划表，标明按航带号顺序排列的每架次植物种、播种面积和播量，各航带用种量，每架次的装种量和作业方式。图上应绘出播区位置桩号平面图。飞控手播种前到现场踏察，熟悉场地，制定出合适的飞机播种作业方案（飞行速度、飞行方式、飞行路线、飞行高度、播幅、播速），再正式飞播。

2. 航向与作业方式

航向是指播带方向，考虑到风对飞机播种的影响，航向应与主风向一致。作业方式有单程式、复程式、交叉式 3 种。飞行方式应根据播带长短、每架次播种的带数来确定。单程式每架次所载种子仅单程就可播完一带，适用播量大、播带长的播区。复程式每架次所载种子可往返播两带或多带，适用播量小、种子小的播区。交叉式播种时，播种地覆盖两次种子，每次用一半种子，且第二次和第一次成直角飞行，以保证种子分布均匀。

3. 航高与播幅

播幅与航高密切相关，航高提高可加大播幅，但是播小粒种子易受风速影响，故播幅要小、航高要低。籽蒿、沙打旺等小粒种子，航高为 50 ~ 60 m；花棒等大粒种子，航高为 70 ~ 80 m。飞播撒种不均匀，一般中间密、两边稀，为提高均匀度，播带两边要增加 20% ~ 30% 的重叠系数。飞播时要保证按设计播量播种，并且必须调整好定量盘（出种口），以适当航高保证播幅，及时开启出种箱。

风对飞机播种的质量有很大影响，风速增大，播幅加宽。侧向风大时会造成种子飘移，甚至飘出播带，因此，作业时侧向风速不能超过 5.4 m/s，侧风角不能大于 40°，顺逆风时，播大种子风速不宜超过 6 ~ 8 m/s，播小种子风速不宜超过 6 m/s。

4. 播种后调查

用路线（航带中央）调查方法，飞机播种当年在发芽后和生长季结束后各调查 1 次，调查路线上每隔 5 m（背风坡 6 m）设 1 m^2 样方。当成苗面积率过小时，抽样数不足，可增设一条调查线，以保证精度。调查项目包括地形部位、有苗株数、株高、冠幅、地径、蚀积情况和天然植被情况，还可以根据需要进行沙地水分、风蚀和风速的定位观测。发芽面积率（1 m^2 样方有 1 株以上健壮苗为统计单位）可用下式进行计算：

$$有苗面积率 = 有苗样方数/调查样方数 \times 100\%$$

5.1.3　人工植物固沙技术

人工植物固沙是通过人工造林种草等手段，达到防治沙漠、稳定绿洲、提高沙区环境质量和生产潜力的一种技术措施，是沙漠治理最有效的途径。

5.1.3.1　人工植物固沙的方式

1. 直播固沙

直播是用种子作为材料，直接播于沙地建立植被的方法。从直播技术上看，选择适宜的植物种、播期、播量、播种方式、覆土厚度，采取有效的配合措施，都可以提高播种成效。就播期来看，春夏秋冬都可进行直播，生产的季节限制性比植苗、扦插小得多。我国西北 7 月至 9 月降水集中，风蚀沙埋及鼠、兔、虫害均较轻，对直播出苗有利，但当年生长量较小，木质化程度低，次年早春抗风力弱，保苗力差。为延长生长季，可将播期提前至 5 月下旬至 6 月上旬，以保证播种成功的降雨条件，从而获得较好的效果。

（1）播种方式。

播种方式可分为条播、穴播和撒播 3 种。条播即按一定方向和距离开沟播种，然后覆土。穴播是按设计的播种点（或行距穴距）挖穴播种覆土。撒播是将种子均匀地撒在沙地表面，不覆土（但须自然覆沙）。条播、穴播容易控制密度，因播后覆土，种子稳定，不会位移，但种子应播在湿沙层中。条播播量大于穴播，苗木的抗风蚀作用也比穴播强。如果风蚀严重，可由条播组成带。撒播不覆土，播后至自然覆沙前，在风力的作用下，易发生位移，稳定性较差，成效更难控制。播大、圆、轻的种子时需要进行大粒化处理。

（2）播种深度。

播种深度即覆土深度，一般根据种子大小而定。沙地上播小粒种子，覆土 1 ~ 2 cm，如沙打旺、花棒、杨柴、柠条等，埋得过深会影响出苗。对于出苗慢的草树种，实际上在沙地上播种是不适宜的。

（3）播种量。

播种量是一个重要因素，撒播用种最多，穴播用种最少，条播用种居中。直播固沙一般要适当密些，故播种量要保证。

在草原地区流动沙丘直播成功的植物种主要是花棒、杨柴和籽蒿。在半荒漠地区平缓流沙地播种沙拐枣、籽蒿、花棒也有大面积成功的范例，但在生产上应用时应该慎重，而且播种后要注意保护和防治病、虫、鼠、兔害。

2. 植苗固沙

植苗是以苗木为材料进行植被建设的方法，根据苗木的不同种类，可将其可分为一般苗木、容器苗、大苗深栽 3 种。

（1）苗木质量。

植苗时应选用健壮苗木，一般固沙多用 1 年生苗木。苗木必须达到标准规格，保证一定的根长（灌木 30 ~ 50 cm）、地径和地上高度；根系无损伤、无劈裂，过长或损伤部分要修剪。不合格的小苗、病虫苗、残废苗坚决不能用来造林。

（2）苗木保护。

从起苗到定植前要做好苗木保护工作，以减少根系损伤。起苗前 1 ~ 2 天要灌透水，使苗木吸足水分，软化根系土壤，以利起苗。起苗必须按操作规程进行，保证苗根具有一定长度，防止根系劈裂。机器起苗质量较有保证。起苗时，要边起苗边拣边分级，立即假植，去掉不合格苗木，妥善地包装运输，并要保持苗根湿润。

（3）苗木定植。

苗木定植是将健壮苗木根系舒展地植于湿润沙层内，使根系与沙土紧密结合，以利水分吸收，迅速恢复活力，一般多用穴植。穴植要根据苗木大小确定栽植穴规格，一般栽植穴的直径和深度均不小于 40 cm，以使根系舒展而不致卷曲，并能伸进双脚周转踏实。对于紧实沙地，加大整地规格对苗木成活和生长发育大有好处。

定植前，苗木要假植好，栽植前最好将假植苗放入盛水容器内，随栽随取，以保持苗根湿润。栽植时取出苗木置于栽植穴中心，理顺根系后填入湿沙，至坑深一半时，将苗木向上略提至要求深度（根茎应低于干沙表面 5 cm），用脚踏实，再填湿沙，至坑满，再踏实（如有灌水条件，此时应灌水，等待水渗完），然后覆一层干沙，以减少水分蒸发。

如沙地疏松，水分条件较好，栽植侧根较少的直根性苗木时，也可用缝植法，即用长锹先扒去干沙层，将锹垂直插入沙层深约 50 cm，再前后推拉形成口宽 15 cm 以上的裂缝，将苗木放入缝中，向上提至要求深度，再在距缝约 10 cm 处插入直锹至同一深度，先拉后推将植苗缝隙挤实、踏平。

（4）植苗季节。

植苗季节以春季为好，宁早勿晚，土壤一解冻便应立即进行，通常是在 3 月中旬至 4 月下旬。如需要延期栽植，则要对苗木进行特殊的抑制发芽处理，如假植于阴面沙层中或储于冷窖内。

秋季也是植苗的主要季节。此时气温下降，植物进入休眠状态，但根系还可生长，沙层水分较充足、稳定，利于苗木恢复吸水，次年春生根发芽早。有时为避免冬春大风抽干茎干，也可截干栽植，地面上留干长度可为 5 ~ 20 cm。东北沙地秋栽樟子松，栽后用土将苗木全部埋好，次年早春再将土扒开，可保护苗木安全越冬。秋季植苗期长，从苗木落叶至结冻前均可进行，一般在 10 月中旬至 11 月中旬。

（5）树种选择。

实践证明，栽植固沙成功的植物种有沙蒿、紫穗槐、花棒和杨柴等。

3. 扦插造林固沙

很多植物具营养繁殖能力，可利用营养器官（根、茎、枝等）繁殖新个体，如插条、插杆、埋杆、分根、分蘖、地下茎等多种培育方法，其中应用较广、效果较大的是插条、插杆造林，简称扦插造林。

（1）选插条。

从生长健壮无病虫害的优良母树上选1~3年生枝条。插条长40~80 cm，条件好用短枝条，条件差用长枝条；插条粗1~2 cm，于生长季结束到次年春树液流动前选割。选割时，用快刀一次割下，上端剪齐平，下端马蹄形，且切口要光滑。

（2）插条处理。

插条采下后立即扦插效果较好（但紫穗槐条以冬埋保存者为好）。插条采下后浸水数日再扦插有利于提高成活率。若插穗需要较长时间存放，可用湿沙埋藏；若用刺激素（ABT等）进行催根处理，可加速生根，提高成活率，促进嫩枝生长。

（3）造林季节和方法。

扦插一般在春秋两季进行，多用倒坑栽植，随挖穴随放入插条（勿倒放），然后挖取第二坑湿沙填入前坑内，分层踏实，再将第三坑湿沙填入第二坑，如此效率较高。插深多与地面相平；沙层水分较差及秋插时，插深应低于地表3~5 m。

陕北、宁夏沙区群众用沙柳簇式栽植法，以0.5 m×1.5 m穴行距簇式扦插（每丛4~5个插条）生长最好，风蚀最轻。赤峰巴林右旗林业局于1996年选取长150 cm以上的健壮枝黄柳插条，在流动沙丘上垂直主害风等高挖间距为2 m深的平行沟，沟宽25 cm，深80 cm，密植扦插，株距3~5 cm，在垂直主带间距2 m，平行挖副带扦插沟，扦插杨柴条，形成2 m×2 m规格网格活沙障，用这种方法固沙效果不错。次年春，黄柳、杨柴成活发芽生枝，成活率在80%左右，流沙即得到固定。网格中可栽杨柴、种沙蒿、植樟子松苗，并且有发展牧草的潜力。

5.1.3.2 我国风沙区固沙造林树种的选择

选择适宜树种对于保证固定目标的实现十分重要。我国固沙造林的主要树种如下。

（1）梭梭，藜科大灌木、小乔木，高2~3 m；耐旱、耐寒、抗盐碱，根系发达；天然分布于新疆、内蒙古西部、甘肃河西走廊荒漠、戈壁、黏土平地、盐土等多种生境。覆沙地、丘间地生长较好。

（2）白梭梭，藜科大灌木，高2~5 m，分布于沙质荒漠，生长在流动、半固定沙丘上，在我国只分布在准噶尔盆地沙漠。嫩枝细长下垂、浅绿色、味苦，是典型的沙旱生灌木，靠雨水、沙层水分生活。其他特征同梭梭。

（3）柽柳，柽柳科灌木，丛生，高1~5 m，强喜光，耐盐碱，对土壤要求不高，可在河湖边等潮湿环境栽种，弱盐渍化沙土、壤土最好；不怕沙埋，积沙能形成柽柳沙堆；广泛分布于西北地区，华北、沿海也有分布，是三大荒漠林之一。

(4) 胡杨，杨柳科乔木，高12~18 m，胸径30~40 cm，抗风沙，耐沙埋，沙埋茎干部分可生出不定根；主要分布在乌兰布和沙漠以西，荒漠河谷地带有大面积天然林，绿洲零星分布，洪积扇前沿地下水溢出带、湖泊周围均有分布，为三大荒漠林之首。

(5) 沙枣，胡颓子科亚乔木，高达15 m，主要分布于干旱地区；喜光稍耐阴，抗旱性较强，尤耐大气干旱；耐中度盐渍化，但不耐碱，主根弱，侧根发达。在湿润沙质土、轻盐化草甸土、丘间地可直播、插杆、植苗造林。盐渍化草滩大插杆造林生长好，重盐碱地开深沟造林效果好。

(6) 沙拐枣，蓼科灌木，耐干旱，抗风蚀，较耐盐碱，生长快，适应性强；天然分布于西北荒漠，半荒漠区引入生长良好；可用播种、扦插、植苗、飞播等多种方法造林。

(7) 花棒，豆科大灌木，高2~5 m，主侧根发达，植株生长迅速，适应流沙环境，为优良固沙先锋植物；主要分布于巴丹吉林沙漠、腾格里沙漠和河西沙漠，戈壁也可见到，多散生。草原带可直播、飞机播种造林，荒漠、荒漠草原主要用植苗、扦插造林。

(8) 杨柴，又名踏郎，豆科灌木，高1~2 m，根茎繁殖力强，积沙可形成灌丛堆；主要分布在鄂尔多斯、科尔沁沙地、库布齐、乌兰布和沙漠；生长在流沙、半固定及固定沙地；根系发达，串根（茎）繁殖旺盛，抗逆性强，喜沙压，抗风蚀；适宜飞机播种造林，也可直播、植苗、扦插造林。

(9) 柠条，豆科灌木，强喜光树种；耐旱，耐寒，耐高温和变温，耐瘠薄，耐风蚀沙埋，抗逆性强，是干草原、荒漠草原地带旱生灌丛；在黄土丘陵、山坡、流动沙地、丘间地、固定沙地均能正常生长，忌水分过多、水位过高；柠条具有深根性，主侧根发达；可用直播或植苗造林。我国柠条有20多种，常用小叶锦鸡儿和柠条锦鸡儿两种。

(10) 沙蒿，菊科半灌木，抗旱，耐瘠薄，抗风蚀，喜沙埋，结实丰富，蒴果宿存，采种容易，固沙作用强；可用撒播、飞播、植苗、扦插、分株法繁殖，常用播种法。固沙主要用籽蒿、油蒿、差把嘎蒿3种。

(11) 黄柳，杨柳科大灌木，高2~5 m，丛生，耐寒，耐旱，耐瘠薄，极喜沙埋，怕风蚀，喜光不耐阴，萌芽力强，喜平茬，萌发早；根系极发达，适应流沙环境；分布于东北及内蒙古东部沙地，引种陕北、甘肃、宁夏生长良好。

(12) 沙柳，杨柳科灌木，丛生，高2~3 m，喜湿润沙地，水平根极其发达；主要分布于鄂尔多斯沙地，在低湿丘间地、洼地常形成柳湾林。种子易发芽，但主要用扦插造林。

(13) 刺槐，豆科落叶乔木，高可达25 m，浅根，速生，强喜光，不耐阴，喜干冷温暖气候，不耐严寒，喜肥耐瘠薄，不耐高温高湿；分布于长江流域至山东、辽宁、内蒙古、山西、陕西、河北和宁夏一线。

(14) 紫穗槐，豆科灌木，丛生，多分枝，高1~4 m，根系发达，侧根多而密；适应性强，耐旱也耐湿，喜光也耐阴，喜肥也耐瘠薄，喜温也耐寒，耐轻中度盐碱，抗病虫，抗污染。长江以北分布很广，东北、华北、西北均有分布。

（15）沙打旺，豆科多年生草本植物，茎直立，高1～2 m，适应性强，耐寒，耐旱，耐瘠薄，耐盐碱；抗风沙，生长快，产量高；分布于北方半湿润、半干旱和干旱区；可直播、飞机播种繁殖。

（16）樟子松，松科常绿大乔木，高15～20 m，适应性强，喜阳光和酸性土壤，极耐寒冷，耐土壤贫瘠，较耐旱，忌水湿与积水环境；天然分布于大兴安岭北部，呼伦贝尔草原沙丘地天然林生长良好；引种辽宁、河北、陕北、内蒙古、甘肃、宁夏、新疆栽培都很成功。

（17）黑松，松科常绿大乔木，喜光速生，适应性强；对土壤要求不严，在北方海边沙地、山坡生长良好。

（18）木麻黄，木麻黄科常绿高大乔木，强喜光，深根，根系发达；枝条柔韧，抗风力强；喜炎热气候，耐干旱贫瘠，耐盐渍、沙埋，喜中性、微碱性、含钙多的土壤，最适宜深厚湿润海岸沙质盐碱地；为我国热带、亚热带沿海沙地造林树种。

（19）单叶蔓荆，马鞭草科，牡荆属，落叶灌木，高0.5～1.0 m，喜光，喜湿润，喜沙埋，耐贫瘠，耐盐，抗海风海雾，有一定的耐阴性，但怕积水，不抗涝，怕风蚀，随沙埋向上生长，为优良固沙灌木，可做海边沙地灌草带主要成分，常无性繁殖，插条造林。

（20）小冠花，豆科小冠花属多年生草本植物，原产于南欧和地中海地区，在我国种植生长良好；喜温暖干旱气候，适于年均温度为10 ℃左右、降水400～600 mm以上的地区种植。

（21）鹰嘴紫云英，豆科黄芪属，多年生草本植物，20世纪70年代从欧洲引入，在北京、山西、陕西、辽宁表现良好，在沙土上最能表现其繁殖和根茎匍匐生长的习性；可播种、茎枝扦插、根茎苗繁殖，沙地上以植苗为宜。

（22）火炬树，漆树科大灌木或小乔木，落叶，自北美洲引入，耐瘠薄，生长快，根蘖能力强，为华北、西北推广的水土保持树种。

（23）榕树，豆科合欢属，落叶乔木，分布于黄河流域以南地区，在产区具有耐寒、耐旱、耐沙土贫瘠等特点。

（24）槐树，落叶乔木，分布于东北南部、内蒙古、新疆至南方；根系发达，生长较快，寿命极长，喜光稍耐阴，对土壤要求不严，酸、中、轻度盐碱均可；耐瘠薄，耐旱，耐寒，适应性强，沙区栽培生长良好。

5.1.3.3 沙地造林方法

1. 前挡后拉造林法

前挡后拉造林法由沙湾造林（前挡）和迎风坡造林（后拉）两部分组成。陕北群众在流动沙丘湿润丘间地背风坡前面营造乔木林或乔灌混交林，起挡沙作用，阻止沙丘前进；同时，在沙丘迎风坡下部造灌木林，起削弱沙丘流动的作用。丘顶可被逐步削平，为以后全面造林创造条件。普遍的做法是：距沙丘背风坡脚留出沙压带3～5 m后，开始插若干行沙柳，往外再栽几行乔木，林下种草苜蓿，而在迎风坡中下部设置柴草或黏土沙障，种植草、灌木，固定沙丘，次年在沙丘前移退出的退沙畔再造乔、灌木林并种牧草。这样连续造林种草

3～4 次，就可将沙丘拉平。对一个流动沙丘来说，前后的丘间低地都造林后，即构成了前挡后拉的固沙造林技术，如图 5－1 所示。

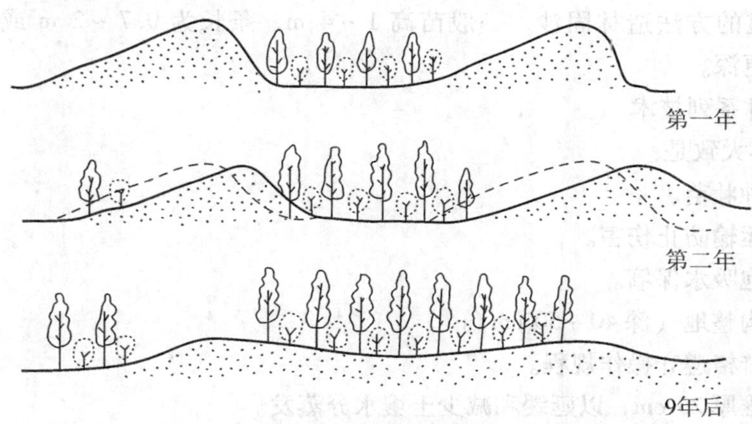

图 5－1　前挡后拉的固沙造林技术示意图

2. 撵沙腾地造林法

撵沙腾地造林法即在荒漠、荒漠草原流动沙丘丘间地比较湿润的条件下，人工促进迎风坡风蚀，从而扩大丘间地造林面积，并在吹蚀下方造林，使沙子堆积在林内，用沙埋促进林木生长。经沙埋的树木有的树高生长量可达同龄林的 5 倍，而且堆积的沙子还可保墒，防止次生盐渍化。这种造林法被概括为“撵沙腾地，腾地造林，引沙入林，以林固沙”，在陕北也叫作又固又放造林法。具体做法：在一排排沙丘中把前后 2 排沙丘固定，中间沙丘用清除植被或大风时人工扬沙等方法促进沙丘移动，使沙粒堆积在前面固定的沙丘上，中间的沙丘则逐渐变成宽阔而较平坦的沙地，可作为农田和果园使用。

3. 背风坡高杆造林

清明前选 3～4 年生、粗 4～6 cm 的旱柳枝条，截成长插杆（长度取决于沙丘高度，以造林后不过度沙埋为宜），将插杆底部浸在水中，待清明后天气变暖，水温升高，再将插杆全部浸入水中 10～15 天，到谷雨时将插杆取出栽植。栽植部位应选在落沙坡与丘间地交界处，造林时随整地随栽植。整地时，先将干沙层除去，再挖穴，穴深 1～1.5 m，穴口径 0.5～0.6 m，将插杆放入，填湿沙砸实，株距 2～3 m，过 1～2 年沙丘向前移动，在新的落沙坡脚再进行高杆造林。因杆长不怕风蚀、沙埋和干旱，所以成活率高达 90% 以上，且收效快。

4. 钻孔深植造林技术

中国林业科学研究院于 1981 年从意大利引进“杨树插杆钻孔深栽造林技术”，选择水位 1～3 m 的沙土或沙壤土地，株行距为 4 m×6 m 或 5 m×6 m 左右，孔径为 12 cm，用钻孔机钻孔到地下水位 20 cm 左右，孔径 12 cm。苗木为 3 年生杨树截根插杆，高约 5 m，胸径 3 cm 以上，苗杆插到栽植孔底，然后用干沙填孔，摇动树干分层捣实。栽后应在幼树四周和株间翻土除草，钻孔前不要整地。钻孔机 1 h 可钻孔 45 个。春秋两季均可造林。

5. 大苗深栽与长插条深插

具体做法是：在草原带流动沙丘上采用花棒、杨柴大苗深栽，沙柳、黄柳、柽柳长条深插，用合理密植的方法造林固沙，一般苗高 1 ~ 4 m，条长为 0.7 ~ 2 m 或更长，植深为 0.5 ~ 2.0 m 或更深。

6. 抗旱造林系列技术

其具体内容大致是：

① 选用良种壮苗。

② 起苗与运输防止伤害。

③ 苗木浸泡吸水保墒。

④ 大犁开沟整地（深 40 ~ 50 cm）。

⑤ 栽植时严格遵守操作规程。

⑥ 培抗旱堆厚 20 cm，以延缓和减少土壤水分蒸发。

7. 两行一带造林法

在较好的沙地条件下（平坦、细粉沙土）采用株距 2 m，行距 2 m，两行一带，带距 10 ~ 25 cm，用抗旱造林法营造速生树种（杨树为主）。林带间可以根据实际需要和具体条件发展灌、草、作物、药材等，若将带距再适当加大，则可建成林农牧果复合系统，取得良好的生态与经济效益。

8. 沙地杨树嫁接更新法

具体做法是：

① 秋季落叶后，选良种杨树 1 年生 1 cm 粗健壮枝条，割下长约 1 m 放于 0 ~ 4 ℃ 的窖内或湿沙中储藏，做嫁接插穗备用。

② 第二年春，将劣质杨树主干从地面以上 5 ~ 10 cm 处伐掉，作为良种杨嫁接的砧木，锯口要平整，当检查伐墩杨树皮能离骨时，将锯口用利刃刮光，准备嫁接。

③ 取出备用杨树枝条切成 8 ~ 10 cm 长接穗，留 3 ~ 5 个芽，将接穗下部用嫁接刀削成长圆形，放于盛水容器内备用。

④ 嫁接时先将接穗下部长圆接口部分进一步削薄露出韧皮部，然后用镰刀头在砧木木质部与韧皮部之间撬开一道缝，将削好的接穗木质部向内插入、插牢；每株伐墩接几穗取决于伐墩粗细，20 cm 直径可接 4 个穗，15 cm 直径可接 3 个穗，10 cm 直径可接 2 个穗，而且分布要均匀。若伐树过早，伐墩表面已干，可先用镰将砧木老皮削下一片，直到韧皮部木质部，在削口处撬开一道缝接 1 个穗。

⑤ 将事先备好的黄土（或黏土）和水成糊状于小桶内，用此黄泥将接好插穗的外露缝隙全部抹严。

⑥ 用锹在行间取湿土将伐墩接穗培土盖严，形成土堆，厚度要超过接穗上端 6 cm 左右，培土动作要轻，勿使插穗移动，用锹将土堆轻轻拍实、拍平。

⑦ 嫁接后，砧木、接穗 1 个月后萌芽破土而出，高 10 ~ 20 cm 时，将砧木上的萌芽全

部去掉，接穗上发的芽只留一个健壮者，余者全部去掉，以后还要多次检查，以将插穗上新生枝条叶腋的芽子及时去除。

⑧ 加强林地保护和水肥管理，防治病虫害。

⑨ 数月后湿土培护下的插穗接口附近就会开始生出自生根，母树（伐株）根系 3 年后死亡，新生幼株生长极快，当年可达 3～5 m 高，地径 3cm 以上，叶片像向日葵叶片大小，展现了突出的生长优势。

9. 沙地乔木萌蘖苗更新法

毛白杨、刺槐等乔木萌蘖能力强，伐后能产生大量萌蘖苗，选择其中 1 株最壮者培养，余者均去掉，加强水肥管理，利用原根强大的吸收水肥的能力，促进萌蘖苗迅速生长，实现优质林分的更新，尽快发挥防护作用，也可用于饲料林，实现乔木的灌木状经营。

10. 沙地乔木根蘖苗更新法

利用胡杨、山杨、毛白杨、河北杨、刺槐等乔木树种根蘖繁殖能力强的特点，将其伐后挖去主根，留下支侧残根在土壤中，当年就会萌出一定数量的根蘖苗，通过加强水肥管理，调节密度，1 穴留下 1 株最好的，其他幼苗可以移出栽于无苗穴中，从而实现优秀林分的更新。此法有效、快速、成本低，但此类更新苗可能会出现苗木强弱高低不齐、分布不均等现象，因此需要加强管理。

11. 沙地樟子松造林

造林技术需注意以下几点：

① 整地。春季栽植要在前一年雨季或秋季整地，抑制杂草，保蓄水分。春天若随栽随整地，土壤会很快风干，成活率低。为避免风蚀，要带状整地，整地带宽 60～70 cm，保护空留草带等宽或稍宽。若植被少，也可铲草皮，铲去 4～5 cm。丘高 7 m 以上者，丘腹上部可块状整地（50 cm×50 cm）。

② 苗木。一般采用健壮 2 年生苗木，规格为：地径 0.35 cm 以上，高 12～15 cm，主根 20 cm 以上，且顶芽要健全。若用 1 年生苗木，要求苗木健壮，整地细致，条件稳定，加强管理。

③ 造林时间。在章古台，春、雨、秋季均可造林，但春季最好；秋季栽到冬春季易受风吹沙打、牲畜危害，为保护苗木，在冬季前要埋土越冬，次年 3 月下旬天气变暖时再扒开；雨季要在透雨后趁阴天栽植。另外，要随时保持苗根湿润，尽量不受风吹日晒，以保证成活率。

④ 密度。初期生长慢，适合密植，株距宜小，行间抚育，行间留有草带，可保护幼苗免受风蚀沙打，行内可提早郁闭，利于幼树生长。密度为 4 995～6 000 株/hm^2，规格为 1 m×2 m 或 1 m×1.5 m，簇植常用 3 m×3 m，每簇 3 株。

12. 固沙林的混交与配置

流沙地造林如是单一的固沙先锋植物，经过一段茂盛生长后会出现衰退现象。在半荒漠的沙坡头，花棒经过约 20 年就开始衰退，沙地变得干旱紧实，如无新的措施，沙地可能再度破坏，此时再造林，因沙地干旱，植物将难以成活，因此，应在造林初期就选择既能适应流沙环境又能适应干旱环境的耐旱植物和前期先锋植物混交。建立混交林能增加覆盖度和地表粗糙度，提高固沙效果和林分稳定性。植物种设计应考虑固沙先锋植物与旱生植物结合（如花棒×柠条）、灌木与半灌木结合（如小叶锦鸡儿×油蒿）。

在配置形式上，半荒漠沙地采用均匀造林（如1 m×1 m），因密度大，水分不足，作物生长不一致，有好有差，死亡结果形成了带状保存形式。据此，生产上也改为不同树种带状混交，两行一带，带间间隔2 m。这种布局疏中有密，既可以节约水分，又可保证固沙效果，比较理想。

在半荒漠沙地造林中，不同树种（前期先锋植物和后期耐旱植物）混交，密度、配置都很重要，在草原地带同样如此。立地条件较好时，更要考虑植物混交，人工造林必须考虑植物群体的稳定性，考虑林分或群落的持续发展，因此，要考虑乔灌草（或草灌乔、灌草乔）结合，豆科与非豆科植物结合，固沙植物与绿肥、饲料、经济植物结合，针、阔树种结合及长寿与短寿、深根与浅根、喜光与耐阴植物结合。

根据沙地的立地条件，植物种的特点及生态、生产需要确定适宜的植物种，采用适宜密度，合理混交与配置，是沙地造林绿化、建设植被的重要经验。

5.2 工程治沙技术

5.2.1 机械沙障固沙

5.2.1.1 机械沙障的类型

机械沙障是采用柴、草、树枝、卵石、板条等材料，在沙面上设置各种形式的障碍物，以此控制风沙流动的方向、速度、结构，改变侵蚀面积状况，达到防风、阻沙、固沙、改变风的作用力及地貌状况等目的。它是工程治沙的主要措施之一。机械沙障按照所用的材料、设置方法、配置形式以及沙障的高低、结构、性能等的差异，分为多种类型。

1. 平铺式沙障

平铺式沙障属固沙型沙障，利用柴、草、卵石、黏土铺盖在沙面上，以此隔绝风与松散沙面的接触，达到风虽过而沙不起，起到就地固定流沙的作用，但其对过境风流中沙粒的截阻作用不大。采用土埋、泥漫沙丘等平铺式沙障，降雨不易渗入沙层，从而使沙丘水分条件变差，不利于植物生长。其他如柴、草、卵石铺盖沙面的方法对水分的下渗影响不大，对固沙植物生长无影响。至于带状平铺沙障，即使平铺带上有影响，造林种草也可在平铺带间进行。

2. 直立式沙障

直立式沙障大多属积沙型沙障。风沙流所通过的路线上，无论碰到任何障碍物的阻挡，风速都会降低，风沙流携带的一部分沙子就会沉积在障碍物的周围，以此来减少风沙的输沙量，从而起到防治风沙危害的作用。

直立式沙障由于高矮不同又可分为 3 种类型：

① 高立式沙障，高出沙面 50 ~ 100 cm。

② 低立式沙障，高出沙面 20 ~ 50 cm。

③ 半隐蔽式沙障，几乎与沙面相平，或稍露障顶。

3. 透风结构的沙障

当风沙流经过沙障时，摩擦阻力加大，产生许多蜗旋互相碰撞，从而消耗了动能，使风速削弱，载沙能力降低，在沙障前后形成积沙。障前积沙少，沙障不易被沙埋；障后的积沙沙堆平缓地向纵向伸展，积沙范围较远，拦蓄沙粒的时间长，积沙量大。

实际上，不同沙障高度，除影响其防护范围外，对风沙流并无本质的影响，可是如果把沙障的透风程度加以改变，就会对风沙流产生本质的影响。透风程度的变化主要是由沙障的孔隙度决定的，而孔隙度又因设障时所用材料和排列结构的不同而有所区别。

4. 紧密结构的沙障

当风沙流经过沙障时，在沙障前被迫抬升，越过沙障后又急剧下降，这样在沙障前后产生了强烈的涡动，消耗动能，降低了载沙能力，从而在沙障前后形成沙粒堆积。

5. 隐蔽式沙障

隐蔽式沙障是埋在沙层中的立式沙障，起控制风蚀基准面的作用。设置沙障后，沙粒仍在动，但总的地形并不发生变化，虽有一定的风蚀，但达到一定程度后就不再发生风蚀。

5.2.1.2　沙障的技术要求

1. 沙障孔隙度

通常把沙障孔隙面积与沙障总面积之比，称为沙障孔隙度。它是衡量沙障透风性能的指标。孔隙度越小，沙障越紧密，积沙范围越窄，即延伸距离越短。紧密结构的沙障障前、障后的积沙范围约为障高的 2.5 倍，积沙的最高点恰在沙障的位置上，沙障很快就被积沙所埋没，失去继续拦沙的作用。孔隙度大的沙障，积沙范围延伸得很远，积沙作用也大，防护的时间也长。应用时，孔隙度一般多采用 25% ~50% 。沙障孔隙度与积沙范围的关系如图 5 –2 所示。

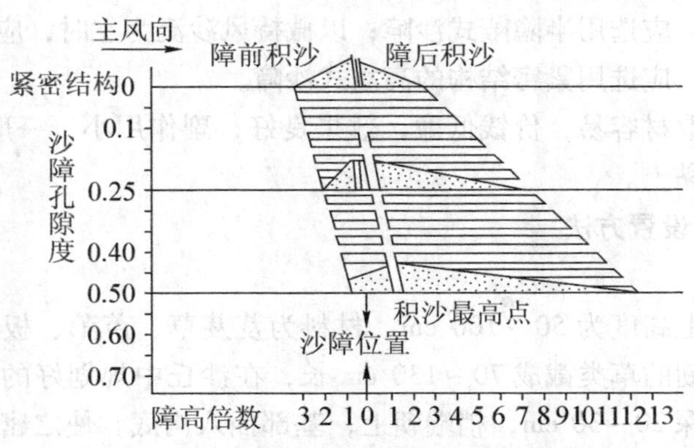

图 5 –2　沙障孔隙度与积沙范围的关系

2. 沙障高度

一般情况下，积沙量与沙障高度的平方成正比。由于沙粒主要在近地面层内运动，所以沙障的高度为 15 ~ 20 cm 就够用了，但沙障高度过低易受沙埋，一般达到 30 ~ 40 cm 即可收到显著效果。设置高立式沙障时，沙障高 100 cm 就足够用了。

3. 沙障方向

沙障的设置应与主风方向垂直，如图 5 – 3 所示。

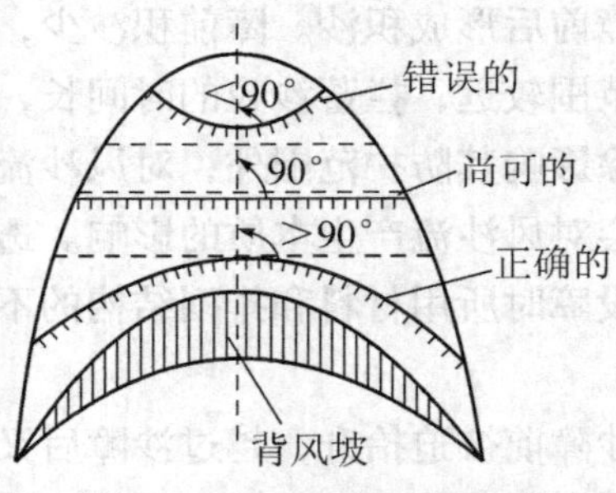

图 5 – 3　风坡沙障设置方向示意图

4. 沙障的配置形式

沙障的配置形式归纳起来主要有行列式和格状式两种。行列式多用于单向起风沙为主的地区；格状式用于多风向地区。

5. 沙障间距

沙障间距与地形坡度及沙障高低关系极大，除此之外，还要考虑风力的强弱。沙障高度大，沙障间距就大，沙障低矮则间距就小；坡度平缓处间距大，坡度陡处间距小；风力弱处间距可大些，风力强处间距要适当缩小。在 4°以下的平缓沙地上设置沙障时，沙障间距为障高的 15 ~ 20 倍；在沙丘迎风坡设置沙障时，要求下一列沙障的顶端与上一列沙障的基部等高或下一列沙障顶端稍高出上一列沙障的基部。

6. 沙障的选用

以防风蚀为主时，应选用半隐蔽式沙障；以截持风沙流为主时，应选用透风结构的高立式沙障；改变地形时，应选用紧密结构的高立式沙障。

选材主要应考虑取材容易，价钱低廉，效果良好，副作用小，一般多采用麦草、板条、秸秆、芦苇、砾石和黏土。

5. 2. 1. 3　沙障的设置方法

1. 高立式沙障

高立式沙障的地上高度为 50 ~ 100 cm，材料为芨芨草、芦苇、板条和高秆作物。其设置方法为：把秆高质韧的草类截成 70 ~ 130 cm 长，在沙丘中规划好的线道上，随挖沟随均匀地插放于沟中，沟深 20 ~ 30 cm，梢端朝上，基部插入沟底，使之密接排紧，下部适当加些较短的梢头，使密度稍大些，两侧培沙，扶正踏实，培沙要稍高出沙面 10 cm 左右，以使沙障稳固，如图 5 – 4 所示。插设季节以秋末冬初为好。

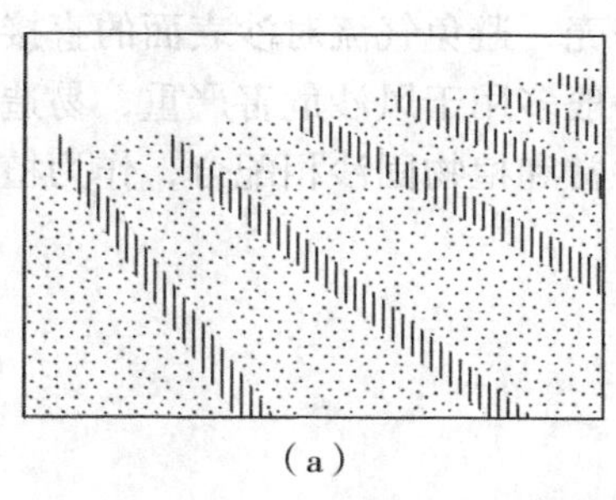
（a）

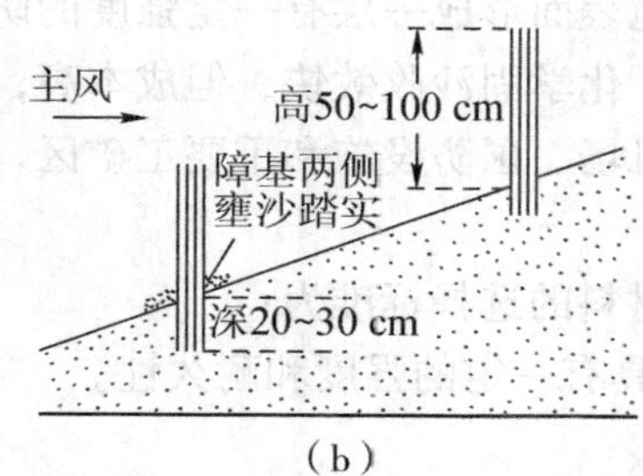

（b）

图5－4 高立式沙障设置示意图

高立式沙障防沙效果好，但被保护对象附近不宜采用此类沙障，最好用于沙源距被保护区较远、沙量较多的高大沙丘上，或在需要积沙以提高低洼地形处（如风口）使用最适宜。

2. 半隐蔽式草沙障

半隐蔽式草沙障的材料为：麦秆、稻草和芦苇等。其设置方法为：将草按沙障规格所划好的线道均匀地横铺在线道上（与线道垂直），然后在平铺的草条中段施压，直至压入沙层中10～15 cm，使草两端翘起，再从两侧培沙压实，地上保留20 cm左右。不同材质的沙障有不同特点。

① 格状麦草沙障的优点是取材方便，施工方法简便，成本相对较低，能显著地增大地表粗糙度，降低流沙表面风速。此法已被大力推广使用。

② 黏土沙障的优点是成本低，固沙时间较长，正常设置一般可维持4～5年，施工简便，根据不同风向可呈行列式、格状式设置。其具体效果与草障近似，具有改土效果。黏土沙障内栽植固沙植物，黏土慢慢与沙土掺和，可改变沙土结构，提高沙土肥力，有利于固沙植物生长。当4～5年沙障损坏时，障内植物可代替沙障起持久固沙作用。黏土沙障的地区性强，只能在有黏土分布的沙区应用。

3. 平铺式沙障

平铺式沙障利用柴、草、卵石、黏土等铺盖在沙面上。

① 砾石沙障既可稳定持久地发挥固沙效益，又有较强的保水性能，对植物的生长发育无任何不良影响，特别是在沙区水库、铁路、公路、路堤及路堑边坡加固，防止风蚀等效果更为明显。

② 平铺泥土沙障主要适用于绿洲内部孤立的流动沙丘，或村庄附近、厂矿周围的零星沙丘。用此法彻底封固沙丘，可立即消除流沙危害，取得立竿见影的效果。但这种全包式会影响降水的下渗速度，使沙丘水分条件变差，不利于植物生长；而且遇暴雨时易产生径流，从而冲坏沙障。平铺泥土沙障如能与行列式沙障结合，在行间铺一薄层土块，则可消除上述缺点。

5.2.2 化学固沙

化学固沙主要采用石油化学工业的副产品如沥青乳液等，在流动沙地上喷洒化学胶结物质，使其在沙地表面形成一层有一定强度的防护壳，避免气流对沙表面的直接冲击，达到固定流沙的目的。化学固沙收效快，但成本高，一般多用于风沙危害严重，易造成重大经济损失的地区，如机场、国防设施和重要工矿区，并常和植物固沙相配合，作为植物固沙的辅助性措施。

化学固沙材料的选择标准为：

① 保护壳具有一定的强度和耐久性。

② 成本低。

③ 使用简便，不需要特殊设备。

④ 对植物发芽和生长没有影响。

⑤ 不污染环境。

目前，国内外用作固沙的胶结材料主要是石油化学工业的副产品，一般常用的有沥青乳液、高树脂石油、橡胶乳液和油—橡胶乳液的混合物等。其中，沥青乳液使用最广，原因是它在常温下具有流动性，便于使用，价格也较低。

沥青乳液又名乳化沥青，也称水包油式乳液。它是一种在乳化剂作用下，沥青以微粒（直径0.1～10 μm）的形式分散于水中而形成的乳液。固沙时，沥青乳液带留于表面沙层一定厚度中，将沙子胶结成为多孔状的固结沙层，以达到固沙的目的。因此，乳化沥青要求具有很高的稀释稳定性和较高的分散度，以便于喷洒并渗入沙层中，而这一性质是由乳化剂的性质和使用量所决定的。用硫酸处理（亚硫酸法或苛性钠法）后的纸浆废液是一种较为理想的乳化剂。用碱金属脂肪酸盐做乳化剂时，要求水的硬度不能大于80 mg/L，否则乳化剂的使用量将大大增加。用纸浆废液做乳化剂时，对水的硬度影响不大。

根据中国科学院兰州沙漠研究所的材料，固沙用的沥青乳液，以亚硫酸盐纸浆废液（木质磺酸盐）做乳化剂，其配方（按质量计）为沥青（60～200号中的任何一种）占40%～50%，水占50%～60%，纸浆废液干涸物占用水量的12%～14%。水与纸浆废液混合而成的水溶液（乳化液），pH值为7～8，比重为1.06（20 ℃）。亚硫酸盐纸（木）浆废液或苇浆废液可不经过处理直接使用，但为增强乳化沥青的稳定性和分散度，也可选用下述任意一种方法加以处理：加入 Na_2CO_3 27g/L（就水溶液而言）；加入 Na_2SO_4 37g/L；加入 Na_2SO_4 约3g/L和 H_2SO_4 约5g/L，两者对纸浆废液中CaO的置换量分别为80%和20%。

喷洒沥青乳液形成的固结沙层（平均厚度为20～30 mm）可使其具有一定的抗风蚀能力。根据铁道科学研究院西北研究所的试验，沥青用量为0.5～1.0 kg/m^2（用水15 kg/m^2）时，能抵抗30 m/s的风速。同时，该固结沙层还有一定的透水性，并能促使水分扩散凝结，减少沙地水分蒸发，使沙地的水分状况得到改善，有利于植物生长。在喷洒沥青乳液的沙丘上所栽培的和直播的柠条、沙蒿、沙拐枣等植物，生长情况良好。

5.2.3 风力治沙

5.2.3.1 风力治沙的技术措施

风力治沙是以风的动力为基础，人为地干扰控制风沙的蚀积搬运，因势利导，变害为利的一种治沙方法。从风沙运动规律来看，风力治沙是指应用空气动力学原理，采用各种措施降低粗糙度，使风力变强，减少沙量，使风沙流非饱和，造成沙粒走动或地表风蚀的一种治沙方法。风力治沙的基本措施是以输为主，并兼有固。若固输结合，则效果更佳。

1. 以固促输，断源输沙

要防止某地段被沙埋压或清除其上的积沙，就应在该地段的上风区用可行的治沙方法固定流沙，切断沙源，使流经防护区的风沙流成为非饱和气流，使此处的积沙被气流带走或以非堆积搬运的形式越过防护区，从而使被保护物免受积沙危害。

2. 集流输导

集流输导的作用是聚集风力，加大风速，输导防护区的积沙，防止沙埋危害。集中风力的方法很多，最常见的有聚风板输导法，包括聚风下输导法、水平输导法和垂直输导法。

聚风下输法在设置时，应向主风向倾斜。聚风输沙被输地段与主风方向交角成 45° ~ 90°时，输导积沙的效果较好；如果与主风方向的交角小于 30°，则必须采用反折侧导法来输导积沙。

3. 反折侧导

当被保护物遭受从锐角方向吹来的流沙危害时，可以用促使近地表气流换向的措施改变流沙的输移方向，避开被保护物。

（1）反折侧导的原理。

沙障与主风斜交，交角在 45°以下时，能使近地表的次生风换向，风沙流吹近沙障后，气流受到一定的压缩换向，部分沙粒在障前停下，但由于受压气流换向后风速加大，沿沙障行列前进，开始时降落在沙障附近的一部分沙粒，又因受新来的沙粒撞击，重新卷入风沙径流，沿着沙障的行列方向前进，使被保护区避免障后积沙的危害。

（2）反折侧导的设置。

一般用不透风的机械沙障进行侧导，在设置前，首先要了解地形和输导方向，确定沙障的位置和角度，了解导走流沙的处理场所的地形是否有利于流沙的折向输走，可采用 1 m 左右高的不透风沙障或导沙板排列成连续的沙障。

（3）改变地表状况，促进流沙输导。

① 创造平滑的环境条件。

在防止积沙的被保护地段，要尽量清除障碍，筑成平滑坚实的下垫面；要使防护地段输沙，就须把陡坡变缓筑成圆滑弧形，使气流附面层不产生分离而出现涡流，达到输沙的目的。

② 加大上升力进行输沙。

上升力的大小取决于气流近地表层的速度与较高层速度的差数。由于粗糙表面对近地表面层气流的阻力加大了上升力，所以，可在防护区铺设一些砾石或碎石，增加跃移沙的反弹力，加大上升力，调节风沙流结构，减少较低层的沙量，造成防护区风蚀，达到输沙的目的。

③ 附面层风速变化规律的应用。

近地表层的风速随高度的增加而增加，所以，在公路防沙时，路基要高出附近地表，以增大风速，便于输沙。

5.2.3.2 风力治沙措施的应用

1. 渠道防沙

（1）基本要求。

渠道防沙的基本要求即在渠道内不要造成积沙。这就必须要保证风沙流通过渠道时成为不饱和气流，即渠道的宽度必须小于饱和路径的长度，或者采取措施从气流中取走沙量，使过渠气流成为非饱和气流。

（2）非堆积搬运。

渠道具有弧形或接近弧形的剖面形状，容易产生上升力，所以具有非堆积搬运的条件，因此，要合理地确定渠道的深度、宽度以及宽深比，以利于渠道的非堆积搬运，更好地输沙。

（3）防沙堤和护道。

在渠道迎风面上，距岸一定距离筑一道1 m高的堤，这个堤就称为防沙堤。堤到渠边的距离，称为护道，要根据饱和路径的长度和沙丘类型、移动速度确定，一般最好小于饱和路径的长度，大于沙丘的摆动幅度，使渠道处于饱和路径的起点。

为防止渠道积沙，我国沙区多采用设置地埂法，即在田中隔一定距离设一地埂，耕地时不动，以形成大粗糙度，使地面均匀积沙不形成沙丘。设置地埂法既可以掺沙改土，保墒压盐，又可以造成非饱和气流，使风沙流处于非堆积搬运状态，再加上护渠林营造合理，所以可以有效地控制风沙流，防止渠道积沙。

2. 拉沙修渠、筑堤

利用风力修渠、筑堤，共同的方法是设置高立式紧密沙障，降低风速，改变风沙流结构，使沙子聚积在沙障附近，当沙障被埋一部分后，或向上提沙障，或加高沙障到所需要的高度。

修渠可按渠道设计的中心线设置沙障，先修下风一侧，然后修上风一侧。沙障距渠道中心线的距离一般可按下式计算：

$$I = 1/2(b + a) + mh \tag{5-1}$$

式中：I 为沙障距渠道中心线的距离，m；b 为渠堤底宽，m；a 为渠堤顶宽，m；m 为边坡系数（沙区一般为1.5～2）；h 为渠堤高度，m。

筑堤是指在干河床内横向修筑堤坝，引洪淤地，改河造田。

3. 拉沙改土

拉沙改土是利用风力拉平沙丘，使丘间低地掺沙，改良土壤。沙丘以输为目的，丘间低地以积沙为目的，既改变沙丘，又改良丘间沙地。黏质土壤掺沙改土不仅可以改变土壤的机械组成，而且可以改善土壤水分和通气条件，对抑制土壤盐渍化也有作用。

利用风力拉沙改土首先要有一定的沙源，保证较短时间内供给足够的沙子；其次要具备很有效的积沙条件。

5.2.4 水力拉沙

水力拉沙是以水为动力，按照需要使沙子进行输移，消除沙害，改造利用沙漠的一种方法。其实质是运用水土流失的基本规律，以水力为动力，定向控制蚀积搬运，达到除害兴利的目的。

5.2.4.1 引水拉沙修渠

引水拉沙修渠是利用沙区河流、海、水库等水源，自流引水或机械抽水，按规划的路线引水开渠，以水冲沙，边引水边开渠，逐步疏通和延伸引水渠道。

1. 规划设计

修渠之前要勘查水源，计算水量，了解水位和地形地势条件，确定灌溉范围和引水方式，选择渠线，布设渠系。

沙区水十分宝贵，必须充分利用和开发水源，积蓄水量，对地表水和地下水的季节变化要进行详细的调查，根据水量、水位确定引水方式。水量不足时，可建库蓄水；水位较高时，可修闸门直接开口，引水修渠；水位不高时，可用木桩、柴草临时修坝壅水入渠；水位过低时，可用机械抽水入渠。

选择渠线时，应利用地形图到现场确定渠线的位置、方向和距离。由于沙丘起伏不平，渠道可按沙丘变化，大弯就势，小弯取直。干渠通过大的沙渠和沙丘时，应采取拉沙的方法夷平沙丘，使渠岸变成平坦台地。台地在迎风坡一侧宽 50 m，在背风坡一侧宽 20 ~ 30 m。为防止或减少风沙淤积渠道，干渠应基本顺从主风方向或沿沙丘沙梁的迎风坡布设。此外，布设渠系时，要使田、林、渠、路配套，排灌结合，实行林网化、水利化。拉沙筑坝的渠道一般不分级，能满足施工即可。拉沙造田的渠道则应尽量和将来的灌溉渠系结合，统筹兼顾，一次修成。

引水量的大小应依据灌溉面积、用水定额、渠道渗漏情况来确定，通常应适当加大渠道断面，以增加引水流量。渠道的比降，沙渠比土渠要小。当渠道引水量小于 0.5 m^3/s 时，清水比降采用 1/2 000 ~ 1/1 500，浑水比降可增至 1/500 ~ 1/300；当渠道引水量增大到 1.0 ~ 2.0 m^3/s 时，清水比降采用 1/3 000 ~ 1/2 500，浑水比降采用 1/2 000 ~ 1/1 500。沙渠大都采用宽浅式梯形断面。渠底宽为水深的 2 ~ 3 倍较适宜，边坡比采用 1∶(1.5 ~ 2.0)，具体规格按引水流量的大小确定。渠岸顶宽支渠一般为 1 ~ 1.5 m，干渠为 2 ~ 3 m，岸超高为 0.3 ~ 0.5 m。

2. 施工和养护

施工过程从水源开始，边修渠边引水，以水冲沙，引水开渠，由上而下，循序渐进。具体做法是：在连接水源的地方开挖冲沙壕，引水入壕，将冲沙壕经过的沙丘拉低，把沙湾填高，变成平台，再引水拉沙开渠或人工开挖渠道。

渠道经过不同类型的沙丘和不同部位时，可采用不同的方法。机械抽水拉沙修渠为渠道穿越大沙梁施工创造了条件，可将抽水机胶管一端直接放在沙梁顶部拉沙开渠。

沙区渠道修成后，必须做好防风、防渗、防冲、防淤等防护工作，以便很好地发挥效益。

5.2.4.2 引水拉沙造田

引水拉沙造田是利用水的冲力，把起伏不平、不断移动的沙丘改变为地面平坦、风蚀较轻的固定农田的一种沙地改造利用方法。

1. 引水拉沙造田的规划设计

引水拉沙造田必须与拉沙修渠进行统一规划，分期实施。造田地段应规划在沙区河流两岸、水库下游和渠道附近或有其他水源的地方。引水拉沙造田的次序应按渠道的布设先远后近、先高后低，保证水沙有出路，以便拉平高沙丘，淤填低洼地。周围沙荒地带可以利用余水和退水，引水润沙，造林种草，防止风沙，保护农田，发展多种经营。

2. 引水拉沙造田的田间工程

引水拉沙造田的田间工程包括引水渠、蓄水池、冲沙壕、围埂和排水口等。这些田间工程的布设，既要便于造田施工，节约劳力，又要照顾造出的农田布局合理。

引水渠上接水源，下接蓄水池，造田前引水拉沙，造田后大多成为固定性灌溉渠道。若用机械从水源直接抽水造田，可不挖引水渠。

蓄水池是临时性的储水设施，利用沙湾或人工筑埂蓄水，主要起抬高水位、积蓄水量、小聚大放的作用。蓄水池下连冲沙壕，凭借水的压力和冲力，冲移沙丘平地造田。在水量充足、压力较大时，可直接开渠或用机械抽水拉沙，而不必围筑蓄水池。

冲沙壕挖在要拉平的沙丘上，水通过冲沙壕拉平沙丘，填淤洼地造田块。冲沙壕的比降要大，在沙丘的下方要陡，以使水流通畅，冲力强，拉沙快，效果好。冲沙壕一般底宽0.3～0.6 m，放水后越冲越大，沙丘逐渐被冲刷滑流入壕，沙子被流水携带到低洼的沙湾，削高填低，直至沙丘被拉平。

围埂的作用是拦截冲沙壕拉下来的泥沙和排出余水，使沙湾地淤填抬高，与被冲拉的地段相平。围埂用沙或土培筑而成，拉沙造田后变成农田地埂，设计时最好遵循一定规格，按田块规划修筑成矩形。

排水口要高于田面，低于田埂，起控制高差、拦蓄洪水、沉淀泥沙、排除清水的作用。排水口应按照地面的高低变化不断地改变高差和位置，一般设在田块下部的左右角，以使水排到低洼沙湾，引水润沙，亦可将积水直接退至河流及河道。排水口还要用柴草、砖石护砌，以防冲刷。

3. 引水拉沙造田的具体方法

引水拉沙造田的方法因沙丘形态、水量、高差等不同而各有差异，一般按冲沙壕的开挖部位来划分，有顶部拉、腰部拉和底部拉3种基本方式，施工中因沙丘形态的变化又有下列多种综合法。

（1）抓沙顶。

抓沙顶适于引水渠的水位高于或平于沙丘顶部时采用。当水位略低于沙丘顶部时，只要加深冲沙壕也可应用。采用抽水机械时，只需要将水泵的抽水管连通水源，放在沙丘顶部进行拉沙。在不同形态的沙丘上施工，抽水管的角度部位可以自由变换。

（2）野马分鬃。

野马分鬃一般在渠水水位低于或平于大型沙丘或沙丘链时采用。在沙丘靠近蓄水池一端，先偏向沙丘一侧挖一段冲沙壕，放水入壕拉去一段，接着在缺口处筑埂拦水，然后偏向沙丘另一侧挖一段冲沙壕，再拉去一段，由近及远，如此左右连续前进，即可拉平沙丘，但在施工中要保证冲沙壕的水流不中断。由于冲沙壕左右分开，形如马鬃，所以叫野马分鬃。

（3）旋沙腰。

旋沙腰在渠水水位只能引到沙丘腰部时采用，需水量多。具体做法是：在沙丘中腰部开挖冲沙壕，利用水的冲击力量，逐渐向沙丘腹部掏蚀，形成曲线拉沙，齐腰拉平。

（4）劈沙畔。

劈沙畔一般在沙丘高大，渠水水位低，水无法引至沙丘顶部或腰部时采用。具体做法是：在沙丘坡角开一道冲沙壕，由外及里，逐步劈沙入水，将整个沙丘连根拉平。

（5）梅花瓣。

梅花瓣多在水量充足、范围较大的地段，并且当几个低于或平于渠水水位的小沙丘环列于蓄水池四周时采用；也可把水引至一个大沙丘顶部，围埂蓄水，然后在蓄水池四周挖 4 ~ 5 条冲沙壕，同量放水向四周扩展，拉平沙丘。

（6）羊麻肠。

在沙丘初步拉垮削低后，还残存有坡度很小的平台状沙堆，就可由高处向低处开挖之字形冲沙壕，引水入壕，借助水流摆动冲击，将高出地面的平台状沙丘削低扫平。

（7）麻雀战。

麻雀战多在拉沙造田收尾施工时采用，主要用来消除高 1 ~ 2 m 的残留沙堆。具体做法是：将拉沙人员散开，每个沙堆旁安排一两名，然后放水，各点的人员分别引水，冲拉沙堆，摊平沙丘。此法因与游击战中的“麻雀战”相似而得名。

5.2.4.3 引水拉沙筑坝

引水拉沙筑坝是利用水力冲击沙土，形成砂浆输入坝面，经过脱水固结，逐层淤填，形成均质坝体，俗称水坠筑坝。

1. 沙坝的设计

拉沙筑坝的材料以沙为主，为防止透水，条件允许时可用黏土做墙心，坝体外壳用引水拉沙冲填。此外，在选料时沙土中最好有一定的黏粒和粉粒，这样可减少渗水损失。

沙坝设计的关键是确定合理的坝坡坡比，因沙坝的坝坡风浪掏蚀严重，若不做砌石护坡，就要放缓坡比。坝高超过 40 m，库容大于 100 万 m^3 时，可酌情放缓坡比。

沙坝透水性强，蓄水后坝体浸润和坝坡风浪掏蚀严重，因此必须设置反滤体和进行护坡，以保证坝角稳定和坝坡完整，防止坝坡崩塌和滑坡。在石料充足的地方，采用斜卧式或棱式反滤体，在沙坝上游的坝面用砌石护坡；在石料缺乏的沙区，可采用植物护坡。

2. 沙坝的施工

施工前要准备好有关的材料物资，在坝址上游要有充足的水源。用于拉沙的沙场要邻近坝址，最好高出坝顶 10 m 以上。自流水源要设置引水渠、冲沙壕等田间工程，机械抽水要少设田间工程。施工时，依据沙丘形状和高差，采取抓沙顶等方法，引水拉沙输入坝面。畦块的大小和多少，主要根据坝面、水量、气温、劳力、沙源等决定。小畦一般为 0.1 hm^2 以下，大畦一般为 1 hm^2 以上。畦块的多少，一般有 1 坝 1 畦、1 坝 2 畦和 1 坝多畦几种形式。修筑围埂主要起分畦淤沙、阻滑吸水和控制坝坡的作用。埂高一般为 0.8 ~ 1 m，且均为梯形。

提水或引水到沙场进行拉沙，将水流变为砂浆送至坝面，待砂浆经过沉淀、脱水、固结后，再填筑第二层。填筑方式取决于沙是一边还是两边。若一面拉沙，则 1 端 1 畦冲填；若两面拉沙，则 2 端 1 畦冲填。砂浆入畦，要低于围埂，冲填厚度为埂高的 7/10，沙土一次冲填厚度一般为 0.5 ~ 0.7 m。在砂浆能流动的情况下，浓度越稠越好，一般含沙量为 50% ~ 60% 就是合适的砂浆深度。沙区拉沙筑坝的相间周期要根据土质、气温、冲填厚度等因素决定，一般只要隔夜施工就可保证质量。

小　结

荒漠化防治技术主要包括植被建设技术和工程治沙技术两个内容，其中，植被建设是重建人工生态系统的首选措施。植被建设技术主要由飞机播种造林种草固沙技术、人工植物固沙技术和封育恢复天然植被组成；工程治沙包括机械沙障固沙、化学固沙、风力治沙和水力拉沙等。它们均是防沙、治沙所采用的普遍技术，但在具体应用时应根据技术特点和当地实际情况来选择。

思考题

1. 简述飞机播种造林种草固沙的技术特征。
2. 人工植物固沙有哪些方式？我国风沙区主要固沙造林树种有何特征？
3. 沙地造林有哪些方法？
4. 工程治沙技术有何特点？

第6章　城市水土保持

学习要求

掌握城市水土保持的概念，海绵城市的特点；熟悉相关的规范和标准；了解城市生产建设活动中的水土保持临时措施。

1995年，针对深圳市大规模的开发建设和推山造地所引发严重的水土流失现象，水利部召开的"部分沿海城市水土保持工作座谈会"首次正式提出城市水土保持的概念。城市水土保持是针对城市生产建设过程采取的水土流失预防和治理措施，也是对原有侵蚀环境的整治及城市周围地区的水土保持和环境的绿化美化，强调保护利用水土资源，构建绿色、生态、宜居城市。

城市水土流失具有敏感性、人为性、突发性，城市水土流失防治具有生态性和景观性。城市水土保持经历20多年的探索与实践，在城市建设的各个领域开展理论研究和技术创新，丰富和拓展了城市水土保持的发展之路。城市水土保持与城市生态景观紧密结合，以防治生产建设项目水土流失为主要目的，严格把控从水土保持设计到施工的各环节，采取多种水土保持措施相结合的方式进行水土流失治理，编制具有城市建设特色、在未来城市发展具有指导作用的水土保持技术规范，将为城市生产建设项目水土保持设计、施工提供有力的技术支撑。

6.1　城市水土流失及其防治特点

6.1.1　生产建设项目人为活动是造成城市水土流失的主要成因

随着城市化、城镇化进程的加快，在城市生产建设活动中，大量兴建的生产建设项目，如房地产开发项目、市政工程项目、公共服务设施项目等，在土石方的开挖、回填、堆弃、排放，雨水、雨洪排放等活动中引发和加剧水土流失。传统的水土流失主要由开垦种植、过度放牧、乱砍滥伐等造成，防治对象主要面对农村、农地，而城市生产建设过程中造成水土流失的活动行为、防治区域与传统水土保持相比，有极大的变化和不同，需要转变观念，强化新的关注点，适应和面对国家发展的新阶段，面对新领域，研究新问题。

6.1.2　城市生产建设活动呈现分布密集、频繁扰动的特点

在城市规划建设范围内，生产建设项目布局十分密集，1 km^2范围内就会有几十个甚至

上百个项目，形成了项目连片分布、建设单位众多、监管对象繁杂的情况。同时，随着城市建设内容、建设层级的不断扩展和提升，地表扰动、对植被的损坏等现象多次反复出现，形成了同一地块多次造成水土流失的情况。这些特点都与常规的水土流失有很大不同。

6.1.3 城市水土流失危害具有突发性和灾难性特点

在城市生产建设活动中，地表大量硬化加大雨洪的强度，施工泥土堵塞城市排水管网，越来越多的城市出现内涝灾害；密集频繁的裸露施工，风蚀扬尘加重 PM2.5（细颗物粒）和雾霾灾害；河湖水系被挤占，蓄水保水和维护生态的功能大为减退，城镇生态环境恶化；城市被固结化，引发并陷入热岛效应，恶化了城镇圈气候。这些灾害往往会频繁突发，直接造成生命财产损害、公共设施毁坏，进而造成巨大的损失。

6.1.4 城市水土保持措施与传统水土保持有很大差异

常规的水土保持以防治坡耕地、荒地、侵蚀劣地等为对象，采取兴修梯田、筑坝拦沙、营造水土保持林、种草、农业技术措施等，实行小流域综合治理的技术路线。而城镇化造成的水土流失面对的对象是各类建设场地，需要采取拦挡、护坡、蓄排水、土地整治、植物恢复、临时防护等措施，其技术路线完全不同于传统水土保持治理模式，需要加快研究和探索。

6.2 城市水土保持措施

城市水土保持措施是指在大中城市、城市区域内，从水土流失的特点和城市居民对物质和文化的需求出发，所进行的防治水土流失、保护利用水土资源和美化环境的技术和措施。要运用水土保持原理、系统工程和景观生态学原理科学配置水土保持工程措施、生物措施，加快城市周围荒山荒坡绿化建设，实行山、水、田、林、路、河、堤、街、房、园、景统一治理，工程、生物、园艺措施合理配置，从而达到改善城市生活环境的目的，防止和治理城市水土的流失。

6.2.1 控制地面硬化，推行生态透水铺装，保持城市降水资源

城市地面硬化直接导致和加剧了城市内涝、城市热岛效应、城市生态恶化，地表全面硬化还阻断了光、热、水、气、生物的地上地下交换通道，使城市的呼吸功能衰弱甚至消失。因此，在城镇化过程中应严格控制地面硬化，按最小化硬化、最大化绿化的原则进行地面建设。城市非机动车道、人行道、广场、停车场等，应尽量使用透水砖、渗水砖、孔型砖、渗水混凝土、碎石、卵石等材料，使雨水能够就地入渗，降低城市的地表径流系数①，从源头

① 地表径流系数是任意时段内的径流深度/径流总量与同一时段内的降水深度/降水总量的比值。该系数说明了降水量转化为径流量的比例，它综合反映了下垫面类型对降水—径流关系的影响。

上减少雨洪量的同时，利用雨水补充城市日益紧缺的地下水资源。

由水利部水土保持监测中心主编的《开发建设项目水土保持技术规范》（GB 50433—2008）中，明确提出了控制城市硬化面积、综合利用地表径流、采取降水蓄渗措施、涵养水源的要求。《国务院办公厅关于做好城市排水防涝设施建设工作的通知》明确要求，新建城区硬化地面中可渗透地面面积比例不宜低于 40%。

德国在 20 世纪 90 年代开始实施将 80% 的地面改为透水地面的计划，人行道、步行街、自行车道、郊区步行路、露天停车场、房舍周边、庭院和街巷地面、特殊车道以及公共广场等都铺设了透水地面。德国采用的透水措施主要有：用透水性地砖铺装人行道、自行车道、步行街地面，连接处由透水性填充材料拼接；用孔型混凝土砖铺设停车场、自行车存放场，砖孔中填土绿化；用细碎石或卵石铺设不宜长草的路面，以保持地面透水性；用孔型砖加碎石铺地面，使雨水入渗地下。美国采用的保持雨水资源的措施主要有生物渗透系统、渗透排水沟、植物过滤带、绿色屋顶等措施。

6.2.2 布设雨水集蓄、入渗设施，补充城市地下水

在居民小区、各类场地中建设小型地下蓄水池、渗水井，有条件的地方还可在屋顶集蓄雨水，形成规模小、数量多、分布均衡的集水体。城市绿地灌溉、洗车、景观用水、道路降尘、冲厕、消防等都可使用雨水资源，使雨洪资源化，变害为利。同时，还可将雨水在适当区域入渗地下，补充城市日益枯竭的地下水。

我国于 2017 年 7 月 1 日开始实施的《建筑与小区雨水控制及利用工程技术规范》（GB 50400—2016），对建筑与小区的雨水收集、入渗、储存与回用、调蓄排放等进行了规定。

美国在许多城市建造了由屋顶蓄水池、井、草地、透水地面等组成的雨水集蓄回灌系统，收集的雨水可直接或经处理后用于冲厕、洗车、浇绿地、消防和回灌地下。德国的生态小区雨水利用系统，通过精心设计，依靠水生植物系统或土壤的自然净化作用，将雨水利用与景观设计相结合，综合了屋顶花园、水景、渗透、中水回用等技术，建成了许多花园式建筑。我国以往布设的排水沟，无论是明渠式还是管道式，大多是不透水的，雨水被大量外排，既加大了城市市政排水压力，又流失了大量水资源。深圳市研究应用了透水入渗式排水沟，遇到小雨、小水量时可直接入渗地下，涵养水源，遇到大雨、大水量时才外排。一些科研机构研发了透水下渗式排水管道，对削减径流、增加地下水及城市防洪具有良好效果。

6.2.3 保护和重建城市水系及雨洪系统，修复城市水生态环境

水系是人类社会与自然界共生、共存、共享、共融的产物，担负着供水、纳污、防洪、

排涝以及生态环境保护和水景观建设等重任，是城市水文化的重要载体。现代城市是人口、经济、社会生活、政治、文化教育、科学信息与生态环境等因素交织在一起的动态系统，是自然景观、人文景观、现代化建筑的协调统一体。在我国城镇化进程中，城市水系存在着河道被挤占、填埋、硬化、渠化以及污染物入河等突出问题。为此，我们要在城市化生产建设过程中，根据城市水系功能和水系发展要求，采取控制城市水面率，划定城市蓝线，采用生态堤岸等措施，还河流以空间、恢复河道自然生态、营造亲水城市；科学规划并建设城市水系与雨洪资源化管理系统，保护并充分利用原有的河流、湖泊、水系、渠道、洼地等集蓄雨洪，合理规划并开辟人工湖、人工水系，使城市置于自然生态系统之中。

6.2.4　建设城市绿地特别是下凹式绿地，兼顾生态功能与滞洪功能，滞缓雨洪

城市绿地是指以植被为主要存在形态，用于改善城市生态，保护环境，为居民提供游憩场所和绿化、美化城市的一种城市用地。城市绿地包括公园绿地、生产绿地、防护绿地、附属绿地、其他绿地五大类。

下凹式绿地是指低于周边地面标高、可积蓄、下渗自身和周边雨水径流的绿地。它对拦蓄雨水径流、补充城市地下水、削减洪峰流量，滞后汇流和洪峰都有显著功效。在地势较低地段建设的运动场、公园、生态带等，遇大雨时可作为临时蓄积雨水设施，就地、就近调蓄雨洪，滞缓洪水过程，削减洪峰流量，延缓洪水外排时间，减轻市政排水管网压力。

《城市绿地设计规范》（GB 50420—2007）中，对城市绿地设计中道路、桥梁、园林建筑、园林小品、给水、排水及电气等均做了相应的规定。北京市《新建建设工程雨水控制与利用技术要点（暂行）》规定，凡涉及绿地率指标要求的建设工程，绿地中至少应有50%作为用于滞留雨水的下凹式绿地。《城市雨水利用工程技术规程》（DB 11/T 685—2009）中明确提出“绿地宜采取下凹式、设置渗透设施等措施入渗自产雨水”并规定了下凹式绿地的设计要求。

在现代西方国家，绿地与道路之间不设道牙石，降雨时地表径流能顺势流入绿地，被土壤吸收。

6.2.5　施工场地落实最严格的临时防护措施，防止扬尘和泥浆对城市环境的影响

《开发建设项目水土保持技术规范》（GB 50433—2008）提出了合理安排施工时序和进度，遇大雨和大风时减少施工；控制土石方施工，防止城市管网淤积等要求。城市建设项目活动范围相对集中，技术和人员均有保障，应全面落实临时防护措施。施工场地要用彩钢板、草袋临时拦挡，用密目网、防尘网临时苫盖，平时要洒水降尘等，在场地内设多级沉沙池、排水沟，将泥浆沉淀，防止降雨时泥土随雨洪进入市政排水管网。

6.3　城市生产建设项目水土流失防治要求

城市生产建设项目水土流失防治应按施工期、设计水平年两个时段分别进行。

6.3.1　应符合下列规定

（1）项目全过程均应控制和减少对原地貌、地表植被、水系的扰动和损毁，保护原地表植被和表土资源，减少水土资源的浪费；

（2）在施工期应尽量控制径流和泥沙外排，设置沉沙池、蓄水池等雨洪调蓄和利用设施，提高雨水的利用率；

（3）应采用下凹式绿地、绿色屋顶、生物滞留设施、透水铺装等措施，增加降水入渗量，设置蓄水池等雨洪利用和调蓄设施，综合利用地表径流；

（4）在施工期开挖、填筑、排弃的场地应采取拦挡、护坡、截（排）水等综合防治措施，并做好临时苫盖或绿化措施；

（5）取土（石、砂）、弃土（石、砂）处置，宜与其他生产建设项目统筹考虑；

（6）弃土（石、渣）应综合利用，不能利用的应按照相关规定消纳；

（7）运输渣、土的车辆应遮盖，车轮应及时冲洗，避免产生扬尘，防止泥沙进入市政排水管网；

（8）土建施工过程应完善临时防护措施；

（9）施工迹地应及时进行土地整治，恢复其利用功能。

6.3.2　应达到下列基本要求

通过布设相关水土保持措施，使项目建设可能产生的新增水土流失得到有效防控，使项目区原有的水土流失得到有效治理，从根本上减轻水土流失危害，实现蓄水、保土、生态宜居等多重目标。

确定城市生产建设项目水土流失防治具体目标时，还应注意下列事项：

（1）水土流失防治目标应按施工期、设计水平年两个时段分别进行；

（2）施工期防治目标以保土为重点，兼顾雨水的收集、利用与排放；

（3）设计水平年防治目标应兼顾蓄水、保土、生态宜居等需求。

6.4　海绵城市建设

6.4.1　海绵城市的概念

2012 年 4 月，在低碳城市与区域发展科技论坛中，“海绵城市”概念首次被提出。海绵城市是新一代城市雨洪管理概念，是指城市在适应环境变化和应对雨水带来的自然灾害等方面具有良好的“弹性”，也可称为“水弹性城市”。海绵城市可形象地指城市地表层（含包气带）要像海绵一样具有吸放水的功能，也就是说，在适应环境变化和应对自然灾害等方面具有良好的“弹性”，下雨时可以多种形式吸水、渗水、蓄水、净水和排水，需要时又将蓄存的水“释放”出来并加以利用。

海绵城市的建设应遵循生态优先原则，要将自然途径与人工措施相结合，在确保城市排洪防涝安全前提下，最大限度地实现雨水在城市区域内的积存、渗透和净化，促进雨水资源的合理利用和环境保护。

在海绵城市建设过程中，应统筹自然降水、地表水和地下水的科学调配，协调给水、排水等水循环利用环节，综合而科学地运用“渗、滞、拦、蓄、净、用、排”等方法和手段，极大地提高降水资源的利用率。

在城市化建设过程中，大量破坏植被、随意平整土地、大量硬化地面等行为破坏了地表生态蓄水滞洪功能，同时城市建设中缺乏替代蓄水滞洪的相关设施，致使原有的海绵效应陡然消失，而大量城市开发建设工程产生的水土流失又加剧了内涝灾害的发生。为改变我国城市“逢雨必涝”的现状，2014 年，中华人民共和国住房与城乡建设部（简称住房与城乡建设部）发布《海绵城市建设技术指南——低影响开发雨水系统构建（试行）》，构建低影响开发雨水系统，以期实现城市良性水文循环，提高对雨水、径流的渗透、调蓄、净化、利用和排放能力，维持或恢复城市的“海绵”功能。

6.4.2 海绵城市建设技术

《海绵城市建设技术指南》中指出，海绵城市的建设途径主要有以下几个方面：

（1）对城市原有生态系统的保护。最大限度地保护原有的河流、湖泊、湿地、坑塘、沟渠等水生态敏感区，留有足够涵养水源、应对较大强度降雨的林地、草地、湖泊、湿地，维持城市开发前的自然水文特征，这是海绵城市建设的基本要求。

（2）生态恢复和修复。对传统粗放式城市建设模式下，已经受到破坏的水体和其他自然环境，运用生态的手段进行恢复和修复，并维持一定比例的生态空间。

（3）低影响开发。按照对城市生态环境影响最低的开发建设理念，合理控制开发强度，在城市中保留足够的生态用地，控制城市不透水面积比例，最大限度地减少对城市原有水生态环境的破坏。同时，应根据需求适当开挖河湖沟渠、增加水域面积，促进雨水的积存、渗透和净化，可利用多种措施，如屋顶集水和建滞留池、调节池、植草沟、小型人工湿地等；在渗水方面的措施有渗滤沟（池）、小洼地、各式梯地、台地、花畦等。

住房与城乡建设部关于印发《海绵城市专项规划编制暂行规定的通知》中，要求各地结合实际，抓紧编制海绵城市专项规划；2019 年 8 月 1 日开始实施的《海绵城市建设评价标准》（GB/T 51345—2018），对海绵城市建设的评价内容、评价方法等做了规定，要求海绵城市的建设要保护自然生态格局，按照“源头减排、过程控制、系统治理”的理念系统谋划，采用“渗、滞、拦、蓄、净、用、排”等方法实现海绵城市建设的综合目标。

小　结

城市水土保持是针对城市生产建设过程采取的水土流失预防和治理措施，也是对原有侵蚀环境的整治及城市周围地区的水土保持和环境的绿化美化，强调保护利用水土资源，构建绿色、生态、宜居城市。城市水土流失及其防治特点：生产建设项目人为活动是造成城市水土流失的主要成因；城市生产建设活动呈现分布密集、频繁扰动的特点；城市水土流失危害具有突发性和灾难性特点；城市水土保持措施与传统水土保持有很大差异。

城市水土保持措施是指在大中城市、城市区域内，从水土流失的特点和城市居民对物质和文化的需求出发，所进行的防治水土流失、保护利用水土资源和美化环境的技术和措施。

海绵城市的建设应遵循生态优先原则，要将自然途径与人工措施相结合，在确保城市排洪防涝安全前提下，最大限度地实现雨水在城市区域内的积存、渗透和净化，促进雨水资源的合理利用和环境保护。在海绵城市建设过程中，应统筹自然降水、地表水和地下水的科学调配，协调给水、排水等水循环利用各环节，综合而科学地运用“渗、滞、拦、蓄、净、用、排”等方法和手段，极大地提高降水资源的利用率。

思考题

1. 简述海绵城市的特征。
2. 海绵城市建设技术有哪些？
3. 简述海绵城市建设技术与城市水土保持技术之间的关系。
4. 城市生产建设活动中的水土保持临时措施有哪些？

第7章　水土流失调查与水土保持规划

学习要求

掌握水土流失调查的内容、步骤和调查方法，尤其是土地利用调查、下垫面特征调查、土壤流失量调查和水土保持调查这几方面内容；掌握水土保持规划的概念、内容和工作程序；了解水土保持规划综合治理效益的估算与评价。

7.1　水土流失调查

7.1.1　水土流失调查的主要内容和工作程序

7.1.1.1　水土流失调查的主要内容

水土流失调查的内容是根据事先明确的任务而确定的，主要包括一定区域范围内影响水土流失的各种因素的调查和水土流失及其防治现状的调查等。

1. 自然因素调查

(1) 地质因素。

地质因素主要包括地质构造、地层与岩性、地震、新构造运动和地下水活动等。

(2) 地貌。

地貌对水土流失的影响，包括大、中尺度地貌和小尺度地貌的影响及各种地形因素的影响。

① 大、中尺度地貌主要是地面高程（海拔高度）和相对高差以及大、中地貌形态等。

② 小尺度地貌主要包括小地貌形态，如塬面、梁峁顶、塬坡、沟坡、沟道、山脊、山坡、冲洪积扇、阶地、水域和坡麓等。

③ 微地貌包括坡型、坡度、坡长、坡向、坡位等，是影响水土流失的直接因素，常作为水土流失预测预报中的一个主要因素来考虑。常规调查时采用的坡度分级和坡向分级如表7-1和表7-2所示。

④ 小流域（沟谷）特征与形态主要包括流域面积、流域平均长度、流域平均宽度、流域形状系数和均匀系数、沟道比降、沟谷裂度（沟占地面积）、沟壑密度（或开析度）和坡度组成等。

表 7－1　坡度分级

名称	部门	平坡	缓坡	斜坡	陡坡	急坡	险坡
坡度 /(°)	水保	<5	6～8	9～15	16～25	26～35	>35
	林业	<5	6～15	16～25	26～35	36～45	>45
备注	缓坡与斜坡的阶线划分、造林立地划分采用 15°，水土流失调查采用 8°						

表 7－2　坡向分级

四分法	阴坡	半阴坡	阳坡	半阳坡
坡度 /(°)	337.5～22.5	22.5～157.5	157.5～212.5	212.5～337.5
三分法	阴坡	半阴半阳		阳坡
坡度/(°)	337.5～22.5	22.5～157.5，212.5～337.5		157.5～212.5
二分法	阴坡		阳坡	
坡度 /(°)	247.5～67.5		67.5～247.5	
备注	表中的南北向为 0°～180°，生产上多采用二分法			

（3）气象。

气象调查主要包括降水、光照、温度和风。

① 降水。降水主要包括降雨和降雪，一般地区主要是降雨，高原地区降雪也非常重要。降水特征调查主要包括降水（雨）量、降雨强度、降雨历时、汛期雨量、一日最大降水量、一次最大降水量、降水量年际分布和年内季节分布等。

② 光照与温度。调查内容主要包括年平均气温、1 月和 7 月平均气温、极端最高温度、极端最低温度、大于等于 10 ℃的年活动积温、无霜期、冻土深度和日照时数等。

③ 风。调查内容主要包括年平均风速、春冬季月平均风速、大风日数、沙尘日数、干热风日数和风频风向，特别是主害风方向。

（4）土壤或地面组成物质。

土壤或地面组成物质调查的主要内容有土壤的类型、质地、厚度和养分（有机质、全氮、速效氮等）。土壤的类型、质地和养分可查阅土壤志或农业区划相关资料。土壤厚度可调查实测，如表 7－3 所示。

对于尚未发育为土壤的地面组成物质，一般可用风化岩壳组成说明，如风化砂质花岗岩、风化碎砾状页岩、粗骨质土状物等。

表 7－3　土壤主要厚度划分表

北方	薄土		中土		厚土	
土壤厚度 /cm	<30		30～60		>60	
南方	1	2	3	4	5	6
土壤厚度 /cm	<5	5～15	15～30	30～70	70～100	>100

（5）植被。

植被调查多采用线路调查，主要内容包括植物种类、植被类型、郁闭度（森林）、覆盖度（草或灌木）、生长状况和林下枯枝落叶层等。

植被调查也可以采用样方进行。植被类型从水土保持角度划分可粗可细，具体应根据调查目的和要求确定，一般可分为针叶林、阔叶林、针阔混交林、灌木林和灌丛草地等。

（6）水文与水资源。

水文调查包括地表径流量、不同地面入渗状况、地下水位、地下水资源（包括小泉小水）、植被耗水量、沟道洪水位、沟道冲刷情况等。

（7）其他资源。

其他资源包括矿产资源和动植物资源等。

2. 社会经济调查

（1）人口与劳力。

这部分调查的重点是人口总数、人口密度、农业人口与非农业人口、劳力总数、农业与非农业劳力、男劳力与女劳力、人口自然增长率和劳力自然增长率等。

（2）村镇产业结构与状况。

① 村镇经济，即总收入，农、林、牧、渔、工副业收入结构，用地结构。

② 农业生产，即耕地与基本农田（或基本田）、作物种类、种植结构、总产量与单产、坡耕地与基本农田建设、主要问题与经验。

③ 林业生产，即森林覆盖率，林地总面积，宜林地面积，林种与树种，林业生产主要收入来源，林业生产经营管理的水平、经验与问题。

④ 牧业生产，即草场及草场经营、牲畜存栏量、草场载畜量、舍饲情况、饲料来源、牧业收入来源、主要经验与问题等。

⑤ 渔业及水产，即水面、养殖种类（鱼、虾等）、经营状况、单产、收入、主要经验与问题等。

⑥ 工副业生产，即工副业生产门类、主导产业情况、从事工副业的劳力、工副业收入及主要来源、经营管理水平、第三产业的发展等。

⑦ 其他与农业生产相关的信息。

（3）村镇人民生活水平。

这部分包括人均收入，人均占有粮食量，人均占有牲畜量，燃料、饲料、肥料的数量，人畜饮用水量，交通道路建设和通电情况等。

3. 水土流失及其防治现状调查

（1）水土流失现状调查。

水土流失现状调查主要包括水土流失（土壤侵蚀）形式与强度分级等内容。

（2）水土流失危害调查。

水土流失危害调查主要包括水土流失对当地的危害、对下游地区的危害及大型灾害性事故的调查。调查方法以收集资料和询问为主，需要时可进行典型调查。

① 对当地危害的调查。导致土地生产力降低的因素包括对土地完整度的破坏、土壤肥力下降、作物产量下降、土地石漠化程度、土地沙化程度等。此外，调查应包括对周边生产生活与生态环境的危害，如对铁路、公路、工厂、村庄等的危害，对土地利用及其结构调整的危害，对土地耕作的危害。

② 对下游地区危害的调查。洪涝灾害采用类比法，调查相近地区治理与非治理流域的差异，从而分析洪涝灾害。此外，还应对库、湖、塘、池、凼、河道等淤积情况进行调查。

③ 对大型灾害性水土流失事件的典型调查。对大型灾害性水土流失事件，如山洪、泥石流、滑坡等进行典型调查，并做深入的分析。

（3）水土保持现状调查。

水土保持现状调查包括水土保持的历史调查、成果调查、经验调查和存在的问题调查。调查方法以收集资料和询问为主，也可进行抽样统计调查和必要的典型调查。

① 水土保持的历史调查，包括调查区内水土保持工作开展的时间、发展阶段以及各阶段的特点。

② 水土保持的成果调查，包括水土保持措施的类型、分布、面积、保存情况以及产生的效果。

③ 水土保持的经验调查，包括水土保持治理、水土保持组织领导、水土保持工程项目管理以及水土保持维护运行管理等方面的经验。

④ 水土保持存在的问题调查，包括公众对水土保持的意见、水土保持工作过程中的失误与教训、存在的困难与问题以及今后可能采取的途径与方法。

（4）水土流失调查制图。

在进行水土流失调查的过程中，规划编制必需的专题图件也是调查的重要内容之一。

7.1.1.2　水土流失调查的工作程序

水土流失调查一般按准备、调查、资料整理与分析 3 个阶段进行。

1. 准备

准备阶段包括组织准备、技术力量的准备、资料的准备和物资准备。

（1）组织准备。

根据工作任务，组织有关业务部门及领导参与制订工作计划和调查大纲，同时必须有调查区的乡、村负责人或有经验的农民参加，做到领导、技术人员和群众三结合，保证调查工作顺利开展。

（2）技术力量的准备。

参加调查的人员，在开始工作前，应进行必要的培训，培训应明确指导思想、工作内容、质量要求、方法步骤及有关技术问题。

（3）资料的准备。

① 收集调查区内的自然与社会经济基本资料。

② 收集调查区内的水土保持资料及各项定额指标。

③ 图面资料

A. 工作底图，即制作各种专题图件的基础图，也就是各种不同比例尺的地形图。具体要求是：村（小流域）比例尺为1:（5 000 ~ 10 000），乡（小流域）比例尺为1:（10 000 ~ 25 000），县比例尺为1:（25 000 ~ 50 000）。应用航片调查时，应有较新的1:（10 000 ~ 35 000）的航片、影像平面图或照片略图。允许将1:5 000地形图放大到1:25 000，再经过适当校正后，作为工作底图。

B. 专题地图，包括地质地貌图、土壤类型图、植被分布图、土地利用图和土壤侵蚀图等。

（4）物资准备。

物资准备包括调查的表格、卡片、工作用具及小型仪器等。

2. 调查

调查即根据工作任务，按照前述的有关调查内容，在调查区内进行抽样、典型或全面调查。

3. 资料整理与分析

资料整理与分析包括调查资料的检查、整理，图件的清绘与面积量算和水土流失的系统分析等。

水土流失的系统分析主要包括水土流失环境系统（自然因素和人为因素）的分析和动力系统（水力、风力、冻融、重力等）的分析。

7.1.2 水土流失调查方法

7.1.2.1 土地利用调查

1. 土地利用类型划分

依据土地的用途、经营特点、利用方式和覆盖特征等因素，我国把全国土地利用类型分为12个一级类和72个二级类，并统一了编码顺序和代表的地类，从而构成了统一分类系统（见表7-4），各地可在此分类系统的基础上再进行三级、四级分类。

2. 土地利用的调查方法

（1）全面调查法（普查或详查）。

全面调查法即对调查对象的每一地块进行调查的方法。传统的调查方法是人工实地调绘，即以1:（5 000 ~ 10 000）的地形图为底图，野外采用对坡勾绘的方法，室内清图和量算面积。现代的调查方法有两种：一是采用一定分辨率航片或高分辨率卫星影像（10 m以内的精度）或无人机成像的野外调绘，然后室内转绘比例尺大于1:10 000的地形图。二是在室内采用航片或卫星影像解译，并进行野外抽样检验。

表 7－4　我国土地利用现状分类系统①

一级类型		二级类型		含　义
编码	名称	编码	名称	
01	耕地			种植作物的土地，包括熟地，新开发、复垦、整理地，休闲地；以种植作物（含蔬菜）为主，间有零星果树、桑树或其他树木的土地；平均每年能保证收获一季的已垦滩地和海涂
		0101	水田	用以种植水稻、莲藕等水生作物的耕地，包括实行水生、旱生作物轮种的耕地
		0102	水浇地	有水源保证和灌溉设施，在一般年景能正常灌溉，种植旱生作物（含蔬菜）的耕地，包括种植蔬菜的非工厂化的大棚用地
		0103	旱地	无灌溉设施，主要靠天然降水种植旱生作物的耕地，包括没有灌溉设施，仅靠引洪淤灌的耕地
02	园地			种植以采集果、叶、根、茎、汁等为主的集约经营的多年生木本和草本作物，覆盖度大于50%或每亩株数大于合理株数70%的土地，包括用于育苗的土地
		0201	果园	种植果树的园地
		0202	茶园	种植茶树的园地
		0203	橡胶园	种植橡胶树的园地
		0204	其他园地	种植桑树、可可、咖啡、油棕、胡椒、药材等其他多年生作物的园地
03	林地			生长乔木、竹类、灌木的土地及沿海生长红树林的土地，包括迹地，不包括城镇、村庄范围内的绿化林木用地，铁路、公路征地范围内的林木，以及河流、沟渠的护堤林
		0301	乔木林地	乔木郁闭度大于等于0.2的林地，不包括森林沼泽
		0302	竹林地	生长竹类植物，郁闭度大于等于0.2的林地
		0303	红树林地	沿海生长红树植物的林地
		0304	森林沼泽	以乔木森林植物为优势群落的淡水沼泽
		0305	灌木林地	灌木覆盖度大于等于40%的林地，不包括灌丛沼泽
		0306	灌丛沼泽	以灌丛植物为优势群落的淡水沼泽
		0307	其他林地	包括疏林地（树木郁闭度大于等于0.1、小于0.2的林地）、未成林地、迹地、苗圃等林地

① 详见《土地利用现状分类》（GB/T 21010—2017）。

续表

一级类型		二级类型		含义
编码	名称	编码	名称	
04	草地			生长草本植物为主的土地
		0401	天然牧草地	以天然草本植物为主，用于放牧或割草的草地，包括实施禁牧措施的草地，不包括沼泽草地
		0402	沼泽草地	以天然草本植物为主的沼泽化的低地草甸、高寒草甸
		0403	人工牧草地	人工种植牧草的草地
		0404	其他草地	树木郁闭度小于0.1，表层为土质，不用于放牧的草地
05	商服用地			主要用于商业、服务业的土地
		0501	零售商业用地	以零售功能为主的商铺、商场、超市、市场和加油、加气、充换电站等的用地
		0502	批发市场用地	以批发功能为主的市场用地
		0503	餐饮用地	饭店、餐厅、酒吧等用地
		0504	旅馆用地	宾馆、旅店、招待所、服务型公寓、度假村等用地
		0505	商务金融用地	商务服务用地及经营性的办公场所用地
		0506	娱乐用地	剧院、音乐厅、电影院、歌舞厅、网吧、影视城、仿古城以及绿地率小于65%的大型游乐等设施用地
		0507	其他商服用地	零售商业、批发市场、餐饮、旅馆、商务金融、娱乐用地以外的其他商业、服务业用地，包括洗车场、洗染店、照相馆等
06	工矿仓储用地			主要用于工业生产、物资存放的土地
		0601	工业用地	工业生产、产品加工制造、机械和设备修理及直接为工业生产等服务的附属设施用地
		0602	采用用地	采矿、采石、采砂（沙）场，砖瓦窑等地面生产用地，排土（石）及尾矿堆放地
		0603	盐田	用于生产盐的土地，包括晒盐场所、盐池及附属设施用地
		0604	仓储用地	用于物资储备、中转的场所用地，包括物流仓储、配送中心、转运中心等
07	住宅用地			主要用于人们生活居住的房基地及其附属设施的土地
		0701	城镇住宅用地	城镇用于生活居住的各类房屋用地及其附属设施用地，不含配套的商业服务设施等用地
		0702	农村宅基地	农村用于生活居住的宅基地

续表

一级类型		二级类型		含义
编码	名称	编码	名称	
08	公共管理与公共服务用地			用于机关团体、新闻出版、科教文卫①、公用设施等的土地
		0801	机关团体用地	用于党政机关、社会团体、群众自治组织等的用地
		0802	新闻出版用地	用于广播电台、电视台、电影厂、报社、杂志社、通讯社、出版社等的用地
		0803	教育用地	用于各类教育的用地，包括高等院校、中等专业学校、中学、小学、幼儿园及其附属设施用地，聋、哑、盲人学校及工读学校用地，以及为学校配建的独立地段的学生生活用地
		0804	科研用地	独立的科研、勘察、研发、设计、检验检测、技术推广、环境评估与监测、科普等科研事业单位及其附属设施用地
		0805	医疗卫生用地	医疗保健、卫生、防疫、康复和急救设施等用地，包括综合医院，专科医院、社区卫生服务中心等用地；卫生防疫站、专科防治所、检验中心和动物检疫站等用地；对环境有特殊要求的传染病、精神病等专科医院用地；急救中心、血库等用地
		0806	社会福利用地	为社会提供福利和慈善服务的设施及其附属设施用地，包括福利院、养老院、孤儿院等用地
		0807	文化设施用地	图书、展览等公共文化活动设施用地，包括公共图书馆、博物馆、档案馆、科技馆、纪念馆、美术馆和展览馆等设施用地；综合文化活动中心、文化馆、青少年宫、儿童活动中心、老年活动中心等设施用地
		0808	体育用地	体育场馆和体育训练基地等用地，包括室内外体育运动用地，如体育场馆、游泳场馆、各类球场及其附属的业余体校等用地，溜冰场、跳伞场、摩托车场、射击场，水上运动的陆域部分等用地，为体育运动专设的训练基地用地，不包括学校等机构专用的体育设施用地
		0809	公用设施用地	用于城乡基础设施的用地，包括给排水、排水、污水处理、供电、供热、供气、邮政、电信、消防、环卫、公用设施维修等用地
		0810	公园与绿地	城镇、村庄内部的公园、动物园、植物园、街心花园和用于休憩、美化环境及防护的绿化用地

① 科教文卫指科学、教育、文化、卫生。

续表

一级类型		二级类型		含义
编码	名称	编码	名称	
09	特殊用地			用于军事设施、涉外、宗教、监教、殡葬、风景名胜等的土地
		0901	军事设施用地	直接用于军事目的的设施用地
		0902	使领馆用地	用于外国政府及国际组织驻华使领馆、办事处等的用地
		0903	监教场所用地	用于监狱、看守所、劳改场、戒毒所等的建筑用地
		0904	宗教用地	专门用于宗教活动的庙宇、寺院、道观、教堂等宗教自用地
		0905	殡葬用地	陵园、墓地、殡葬场所用地
		0906	风景名胜设施用地	风景名胜景点（包括名胜古迹、旅游景点、革命遗址、自然保护区、森林公园、地质公园、湿地公园等）的管理机构，以及旅游服务设施的建筑用地。景区内的其他用地按现状归入相应地类
10	交通运输用地			用于运输通行的地面线路、场站等的土地，包括民用机场、汽车客货运场站、港口、码头、地面运输管道和各种道路及轨道交通用地
		1001	铁路用地	用于铁道线路及场站的用地，包括征地范围内的路提、路堑、道沟、桥梁、林木等用地
		1002	轨道交通用地	用于轻轨、现代有轨电车、单轨等轨道交通用地及场站的用地
		1003	公路用地	用于国道、省道、县道和乡道的用地，包括征地范围内的路堤、路堑、道沟、桥梁、汽车停靠站、林木及直接为其服务的附属用地
		1004	城镇村道路用地	城镇、村庄范围内公用道路及行道树用地，包括快速路、主干路、次干路、支路、专用人行道和非机动车道及其交叉口等
		1005	交通服务场站用地	城镇、村庄范围内交通服务设施用地，包括公交枢纽及其附属设施用地、公路长途客运站、公共交通场站、公共停车场（含设有充电桩的停车场）、停车楼、教练场等用地，不包括交通指挥中心、交通队用地
		1006	农村道路	在农村范围内，南方宽度大于等于1m、小于等于8m，北方宽度大于等于2m，小于等于8m的，用于村间、田间交通运输，并在国家公路网络体系之外，以服务于农村农业生产为主要用途的道路（含机耕道）

续表

一级类型		二级类型		含　义
编码	名称	编码	名称	
10	交通运输用地	1007	机场用地	用于民用机场、军民合用机场的用地
		1008	港口码头用地	用于人工修建的客运、货运、捕捞及工程、工作船舶停靠的场所及其附属建筑物的用地，不包括常水位以下部分
		1009	管道运输用地	用于运输煤炭、矿石、石油、天然气等管道及其相应附属设施的地上部分用地
11	水域及其水利设施用地			指陆地水域，滩涂、沟渠、沼泽、水工建筑物等用地，不包括滞洪区和已垦滩涂中的耕地、园地、林地、城镇、村庄、道路等用地
		1101	河流水面	天然形成或人工开挖河流常水位岸线之间的水面，不包括被堤坝拦截后形成的水库区段水面
		1102	湖泊水面	天然形成的积水区常水位岸线所围成的水面
		1103	水库水面	人工拦截汇集而成的总设计库容大于等于 10 万 m^3 的水库正常蓄水位岸线所围成的水面
		1104	坑塘水面	人工开挖或天然形成的蓄水量小于 10 万 m^3 的坑塘常水位岸线所围成的水面
		1105	沿海滩涂	沿海大潮高潮位与低潮位之间的潮浸地带，包括海岛的沿海滩涂，不包括已利用的滩涂
		1106	内陆滩涂	河流、湖泊常水位至洪水位间的滩地；时令湖、河的洪水位以下的滩地；水库、坑塘的正常蓄水位与洪水位间的滩地，包括海岛的内陆滩地，不包括已利用的滩地
		1107	沟渠	人工修建，南方宽度大于等于 1m、北方宽度大于等于 2m 用于引、排、灌的渠道，包括渠槽、渠堤、护堤林及小型泵站
		1108	沼泽地	经常积水或渍水，一般生长湿生植物的土地，包括草本沼泽、苔藓沼泽、内陆盐沼等，不包括森林沼泽、灌丛沼泽和沼泽草地
		1109	水工建筑物	人工修建的闸、坝、堤路林、水电厂房、扬水站等常水位岸线以上的建（构）筑物用地
		1110	冰川及永久积雪	表层被冰雪常年覆盖的土地
12	其他土地			上述地类以外的其他类型的土地
		1201	空闲地	城镇、村庄、工矿范围内尚未使用的土地，包括尚未确定用途的土地

续表

一级类型		二级类型		含　义
编码	名称	编码	名称	
12	其他土地	1202	设施农用地	直接用于经营性畜禽养殖生产设施及附属设施用地；直接用于作物栽培或水产养殖等农产品生产的设施及附属设施用地；直接用于设施农业项目辅助生产的设施用地；晾晒场、粮食果品烘干设施、粮食和农资临时存放场所，大型农机具临时存放场所等规模化粮食生产所必需的配套设施用地
		1203	田坎	梯田及梯状坡地耕地中，主要用于拦蓄水和护坡，南方宽度大于等于 1m、北方宽度大于等于 2m 的地坎
		1204	盐碱地	表层盐碱聚集，生长天然耐盐植物的土地
		1205	沙地	表层为沙覆盖、基本无植被的土地，不包括滩涂中的沙地
		1206	裸土地	表层为土质，基本无植被覆盖的土地
		1207	裸岩石砾地	表层为岩石或石砾，其覆盖面积大于等于 70% 的土地

（2）抽样调查法。

较大区域（县域以上）可采用成数抽样的方法。传统的方法是在地形图上布点，野外调绘，室内量算面积，采用样本估计总体的方法获取整个区域的土地利用状况。现代的方法是在地形图上布点，然后转绘到遥感航片或卫星影像上，通过判读与地面抽样调查检验相结合的方法获得。

3. 土地利用现状成果汇总

在调查、面积量算、统计完结并比较检查后，应进行成果汇总。成果汇总主要包括编绘土地利用现状图和编制土地利用现状调查报告两项内容。

（1）编绘土地利用现状图。

土地利用现状图比例尺可取 1:（5 000～10 000），主要展现各地类的空间分布和构成，并对河流、村庄、道路等其他内容进行综合。图中应包括境界线、地类界及符号、线状地物等，若需要，还可有计曲线和高程点的记注；此外，还应有图廓线、图名、比例尺和指北针等内容。

编图前应按地类设计或参考有关规定要求编制土地利用图例及颜色，然后再编图。编图的顺序如下：

① 清绘底图（注意线条粗细和类型）。

② 按图斑编地类号和注记。

③ 分类上色。

④ 贴号、贴字。

⑤ 整体图幅。

（2）编制土地利用现状调查报告。

土地利用现状调查报告是调查的文字总结成果，一般由熟悉专业的负责人编写。调查报告的内容主要包括：

① 调查区域的自然与社会经济概况。

② 调查工作情况，包括人员组成、日程安排、经费、资料、技术、工作经验与存在的问题等。

③ 调查成果及质量评价。

④ 土地利用经验与问题，并提出合理的土地利用建议。

⑤ 土地利用现状调查汇总表。

⑥ 土地利用现状图。

⑦ 其他调查成果。

7.1.2.2　下垫面特征调查

1. 地貌

（1）地貌单因子调查。

① 坡度。

测量地面坡度常用测斜仪，也称测坡仪。测量时，一般由两人完成，一人站立坡顶（即坡上方），一人持测坡仪站立坡下（即坡脚），用测坡仪照准装置（有的是照准镜，有的是照准孔）照准坡顶站立者的头部，同时拨动照准装置的手柄使水平管水平（由反光镜可以看出），经反复照准与拨动，最后在仪器一侧读出的倾斜度即地面坡度。

在地形图上测量坡度时，一般先要按测量图面的比例尺大小做一坡度尺。坡度尺的制作方法如下：

A. 设若干个坡度 α（角度）值，查 $\tan\alpha$ 值。

B. 用地形图上的等高线差值做被除数，以查得的 $\tan\alpha$ 值为除数，即可得该坡度下两条等高线间的水平距离。

C. 将计算的水平距离按图的比例尺转换成地形图上的水平距离。

D. 用该水平距离与对应坡度点绘坐标，连接坐标诸点成一圆滑的曲线。曲线上任一点的纵坐标（即长度值）表示图面上两条等高线间的距离，该点的横坐标即地面量测的坡度。

在地形图面上量测坡度时应该注意，由于图面上等高线弯曲，所以先要确定一测量点，再由该点做弯曲线段的切线，最后通过确定点做切线的垂线与上、下等高线相交，用卡规（卡尺）量取这一垂线在两条等高线间的长度，再在坡度尺上截取与水平距离等长的曲线点，其对应的坡度就可查出来。

② 坡长。

现场测量坡长多用测尺直接量取。对于单一坡面，应从坡顶分水线某一点起，顺坡面倾斜线（是坡面走向线的垂线）量测至坡脚底或沟缘线，然后将其量测的斜长坡度大小转换成水平距离，即该单一坡面的坡长。对于由几个坡（度）面组成的复式坡面，则需要从上至下（即上一坡面至下一坡面）逐一进行，然后分别将转换的水平坡长相加，即该复式坡面的坡长。应该注意的是，由于不同坡面的倾向不同，因而量测各坡面的坡长线并不在一条直线上，而是构成了折线。这条折线反映了坡面径流流动的真实轨迹。

在较大比例尺的地形图上测量坡长时，先要找出分水线或坡面最大高程点以及测量的坡面；由分水线上一点或由该点高程做坡面等高线的垂线与其相交，则垂线长度即示出坡长；若等高线有弯曲，则做交点弯曲段的切线，再做其垂线与下一条等高线相交，如此反复测量垂直线的长度至沟缘线；累加这些线段长即得该坡面的坡长。

应该注意的是，所用地图的比例尺大小不一，一些低级沟谷（如黄土区的浅沟）反映不出来，而量测时坡长需要量测至沟缘线处，结果导致量测长度失真（一般均偏大），因此，最好选用比例尺不小于 1∶10 000 的地形图。

③ 坡向。

实地测量坡面的坡向时，多采用地质罗盘进行。在测量的坡面上，将罗盘长轴指向坡面倾斜方向（倾向），并使圆水准居中，此时指北针所指的方位角即该坡的坡向。例如，在北东 45°±22.5°范围内，即北东向，其他类同。

要在大比例尺的地形图上测量坡向，应先将各级沟谷底线画出，构成水路网，然后，依据等高线在每一网斑中的分布确定坡面的坡向。测量时，在每条等高线上做垂线，它与正北向坐标系的夹角，就是方位角。一般较简单的做法是：用 45°三角板，使其两直角边与图坐标系一致（即南北、东西向）；然后，将三角板平移，使其斜边与每条等高线相切，点出切点，直至最后一条等高线，连接所有切点的线即南西、南东、北西和北东 4 个方位中的一个；转换三角板的直角边，4 条方位线均可画出，其间所夹面积的坡向分别为南向、北向、东向和西向。

（2）小流域地貌调查。

① 小流域坡度和坡长。

A. 坡度。小流域坡度，又叫流域平均坡度，也称小流域地面坡度。

小流域平均坡度采用式（7－1）计算：

$$\bar{s} = \sum_{i=1}^{n} s_i f_i \tag{7-1}$$

式中：$\bar{s}$ 为小流域平均坡度；s_i 为量测的坡度值；f_i 为该坡度分布面积占全流域面积的比例数，即权数。

当地面倾斜变化并不复杂时（如黄土塬区），也可以选几个典型坡向线（或地形剖面）分别量测该线上的每段坡度和坡长（要转换成水平投影长），并求各段坡长占全部坡长的权数，再用式（7－1）算出某个典型坡面的平均坡度。同理，可以测算出所有典型坡面的平均坡度，然后依据每一典型坡面所占流域总面积的份额（由面积大小决定），再与其求得的各个平均坡度相乘累加求出流域总平均坡度。该法较简单，但要求对所占面积比例计算准确，否则误差较大。

B. 坡长。小流域平均坡长采用式（7－2）计算：

$$\bar{L} = \sum_{i=1}^{n} L_i f_i \tag{7-2}$$

式中：$\bar{L}$ 为小流域平均坡长，m；L_i 为实测坡长，m；f_i 为该坡长面积占全流域面积的权数。

小流域平均坡长量测十分烦琐。现在，人们多用坡度分布图量测出每一图斑的平均坡长，再用面积权数求出流域平均坡长；还可用已勾绘出的水道网分别量测每一网斑中的平均坡长和面积比例，再分级统计求和得到流域平均坡长。

② 小流域的沟谷密度、沟谷切割强度、沟道纵比降。

A. 沟谷密度。小流域沟谷密度采用式（7－3）计算：

$$d_g = L_g / A \tag{7-3}$$

式中：d_g 为沟谷密度（km/km^2）；L_g 为沟谷总长度（km）；A 为流域总面积（km^2）。

量算沟谷密度，先要测量沟谷总长度。沟谷总长度可以在实地用测尺测量，也可以在较大比例尺的图上量算。由于图的比例尺不一致且人们对沟谷发育认识不一致，因此，量测易产生很大的误差，因此，一般量测前需要有一个统一的标准。实践证明，量测沟谷密度的起始沟谷应为切沟，浅沟及细沟不能计入；长度在 200 m 以上量测时，不足 200 m 长的沟谷不计入。这些规定与沟谷的发育和图的比例尺有关，一般多用比例尺为 1∶10 000 的图做量测底图。

量测时，依照上述标准，从切沟至冲沟、干沟、河沟，一级一级地用卡规沿沟底线从沟头量测至交汇点。量测前，可先用铅笔勾画出沟底线并编号，这样不易混淆和遗漏。若要划分流域内沟谷密度图，则要按冲沟或干沟分区（包括分水线），然后分区、分级量测，最后，将所量测的沟长相加，再除以总面积（或分区面积），即得沟谷密度。

B. 沟谷切割强度。沟谷面积占流域总面积的百分比，称为沟谷切割强度。

沟谷切割强度采用式（7－4）计算：

$$I_g = (a/A) \times 100\% \tag{7-4}$$

式中：I_g 为沟谷切割强度；a 为沟谷面积，km^2；A 为流域总面积，km^2。

沟谷面积即为沟缘线所包围的面积。

C. 沟道纵比降。主沟道纵比降采用式（7－5）计算：

$$I = h/L \tag{7-5}$$

式中：I 为主沟道纵比降（‰）；h 为主沟道的流程高差，m；L 为主沟道的流程长度，m。

测量纵比降时可用水准进行测量，也可用近期大比例尺的地形图进行量测。无论用哪种方法测量，需要说明的是，沟头高程是指线形沟谷上的最大高程，并不包括沟头跌坎的高差。因此，当用地形图进行量测时，鉴于该跌坎常呈垂直状，所以不要把沟缘等高线的高程当作沟头高程。

2. 植被

（1）植被因子调查。

① 郁闭度。

郁闭度是乔木林（含部分灌木）冠彼此相接而遮蔽地面的程度。

郁闭度的测量应在有代表性的样地中进行。一般林地的样地设置应是10 m×10 m或30 m×30 m。在样地内，测量人员仰视天空，用测尺量出树冠覆盖面积或量出无冠层覆盖面积，然后求出树冠覆盖面积占样地面积的比例数［如果测出的为无冠层覆盖面积，则计算时应用“（1－无覆盖面积）/样地面积”计算］，该比例数即郁闭度。

由于立地条件变化大、生态环境有所不同，林木生长也有较大差异，因此，在测量郁闭度前需要对林区做一个普查，在了解林分特征的基础上，找出不少于3块的样地，对其郁闭度分别测量后，再计算出的平均郁闭度就有较好的代表性。

② 覆盖度。

覆盖度是指林地、灌木林地、草地和作物地的植物植株枝叶对地面覆盖的程度，比郁闭度广泛，适用于各类植被。

测定覆盖度多用测针法，也称网格法，是将要测定的样地每边10等分或更多，得到更小更多的（10等分为100个）样方，将测针插入每一小样方内，若有覆盖记作1，若无覆盖记作0，最后加起来除以小样方的总数，即可得到该样地的覆盖度。同郁闭度一样，覆盖度需要重复几次求出平均值。

应当说明的是，灌木林地的样地为2 m×2 m或3 m×3 m，草地和作物地的样地为1 m×1 m或2 m×2 m，并且样地重复数均不少于3块。

③ 林下地被物。

林下地被物包含枯落物（称死地被物）和草本植物（称活地被物），它们组成了蓄水保土的第二个层次。

地被物的测量是在林地普查的基础上，选出有代表性的样地，样地的大小以2 m×2 m或3 m×3 m为好，数量不少于3块，然后在样地内测量。枯落物测量有两种方法：一是在样地内用网格法划分更小的样方，然后用直尺插入枯落物层内量出保存的厚度（cm），取其平均值作为标志值；二是将样地内枯落物收集起来（包括能收集的半分解物），风干称重，换算成单位面积上的质量作为标志值。活地被物测量同前述覆盖度测量法。由于一些人工林地郁闭度较大，草本生长缓慢，有的地被物被忽略；但对生长多年的茂盛林地来说，不仅不能忽视地被物，而且地被物是评价水土保持效益的指标之一。

（2）植被群落因子的调查。

① 种类。

调查群落的种类组成时，先要确定调查样地面积。这个样地面积称为表现面积，它是指能够包括绝大多数植物种类和表现出该群落一般结构特征的最小面积。一般是先取10 m×10 m的样地，在该代表样地面积中调查登记所有植物，然后扩大调查面积，这时，种类数会有所增加；当面积再扩大，种类数很少增加或不增加，这时的样地面积即表现面积。

在种类调查中有一个确限度的概念。确限度是指一个种局限（适应）于某一类植物群落的程度，可作为区分植物群落类型的依据。各种植物适宜的生态幅度不同，适宜生态幅度广者，可生存于几种不同类型的群落中；反之，适宜生态幅度狭窄，只局限于某一类型的群落中。瑞士植物学家布朗—布朗喀归纳提出 5 个确限度等级：

A. 确限度 5——确限种，也称专有种，该种植物只见于或几乎只见于某一植物群落类型。

B. 确限度 4——偏宜种，该种最常见于某一群落类型中，但偶然也在其他群落中存在。

C. 确限度 3——适宜种，该种在多个群落类型中或多或少均繁茂生长，但只在某一群落中发育良好。

D. 确限度 2——随遇种，该种在多个群落中都能生长，而且生长良好。

E. 确限度 1——偶见种，该种株数极少，它可能是群落演替残留下来的，也可能是从别的群落入侵的偶见种。

在确定群落类型时，前 3 个等级（确限度 A ~ C）的植物种称为群落的特征种，其中确限种（确限度 E）为主要特征种，偏宜种（确限度 D）和适宜种（确限度 C）为次要特征种，它是定名群落的主要依据。

② 多度或密度。

任何一个植被群落中，某植物种在所查样地内出现的个体数量称为该植物的多度，若是单位面积上的数量则称为该植物的密度。如在调查的样地中，红松种有 100 株，则其多度为 100；若调查的样地面积为 0.25 hm^2，则其密度为 100 ÷ 0.25 = 400（株/hm^2）。

密度有绝对密度和相对密度之分。绝对密度是指该物种在单位面积上出现的实际株数，如前例中红松的绝对密度为 400 株/hm^2。相对密度是指该物种在调查样地总株数中所占的比例或百分数，如前例在样地中有各种乔木 400 株，则红松的相对密度为 100 ÷ 400 = 0.25（或 25%）。

多度或密度由样地实际调查（数株数）取得。对林下木（灌木）和草本进行调查时，由于植株矮小或密度过大，上述调查方法很难应用，只好用目测估计法。该法是用一些明显的外部特征标志，将多度分为若干等级，野外调查这些外部特征，确定其多度。我国多采用德鲁捷（Drude）提出的 7 级方案，即：

A. Soc（socials）“极多”——植株地上部分密闭，形成背景，覆盖度在 0.75 以上。

B. Cop3（copiosae3）“很多”——植株很多，覆盖度在 0.5 ~ 0.75。

C. Cop2（copiosae2）“多”——植株多，覆盖度在 0.25 ~ 0.50。

D. Cop1（copiosae1）“较多”——植株较多，覆盖度为 0.05 ~ 0.25。

E. Sp（sparsae）“尚多”——植株不多，星散分布，覆盖度为0.05。

F. Sol（solitariae）“稀少”——植株稀少，偶见一些散生植物。

G. Un（unicum）“单株”——仅见一株。

③ 优势度。

优势度是指群落中某种植物的冠层覆盖度、地上部分的体积和地上部分的质量3个指标在植被群落中所占的份额。优势度决定着群落的外貌（林相）。

④ 频度。

测定频度也是在设定的样地上进行，但要求将样地再划分为若干个小样方。例如，表现面积为400 m^2（20 m×20 m），可划分为100个小样方（2 m×2 m）或400个小样方（1 m×1 m），目的是要反映其实际的分布状况，且样方越小测量结果越好。样方划好后，观测该种植物在每一小样方中是否出现，若出现记为1，若不出现记为0，累加起来，用式（7-6）计算其频度：

$$f = \frac{n}{N} \times 100\% \tag{7-6}$$

式中：f为该物种的频度；n为该物种出现的小样方数；N为调查样地划分的小样方总数。

（3）小流域植被调查。

① 植被覆盖率。

植被覆盖率与植被覆盖度不同，植被覆盖率一般是指林草的冠层枝叶在地面的投影面积（覆盖）占统计区域总面积的百分比。当统计区域全部被林地草地覆盖时，植被覆盖率才与植被覆盖度概念等同。前者的范围大，后者专指有林（有草）的地区。

在小流域综合治理中，人们通常把植被覆盖度大于0.6的林草地面积加上植被覆盖度在0.3~0.6的林草地折算面积与片带状散生木以3 750~4 500株折算1 hm^2的面积（含草地）之和占流域面积的百分率作为流域植被覆盖率。植被覆盖度在0.3以下的通常为疏林地或未成林地，暂不计入。

② 小流域林草地调查。

A. 小班划分。依土地类型、林种、立地条件、林地特征及所属村（个人）进行，面积不足1亩的林、草地可并入周围小班中。

B. 小班调查。通常用近期1:（2 000~10 000）的地形图或航片在野外调绘。用勾绘的方法，应以明显地物或高程为参照，目测手绘小班界线，面积精度控制在85%以上。对于带状、片状林草地应用实测法（丈量法），但要注意林带宽以植株根部向两侧延展2 m为界，即地块界，同时测量小班坡向、坡度、生长及权属、龄级、树高、胸径、密度、郁闭度（覆盖度）、产量、生长及经营等状况，编号记入调查卡片中（见表7-5）。对于村庄周围及其他地方生长的四旁散生树，应实地按树种和株数统计。

表 7-5　小班记录卡

编号			位置（或权属）			
立地条件	坡向		坡度/(°)			
	坡位		海拔 /m			
土壤	种名		厚度 /cm		主要特征	
林分特征	树种组成		优势树种		树龄	
	平均高度		平均胸径		平均密度	
	郁闭度		林下覆盖度		枯落物厚度	
生长状况						
产量（材积、果品及其他）						
病虫害情况						
经营管理						
其　他						

记录：　　　　　　　　　　　　审核：

C. 外业调查。按分区和方向逐块进行，并实时校核，以免遗漏地块，缺少调查项目。

D. 面积量算与统计。第一步，量算前首先要检查图面小班与记录卡是否一一对应，然后再详细查阅小班界线是否清晰、准确，并清绘界线。第二步，量算面积，具体方法已在土地利用调查中说明，这里要强调的是先做一级和二级控制量算，算出林草地控制面积后（林草地多在沟谷中），再逐一量算每小班面积，最后进行面积平差。第三步，对小流域内林草地分别统计汇总（见表 7-6）。

表 7-6　小流域内林草用地统计表（hm^2 或株）

单位（村或个人）	总土地面积	林业用地																四旁散生树	草地			林草覆盖率（%）
		合计	有林地						灌木林	疏林地	未成林造林地	苗圃	无林地						合计	天然草地	人工草地	
			天然林	防护林	用材林	经济林	薪炭林	特用林					合计	封山育林	林间空地	其他						
……																						
总计																						

制表：　　　　　　　　　　　　核实：

3. 地面组成物质调查

(1) 土壤质地。

我国水利工程部门在现场利用视觉、触觉、嗅觉或一些常带与易得的工具（放大镜、小刀等）对土质进行鉴别，称为土的现场分类法。现场分类鉴别特征如表7－7所示。

表7－7　土的现场分类鉴别特征

土类	用手搓捻时的感觉	用放大镜及肉眼观察搓碎的土	干时土的状态	潮湿时土的状态	潮湿时将土搓捻的情况	潮湿时用小刀切削的情况	其他特征
黏土	极细的均质土块，很难用手搓碎	均质细粉末，看不见沙粒	坚硬，用锤能打碎，碎块不会散落	黏塑的，滑腻的，黏结的	很容易搓成细于0.5 mm的长条，易滚成小土球	光滑表面，土面上看不见沙粒	干时有光泽，有细狭条纹
壤土	没有均质感觉，感到有些沙粒，土容易压碎	从它的细粉末中可以清楚地看到沙粒	用锤击和手压，土块容易破碎开	塑性的，弱黏结性的	能搓成稍比黏土粗的短土条，能滚成小土球	可以感觉到有沙粒存在	干时光泽暗沉，条纹较黏土粗而宽
黏质壤土	沙粒的感觉少，土块易压碎	沙粒很少，可以看见很多细粉粒	用锤击和手压，土块容易破碎	塑性的，弱黏结性的	不能搓成很长的土条，而且搓成的土条易破裂	土面粗糙	干时光泽暗沉，条纹较黏土粗而宽
沙壤土	土质不均匀，能明显地感到沙粒，稍一用力，土块即被压碎	沙粒多于黏粒	土块很容易散开，用手压或用铲子铲起丢掷，土块散落成土屑	无塑性	几乎不能搓成土条，滚成的土球容易开裂和散落	—	—
沙土	只有沙粒的感觉，没有黏粒的感觉	只能看见沙粒	松散的，缺乏胶结	无塑性，成流体状	不能搓成土条和土球	—	—
粉土	有干面似的感觉	沙粒少，粉粒多	土块极易散落	成流体状	不能搓成土条和土球	—	—
砾质土	大于2 mm的土粒很多，当其含量超过50%时，称为砾石	磨圆的称为圆砾，有棱角的称为角砾	—	—	—	—	—

（2）土壤结构。

美国农业部推荐的霍奇森土壤结构鉴定表（见表7－8），可在野外调查时参考。

在观测土壤结构时，常要考虑土壤的胶结情况及其塑性，为此，一并列出霍奇森的野外土壤胶结程度测验方法（见表7－9）和土壤最大可塑性简易测验方法（见表7－10）。

表 7-8　土壤结构（形状、大小）鉴定表

大小	粒状	次角状块体	角状块体	棱柱状	片状
细	细粒状（<2 mm）	细次角状块体（<10 mm）	细角状块体（<10 mm）	细棱柱状（<20 mm）	细片状（<2 mm）
中等	中等粒状（2~5 mm）	中等次角状块体（10~20 mm）	中等角状块体（10~20 mm）	中等棱柱状（20~50 mm）	中等片状（2~5 mm）
粗	粗粒状（5~10 mm）	粗次角状块体（20~50 mm）	粗角状块体（20~50 mm）	粗棱柱状（50~100 mm）	粗片状（5~10 mm）
特粗	特粗粒（>10 mm）	特粗次角状块体（>50 mm）	特粗角状块体（>50 mm）	特粗棱柱状（>100 mm）	特粗片状（>10 mm）

表 7-9　土壤胶结程度测验方法（1974 年）

表述术语	测 验 及 结 果
非胶结	在水中浸泡 1 h 即分散
极弱胶结	手指用力捏即可使其破碎（力小于 80 N）
弱胶结	手指用力捏不能使其破碎，但将其放在硬平面上，用脚能将其踩碎（力在 80~800 N）
强胶结	能承受一般人重踩踏，但用锤击时（约 3 J）即破碎。方法为：在 0.3 m 高处（由物重确定）向标本落下已知质量的物体（锤等）
极强胶结	在 3 J 能量的打击下不破碎

表 7-10　土壤最大可塑性简易测验方法（1974 年）

表述术语	测 验 及 结 果
不可塑	不能做成 40 mm 长、6 mm 粗的土条
弱可塑	能做成 40 mm 长、6 mm 粗的土条，且能承受自身重力，但粗 4 mm 的土条不能承受自身重力，提起即断
中等可塑	能做成 40 mm 长、4 mm 粗的土条，且能承受自身重力，但粗 2 mm 的土条不能承受自身重力
强可塑	能做成 40 mm 长、2 mm 粗的长条，且能承受自身重力，提起不断

(3) 土壤颜色、层次与母岩风化。

① 土壤颜色。

土壤颜色受土壤水分含量影响很大，水分越多，颜色越深，相反，干燥时颜色要浅些，因此，观测时要说明土壤的湿润情况，并在散光情况下（避免太阳直射）对照比色值观测记录。当缺少比色值时，可记录粉红色、红色、黄色、棕色、橄榄色、绿色、蓝色、白色、灰色和黑色 10 种颜色。

② 土壤层次的划分。

在土壤调查、测量厚度和分析土样时，都需要对土壤进行层次划分。从土壤发生学要求出发，一般土壤（自然土壤）有枯枝落叶层（L），有机残落物层（O），矿质层（A、B、C）及基岩母质层（R）。我国有几千年的耕垦历史，土壤流失严重，使L、O两层在农作区已不复存在，仅在活动弱的原始林区存在。为了正确分层，结合耕作土的特性，下面将简述各层特征：

A. 枯枝落叶层（L）。该层为前一年落下的新鲜枯枝落叶堆积，肉眼可辨识其原来的器官形态。

B. 有机残落物层（O）。该层有部分分解的枯枝落叶层，称为半分解层或发酵层（F）；当全部分解物与矿物质混合在一起时，称为全分解层或腐殖质层（H）。F层是部分分解的黄褐、褐色动植物残体，多呈纤维状，密布菌丝，互相缠结，仅留叶脉和部分残片。H层是由充分分解的无定形的有机物质组成的，呈深褐、黑色，其粉末如泥，完全不能识别植物原来的器官形态。

C. 矿质层（A、B、C）。该层含有腐殖化的有机质团，或经耕作有机质含量较高，植物根系密集，占根总量60%以上，称表土层或淋溶层（A）。生物活动影响小，有机质含量少，根系分布占20%~30%，结构差，淋溶作用弱，有明显的淀积现象，称心土层或淀积层（B）。生物活动影响微弱，根系极少或没有，属未固结或弱固结的矿质层，一般保持母质性质，称死土层或母质层（C）。

D. 基岩母质层（R）。该层未受成土作用的影响，为含有裂隙的坚硬基岩（R）。

7.1.2.3　土壤流失量调查

水土流失调查主要依据抽样调查的统计学原理来进行，即调查有代表性的典型事件（如典型地段、典型时段等），经过统计分析找出一般规律。调查样本的多少，视工作任务、性质、要求及实际情况而定，通常不应少于小样本的统计要求。调查方法主要有水文法、淤积法、测针法、地貌学方法和摄影测量等。以下将主要介绍水文法、淤积法、测针法、地貌学方法。

1. 水文法

水文法是以实测的水文资料为依据，分析计算出某流域在某时段水土流失的平均特征值、最大特征值和最小特征值的方法。

我国各大河系均有多级水文站、网，气象、径流、泥沙观测资料较齐全，分布于各级水系的上、中、下游。这些水文站、网控制各大江河的主要断面，为国民经济提供的水文资料有些已编成《中华人民共和国水文资料年鉴》，可供查找。通常，这些水文站控制面积均在数百平方千米以上，为研究较大范围的土壤流失创造了条件。

2. 淤积法

淤积法是通过量测大大小小的水库、塘、坝以及谷坊等拦蓄工程的拦淤量和集水区的调查，计算、分析土壤侵蚀量或拦泥沙量的方法。

利用淤积法调查土壤侵蚀，要特别注意拦蓄年限内的情况调查，如拦蓄时间，集流面积，有无分流，有无溢流损失、蒸发、渗透及利用消耗量等。对于水库淤积调查，若有多次溢流，或底孔排水、排沙，就难以取得可靠的资料成果。

(1) 有水库（坝）实测的设计基本资料。

水库（坝）实测的设计基本资料包括库区大比例地形图、库（坝）断面设计、库容特征曲线、建库及拦蓄时间、水库（坝）的运行记录（放水时间、放水量、水库水面蒸发、渗漏及库岸崩塌等）以及设计时水文和泥沙的计算等。水库（坝）既有这些基本资料，又有排洪、排沙记录，是十分理想的调查对象。

① 水沙量平衡法。

某一时段内水库（坝）的上、下游进程（坝）与出库（坝）的水、沙量之差等于该时段库（坝）的拦蓄量，即：

$$W = W_{上} - W_{下} \tag{7-7}$$

② 地形图法。

实测库（坝）的淤积状况的大比例尺地形图，先分层量算水体积（方法是：量算每两条相邻等高线所围面积的平均值，再乘以等高距量水的容积），再从总蓄积库容中减去水体积，从而得出淤积库容体积，即：

$$W_{总蓄} - W_{蓄水} = W_{淤积} \tag{7-8}$$

③ 横断面法。

对库区布设固定的横断面进行多次量测，并绘制各横断面图，利用相邻两断面的平均值与断面距之积求容积的原理，计算出淤积体积，即：

$$W_{淤} = \frac{1}{2}\sum (w_i + w_{i+1}) l_{i-i+1} \tag{7-9}$$

式中：l_{i-i+1}为相邻断面间的长度，m；w_i，w_{i+1}为相邻两断面的淤积面积，m^2，它由平均淤积厚度（$\bar{h}$）和断面平均长度（$\bar{l}$）算出，即：

$$w = \overline{hl} \tag{7-10}$$

实践表明，上述方法均可得到满意的结果。水沙量平衡法多限于大型骨干工程，一般中、小流域不具备条件，难以应用；地形图法，精度较高，但工作量较大，可做重点库（坝）研究用；横断面法，方法简便，又能取得各时段的淤积量，所以被广泛采用。

(2) 无库区基本资料。

对无库区基本资料的小型库（坝）的调查需要补充基本情况调查，如集水面积、蓄积年限、原来地形或地形图、工程基本尺寸和标高等，在此基础上确定调查研究方法，然后着手调查。

通常，调查的方法有以下几种：

① 断面法。

断面法同有库区资料的调查的方法大致相同，不同的是常把第一次施测的各断面作为调查研究前的基础，而后再施测，就可得到该时段的流失量。

② 测钎法或挖坑法。

测钎法或挖坑法的原理同断面法，但把测深的方法改成用测钎量测（或挖坑量测），一般适用于无水蓄积的坝、少水的窖和池或淤积较浅的坝。该方法可通过量测淤积厚度计算出某时段集水区的总泥沙量。

③ 地形类比法。

地形类比法是利用沟谷地形逐渐演变的相似原理，由已知形态推求淤积形态的方法。在黄土区的大切沟、冲沟中常有诸如过路坝、挡洪坝、拦泥坝等工程，这类工程可发挥重要的水土保持作用，拦蓄效益十分明显，调查它们的拦蓄量可以补充重要的侵蚀资料。

3. 测针法

测针法是指将细长光滑的金属杆（测针或测钎）插入坡面或沟谷（细沟、浅沟、切沟、冲沟）底部，观测测针出露或埋淤的高（深）度，从而推算出坡面，沟床冲、淤侵蚀状况的方法。

测针法通常用于难以进行定量观测的陡坡或冲淤交替的地区，如泻溜面剥蚀观测，切、冲沟床变化的地区。在不受人为干扰的地区可大范围布设，如沙漠、林区、草原和沟坡等，长时期观测能够获得非常有价值的资料。

使用测针法时要注意，流水或风在遇障后会改变流态及性质，所以测针应尽可能细小光滑，但要有一定的强度，不易被弯曲或折损，以减少阻力和避免挂淤污物。测针长度视剥蚀（淤积）强度而定，一般为十几厘米到几十厘米，有的长1 m以上。利用测针测量时，有的还附带一个如垫圈的金属片，金属片中心有一个小孔，其孔径略大于测针直径，与测针串在一起，可以上下移动，有了金属片，测量精度更加可靠准确。测针的布设多采用方格网状排列，当在沟谷中布设时，沿纵横断面成排排列，间距视地表变化和量测要求而定，一般以不超过10 m为好。

测针布设后，依次编号并记录布设出露的长度，经过一次侵蚀后，重新量测出露长度（或金属片埋淤深度），就可得到该次侵蚀量。

除利用测针法原理外，现在土壤侵蚀调查中还可通过色环法，埋桩法，利用古文化遗迹、树根出露的考古法等调查侵蚀状况。

4. 地貌学方法

野外调查常用的地貌方法有侵蚀沟测量法、相关沉积法和侵蚀地形调查法等。

（1）侵蚀沟测量法。

具体方法是选择有代表性的地段，划定包括全部集水面积的沟谷出露范围，用皮尺或测绳在全坡面的上、中、下游分设量测断面（亦可等距离设量测断面），量测每一断面全部紊沟、细沟的深度和宽度，算出断面沟谷平均冲刷深度和宽度，然后再量测沟谷曲线长，计算出侵蚀总体积，从而得出该区土壤侵蚀量。

等距离布设断面时，计算公式为：

$$\left.\begin{aligned} V_{沟} &= \frac{\sum S_1 + \sum S_2 + \cdots + \sum S_n}{N} \cdot L \\ M &= V_{沟}\gamma / BL \end{aligned}\right\} \tag{7-11}$$

式中：$\sum S_1, \sum S_2, \cdots, \sum S_n$ 为 1，2，…，n 断面量测沟谷面积求和，m^2；B 为调查范围宽，m；L 为调查范围长，m；N 为量测断面数；γ 为泥沙容重，通常黄土为 1.25～1.35 g/cm^3。

由于地表微地形变化大，常受人为活动影响，且调查多在暴雨后进行，因此该法常作为小范围的调查方法，或作其他方法的补充调查，以区分不同情况下的土壤侵蚀量。

该法也可用于整个沟谷系统，不过需要对沟谷形成和发展有深入的研究，这样才具有意义。

（2）相关沉积法。

相关沉积法是利用侵蚀搬运堆积物的数量作为侵蚀区域的侵蚀数量。广义上来看，上述水文法、淤积法均属此法，这里指对堆积物的量算，如考察华北平原的堆积体，估算黄河中、上游的多年土壤侵蚀状况，量测山前洪积扇的堆积数量，确定该流域山地的剥蚀速率等。

在小范围的土壤侵蚀调查中，相关沉积法主要用于沟坡重力侵蚀和沙化风蚀方面。

① 沟坡重力侵蚀。

滑坡（滑塌）、崩塌（错落）、泻溜、土溜、泥石流等重力侵蚀的发生常带有突发性或持续性。从开始产生裂缝起（有的裂缝产生时间难以观察），直到发生位移为止，为它的发育期；接着发生位移，堆积在坡脚。计量滑坡体、崩塌体等就知沟谷内该地段的侵蚀总量。

由于针对重力侵蚀发生规律的研究目前还不深入，所以上述调查数量还不能直接用来计算沟谷侵蚀模数（泻溜除外），因此，该方法仍在改进。美国采用的方法：在沟谷中设立若干控制横断面，并对其进行高精度的监测，从而确定沟谷发展速率和侵蚀强度。我国近几年利用不同期的航片判读，定量研究沟谷侵蚀。

用相关法研究泥石流的堆积物，在黄土区需要注意所搬运的松散物质多由滑坡崩塌或泻溜形成，尽管泥石流在下泄搬运途中存在刻蚀（下切）和侧蚀，但一般来说数量有限，所以量算时要多方验证，以免夸大侵蚀调查结果。

② 沙化风蚀。

调查沙化面积扩展速度及积沙厚度的变化，能够反映风沙活动和风蚀程度。在调查的同时设置测针（当然还有其他方法），能够摸清沙源，从而确定区域的风蚀强度。

（3）侵蚀地形调查法。

侵蚀地形调查法是普遍采用的方法之一，早在 1962 年，朱显谟先生就曾根据土壤发育层次厚度、地形坡度、植被覆盖度、沟壑面积百分比来确定土壤的侵蚀强度。嗣后，经过大量的试验研究与验证，侵蚀地形调查指标才逐步完善。

1984 年水利部总结上述成果，颁布了我国黄土区水力侵蚀强度分级标准及各级指标，为侵蚀地形调查法提出了一个统一的规范。

7.1.2.4 水土保持调查

水土保持调查主要包括实施的水土保持措施及其效益两方面，在区域研究中还有水土保持经验、存在的问题及开展水土保持工作的意见等调查。本部分将重点讨论水土保持措施和效益调查，以便估算流域水土流失量。

1. 水土保持措施调查

开展水土保持措施调查是要查清这些措施实施和保存的面积、分布状况、各项工程的数量和质量、林草的生长及管理状况。

调查的方法通常与土地利用现状、水土流失下垫面因素和水土流失调查相结合，现场勘察，逐块进行，同时勾绘草图，检验质量，做详细记录，最后在室内进行图面量测、清绘整理和分析统计，从而得出各措施的实施数量（含面积）、保存数量（含面积）、质量状况（含林草覆盖度）及分布状况。

应该说明的是，因保持水土机理不一致，所以各种水土保持措施的质量等级划分是一项十分复杂而细致的工作。截至目前，尚缺乏质量等级划分标准，这给调查质量带来了一定困难。各地在调查中可依据措施的水土保持效益或措施的保存完好率及其他标准，粗略地划分出质量良好、质量中等和质量差3个等级，然后进行调查和统计。

2. 水土保持效益调查

小流域水土保持效益的调查和计算，是在上述水土保持措施调查之后，在对各项治理措施的质量和配置有了较全面的了解的基础上，才能依据典型试验资料进行分析计算的。对于缺少试验观测的地区，也可通过典型调查获取基本资料，然后再进行估算。就蓄水保土效益来讲，下列方法可供参考。

（1）成因分析法——水土保持法。

该法认为流域的减水减沙是由各项水土保持措施引起的，因而流域的水土保持效益应是各项措施减水、减沙总量之和。

（2）流域对比法——水文法。

该法是利用设在流域出口的径流站观测的径流泥沙资料进行对比分析得出蓄水保土效益的。若在治理流域和未治理流域的出口分设两个站，同步观测（两流域基本情况相似，具有可比性，相距又不太远），则可将两站同期观测的径流量和泥沙量直接对比（当面积相差大时，可换算到单位面积上），算出减水量、减沙量，称为横向对比。若仅在治理流域沟口设站，但需要在未治理期（治理前）有一段时间的观测（至少在3年以上），这样把前后两个时期的平均径流量和输出泥沙量做对比，也能得出治理流域的减水量、减沙量，称为纵向对比。纵向对比由于不同期无法保障降水的一致性，因而常需要做降水订正后方能进行对比。

（3）典型调查法。

若缺乏各措施的蓄水减沙指数，又未设立径流观测站，就需要用典型调查法来解决。对没有治理的坡面、沟道的水土流失数量由上一节的野外调查方法可以得到；对已实施治理的各措施，可通过前面调查进行质量分类，即质量好的、质量一般的和质量差的。计算时，应分别选一两个典型调查（访问）流失量和拦蓄量，以能够估算出蓄水减沙指数。有了蓄水减沙指数和治理面积，就可算出流域总的减水量、减沙量。

一般来说，在流域的效益计算中多采用两种以上的方法计算，这样可以相互检验，提高可靠性。

7.2 水土保持规划

7.2.1 水土保持规划的种类和作用

按规划对象不同，水土保持规划可分为区域性水土保持规划和流域水土保持规划两种类型。

7.2.1.1 区域性水土保持规划

区域性水土保持规划是以省、地、县为单元进行的水土保持规划。其基本任务是：在综合考察的基础上，按照水土保持区划，划分出若干不同的水土流失类型区，然后根据各个类型区的自然、社会经济及发展要求，分别确定一定时期内当地的生产发展方向、治理措施布局、治理目标、治理进度和治理效益，确定各区的主要建设项目，提出分期实施意见。

7.2.1.2 流域水土保持规划

流域水土保持规划是以一个完整的流域为单元进行的水土保持规划。其基本任务是：根据省、地、县区域规划指出的方向和要求，结合流域的条件，具体确定农林牧业生产用地的比例和位置，布置各项水土保持治理措施，安排各地治理工作所需的劳力、物资、经费和进度等。

7.2.2 水土保持规划的指导思想、原则和主要内容

7.2.2.1 水土保持规划的指导思想

认真落实党中央、国务院关于生态文明建设的决策部署，树立尊重自然、顺应自然、保护自然的理念，坚持预防为主、保护优先，全面规划、因地制宜，注重自然恢复，突出综合治理，强化监督管理，创新体制机制，充分发挥水土保持的生态、经济和社会效益，实现水土资源可持续利用，为保护和改善生态环境、加快生态文明建设、推动经济社会持续健康发展提供重要支撑。

7.2.2.2 水土保持规划的原则

在水土保持规划中，应遵循以下原则：

（1）坚持以人为本，人与自然和谐相处，注重保护和合理利用水土资源，以改善群众生产生活条件和人居环境为重点，充分体现人与自然和谐相处的理念，重视生态自然修复。

（2）坚持整体部署，统筹兼顾对水土保持工作进行整体部署，统兼顾中央与地方、城

市与农村、开发与保护、重点与一般、水土保持与相关行业的发展。

(3) 坚持分区防治，合理布局在水土保持区划的基础上，紧密结合区域水土流失特点和经济社会发展需求，因地制宜，分区制定水土流失防治方略和途径，进行科学合理的布局和配置措施。

(4) 坚持突出重点，分步实施，充分考虑水土流失现状和防治需求，在水土流失重点预防区和重点治理区划分的基础上，突出重点，分期分步实施。

(5) 坚持制度创新，加强监管，科学分析水土保持面临的机遇和挑战，创新体制，完善制度，强化监管，进一步提升水土保持社会管理和公共服务水平。

(6) 坚持科技支撑，注重效益，强化水土保持基础理论研究、关键技术攻关和科技示范推广，不断创新水土保持理论、技术与方法，加强水土保持信息化建设，进一步提高水土流失综合防治效益。

7.2.2.3 水土保持规划的主要内容

依据水土保持规划的目的和任务，水土保持规划的主要内容应包括以下各项。

1. 水土保持综合调查

这是进行水土保持规划的基础工作，主要是调查分析规划范围内的基本情况，包括自然条件、自然资源、社会经济情况和水土流失特点4个主要方面；同时调查总结水土保持工作的成就与经验，包括开展水土保持的过程、治理现状（各项治理措施的数量、质量、效益）、水土保持的技术措施经验和组织领导经验、存在的问题和改进意见等。

2. 社会生产发展预测

社会生产发展预测主要包括人口增长预测、农产品需求量预测、农业生产水平预测、各类土地需要量预测、乡镇企业的发展预测等。其中，人口增长预测与农产品需求量预测最为重要。

3. 土地利用规划

在水土保持规划中，土地利用规划是水土保持各项治理措施规划的基础，是水土保持规划中必不可少的重要组成部分。土地利用规划可对农、林、牧等各业用地和其他用地的数量及位置进行合理安排，以便在此基础上科学地采取各项治理措施。

4. 水土保持治理模式设计

治理模式指一个区域或流域的生态经济发展方式和途径。治理模式设计要求从宏观上确定治理对象的生态和经济发展方向、发展规模及发展途径，其设计遵循生态经济规律，坚持以农业生产为核心、与全面规划总体协调一致和保护环境的基本原则。

5. 水土保持措施规划

水土保持措施规划应根据规划单元范围的生产发展方向和土地利用规划，具体确定治理措施的种类、数量、平面布局、建设规模和治理进度。以大流域、支流、省、地、县为单元进行的区域性水土保持措施规划，除进行宏观的调查研究外，还必须在每个类型区选取若干条有代表性的小流域进行典型规划，点面结合，编制各类型区及整个规划单元的措施规划，提出治理措施的种类和数量。以小流域为单元进行的水土保持规划，则应按乡、村等为单元提出治理措施的种类、数量、平面布局、建设规模和治理进度。

6. 治理进度安排

治理进度安排的目的在于加强治理工作的计划性，避免盲目性，以便有计划地准备物资、安排劳力。安排治理进度是一项复杂而细致的工作，搞不好就会使进度规划流于形式。因此，在安排治理进度时，既要考虑规划提出的治理总任务，又要考虑当地人力和物力等条件，经过劳力平衡和全面分析研究，做出切合实际的安排。

7. 综合效益分析

综合效益分析就是对各项水土保持治理措施的蓄水保土效益、经济效益、生态效益及社会效益进行详细计算或估算，同时进行整个规划方案的经济效果分析，得出总投资、总效益及效益的回收期等指标，以此对所做的水土保持规划进行综合评估。

7.2.3　水土保持规划的方法与工作程序

7.2.3.1　水土保持规划的方法

水土保持是一项综合性很强的工作，内容丰富而广泛。在不同的类型区，规划的内容、项目也有所侧重。在水土保持规划工作中常用的主要有 4 种方法：

1. 专业技术人员和当地干部群众相结合

专业技术人员具有丰富的专业理论知识和一定的实际工作经验，当地干部群众对本地情况熟悉，两者结合可以互相补充、取长补短。同时，使用规划成果的是当地干部群众，如果他们能自始至终地参加，可以加深对规划的全面了解，有利于规划的实施和执行。

2. 全面普查和典型调查相结合

全面普查有助于对整个规划地区进行全面了解，诸如自然特点、土地利用概貌、农业生产结构和布局、地区差异及存在的问题等，为规划工作奠定基础。典型调查是在规划区内选择有代表性的几个乡、村或小流域进行典型调查，以便更深入地了解问题，提出适宜的解决方案。典型调查时，工作要细，项目要齐全，如各种定额、指标、投资、效益和产量等，都要进行详细的调查，经过分析研究，才能比较全面地掌握规划范围内水土流失的特点、程度以及土地利用方面的问题，为规划打下良好的基础并提出依据。同时，典型调查有助于掌握细节的情况。

3. 单项分析与综合研究相结合

要调查研究土地利用和水土保持现状、存在的问题和规划远景，布局时，要结合本地的具体情况，按部门一个一个地进行分析研究，在分析现状的基础上，根据需要与可能，分别提出农、林、牧、副各业今后的发展方向，各类用地规模与布局，水土保持措施的安排，并落实到地块，这即所谓的单项分析。但是，单项分析往往会在土地利用、措施配置、资金使用等方面发生矛盾，因此必须做好综合研究和综合平衡工作。综合研究和综合平衡是把规划单元作为一个整体、一个全局，在控制水土流失和发展生产的原则下，因地制宜，统筹兼顾，保证重点地协调各部门之间、需要与可能之间、近期和远期之间、上下游和左右岸之间、生物措施与工程措施之间的关系，必要时还要协调平衡地区的差异，以达到区域内各部门、各行业协调发展。

4. 定性分析与定量分析研究相结合

在进行水土保持规划时，要根据水土流失的特点和土地利用方面存在的问题提出今后的发展方向，然后确定各项生产发展的数量、规模和进度安排等。

7.2.3.2 水土保持规划的工作程序

水土保持规划的一般工作程序可分为3个阶段。

1. 规划的准备工作

这部分内容与水土流失调查基本相同。

2. 外业调绘、调查和现场初步规划

在这一阶段，规划人员要利用准备好的工作底图赴现场或室内进行小班调绘，并针对每个小班进行水土保持综合调查，做出小班的初步规划方向等。

3. 内业整编和规划调整

内业整编和规划调整包括外业调查资料的整理、土地利用现状图的清绘及面积量算、统计和整理，社会生产发展预测及土地利用规划，水土保持措施（包括工程、林草、耕作3大措施）规划，进度安排及效益分析，规划报告的编写和规划图件的绘制。

7.3 水土保持规划综合治理效益估算

《中国水利百科全书·水土保持分册》中指出，水土保持效益是指在水土流失地区通过保护、改良和合理利用水土资源及其他再生自然资源所获得的生态效益、经济效益和社会效益的总称。实际操作时，水土保持规划综合治理效益估算是对实施水土保持措施后所获得的利益或收益进行预测和计算。

进行效益计算时，通常应遵循以下原则：

① 效益计算期根据治理措施的使用年限确定，一般取20~30年；对于某些使用年限较短的措施，可用几个周期计算。

② 计算采用的数据应经过分析和核实，要翔实可靠。在引用其他流域的调查观测资料时，应注意两者的自然和社会经济条件基本一致或有较好的相关性。规划阶段最好采用某一地区的规范定额。

③ 各项治理措施均从开始生效之年计算效益。梯田、保土耕作措施和小型蓄水保土工程的保水、保土效益，保土耕作措施的增产效益，自实施之年开始计算；梯田的增产效益，在生土熟化后，确有增产效益时开始计算。植树、种草采用水平沟、水平阶、反坡梯田等整地工程的，其保水、保土效益，从实施之年开始计算，没有整地工程时，一般灌木从第三年起计算，乔木从第五年起计算，种草从第二年起计算；其经济效益应在开始有果品、枝条、饲

草等收益时开始计算。封禁治理的保水、保土效益和经济效益，可从封禁后第三年起计算。

④ 对多个项目产生的综合效益，应根据水土保持措施的作用和效益确定其效益分摊系数。

7.3.1 水土保持规划综合治理效益的种类

水土保持效益的含义非常广泛，它既有直接效益又有间接效益，既有单项效益又有整体效益，既有近期效益又有长期效益。《水土保持综合治理效益计算方法》（GB/T 15774—2008）中将水土保持效益划分为调水保土效益、经济效益、社会效益和生态效益 4 类，它们之间的关系是：在调水保土效益的基础上产生经济效益、社会效益和生态效益。

调水保土效益指的是实施水土保持措施后，将降水、地面径流和土壤保持在某一限定地段变害为利而取得的效益。社会效益指的是实施水土保持措施后给国家带来的效益，包括减免国民经济损失的效益。生态效益是指实施水土保持措施后，改善和保护了生态环境条件，并由此而产生的某种效益，如水、土、气、热资源的利用，消除污染，保护土地肥力等所带来的促进农、林、牧业发展而取得的收益。经济效益指的是实施水土保持措施后，各项措施的蓄水保土作用提高了土地生产力，从而获得满足社会需要的物质财富。这里主要指产品和劳务，它通过分配和交换显示其使用价值，并可用货币形式来体现，它增加的产品和产值由当地实施者直接受益。

7.3.2 水土保持规划综合治理效益的分析与评价

7.3.2.1 调水保土效益计算

1. 水保法

（1）流域实施治理后，减沙量、蓄水量的计算式为：

$$W = W_1 + W_2 = \sum M_W A I_W + \sum V_W a \tag{7-12}$$

$$M = M_1 + M_2 = \sum M_S A I_M + \sum V_M a \tag{7-13}$$

式（7-12）和式（7-13）中：W 为流域实施治理后的蓄水总量，m^3；M 为流域实施治理后的减沙总量，t；W_1 为流域实施治理后坡面各种工程措施蓄水总量，m^3；M_1 为流域实施治理后坡面各种工程措施减沙总量，t；W_2 为流域实施治理后沟谷各种治理措施蓄水总量，m^3；M_2 为流域实施治理后沟谷各种治理措施减沙总量，t；M_W 为坡面某项措施实施前的径流模数，m^3（km^2 · 年）；M_S 为坡面某项措施实施前的侵蚀模数，t/（km^2 · 年）；A 为坡面某项措施的面积；I_W，I_M 为坡面某项措施的减流系数、减沙系数；V_W，V_M 为沟谷某项工程措施的平均蓄水体积和拦淤体积，m^3；a 为沟谷某项工程措施的数量。

利用公式（7-12）和公式（7-13）计算减流、减沙的关键是确定减流系数 I_W 和减沙系数 I_M，所以，计算时必须根据当地试验研究资料认真分析确定。

（2）流域实施治理前总径流量和产沙量计算。流域多年平均输沙量是通过对流域内或相似流域建成多年的坝库进行泥沙淤积量测定而得到的，可用下式计算：

$$W_{sb} = \frac{Vr}{N} \cdot \frac{A}{A_0} \tag{7-14}$$

式中：V 为坝库多年淤积总量，m^3；r 为淤积物的容重，t/m^3；N 为淤积年限；A 为欲求流域的面积，km^2；A_0 为调查坝库所在流域的工程控制面积，km^2。

当坝库有排沙情况时，可调查排沙量，并计入坝库淤量内。

2. 水文法

水文法又称水文统计相关法，它以水文站或径流站等实测的降雨、径流和泥沙资料为依据，用相关统计分析的方法来计算全流域实施水土保持治理后的蓄水、减沙效率。该方法以实测资料为基础，所以资料系列越长，分析精度越高。根据资料系列的长短，水文法又可有两种途径，即相关分析法（资料系列较长时）和水文系列对比法（资料系列较短时）。

3. 流域对比法

流域对比法计算式如下：

$$\Delta W_S = \beta W_S - W'_S = \frac{P'A'}{PA} W_S - W'_S \tag{7-15}$$

$$\Delta W_W = \beta W_W - W'_W = \frac{P'A'}{PA} W_W - W'_W \tag{7-16}$$

式（7-15）和式（7-16）中：ΔW_S 为实施水土保持治理流域的减沙量，t；ΔW_W 为实施水土保持治理流域的减洪量，m^3；β 为考虑到两流域在面积、降水不同时的校正系数；W_S 为未治理流域的产沙量，t；W_W 为未治理流域的产流量，m^3；P 为未治理流域的降水量，mm；A 为未治理流域的面积，km^2；W'_S 为实施水土保持治理流域的产沙量，t；W'_W 为实施水土保持治理流域的产流量，m^3；P'为实施水土保持治理流域的降水量，mm；A'为实施水土保持治理流域的面积，km^2。

7.3.2.2 经济效益计算

1. 直接经济效益计算

直接经济效益计算，以各项措施增产的产品经济效益计算为基础，并以货币定量表示。

$$B = B_1 + B_2 + B_3 + \cdots + B_n \tag{7-17}$$

式中：B 为效益计算期内全部治理措施的总效益，元；B_1，B_2，B_3，…，B_n 为效益计算期内各项措施增产的产品总效益，元。

各项治理措施的经济效益，应根据每年实际生产效益的有效面积和单位面积增加的产品数量以及产品价格逐年计算，最后累计得到效益计算期内的总效益。

2. 间接经济效益计算

（1）基本农田的间接经济效益。

基本农田主要指梯田、坝地和水地等。它们的间接经济效益主要包括节约土地面积、节约劳力等带来的效益。

① 节约的土地面积为：

$$\left.\begin{aligned}\Delta A &= A_1 - A_2\\ A_1 = V/P_1,\ A_2 &= V/P_2\end{aligned}\right\}\tag{7-18}$$

式中：V为需要的粮食总产量，kg；A_1，A_2为生产定量的粮食（V）所需要坡耕地或基本农田的面积，hm^2；P_1，P_2为坡耕地或基本农田的粮食单产，kg/hm^2。

② 节约的劳力为：

$$\Delta E = E_1 - E_2 \tag{7-19}$$

式中：E_1，E_2为种坡耕地基本农田总需劳力，工日。

节约的土地和劳力，只按规定单价计算其价值，而不再计算用于林、牧等业的增产值。

（2）种草的间接经济效益。

种草的间接经济效益主要有两个：

① 以草养畜，只计算增产的饲草可饲养多少牲畜，以及这些牲畜出栏后肉、皮、毛、绒的单价，而不再计算畜产品加工后提高的产值。

② 提高土地载畜量所节约的牧业用地的计算方法与基本农田节约土地计算方法相似，即：

$$\left.\begin{aligned}\Delta F &= A_1 - A_2\\ A_1 = V/P_1,\ A_2 &= V/P_2\end{aligned}\right\}\tag{7-20}$$

式中：V为发展牲畜需要的饲草量，kg；P_1为天然草地每公顷产草量，kg/hm^2；P_2为人工种草每公顷产草量，kg/hm^2；A_1为天然草地总需土地面积，hm^2；A_2为人工草地总需土地面积，hm^2。

（3）造林的间接经济效益。

造林的直接产品主要有花与叶、枝条、果品和木材 4 种，其加工转化所提供的间接经济效益的计算应注意以下几点：

① 当地必须具有能转化的条件，并且实际能转化多少就计算多少，因为不是所有的产品都能转化。

② 在计算转化提高产值的同时，必须计算转化中所需的投入。

③ 只计算一次转化提高的产值的投入，而且只限于在当地农村就地加工转化。将水土保持产品运离当地农村在外地加工转化的，不作为水土保持间接经济效益。

7.3.2.3　社会效益计算

水土保持社会效益包括减轻自然灾害和促进社会进步两个方面带来的效益。有条件时，应进行定量计算，并以实物量或货币表示；不能做定量计算的，应根据实际情况做定性描述。

7.3.2.4　流域综合治理评价

流域综合治理评价，即对流域水土保持所产生的各项效益进行对比和分析，以便促进和完善水土保持的各项工作。它与效益分析既有联系又有区别，两者互相渗透、互为因果。

进行流域综合治理评价时，一般要经历 3 个阶段，即构建指标体系、指标计算和评价。

流域综合治理评价的指标体系是建立在经济、生态和社会效益评价3个指标体系基础上的，但又不是简单地重复，而是将各单项指标进行综合，即用各单项指标的加权平均数来分别构造生态效益、经济效益和社会效益指数，最后，将3个效益指数加权平均，组合成一个生态经济效益综合指数，以此来对生态系统进行动态的、全面的综合定量分析。流域生态效益、经济效益和社会效益综合指数分别采用下列公式计算：

$$\text{生态效益综合指数} = \sum_{i=1}^{n} \text{生态效益指数} \times \text{权重}$$

$$\text{经济效益综合指数} = \sum_{j=1}^{n} \text{经济效益指数} \times \text{权重}$$

$$\text{社会效益综合指数} = \sum_{k=1}^{n} \text{社会效益指数} \times \text{权重}$$

将生态效益综合指数、经济效益综合指数与社会效益综合指数进行加权平均，可求得流域管理综合指数，即：

$$\begin{matrix}\text{流域管理}\\\text{综合指数}\end{matrix} = \begin{matrix}\text{生态效益}\\\text{综合指数}\end{matrix} \times \text{权重} + \begin{matrix}\text{经济效益}\\\text{综合指数}\end{matrix} \times \text{权重} + \begin{matrix}\text{社会效益}\\\text{综合指数}\end{matrix} \times \text{权重}$$

在上述两个过程的基础上，人们通常用指标法、比较分析法、专家打分法、模拟评价法、赋权理想点法和赋权满意关联法等方法进行评价。

小　结

水土流失调查与水土保持规划是《水土保持技术》的重点内容之一。水土流失调查从内容看，包括自然因素调查（地质因素、地貌、气象、土壤或地面组成物质、植被、水文与水资源和其他资源）、社会经济调查（人口与劳力、村镇产业结构与状况、村镇人民生活水平）和水土流失及其防治现状调查（水土流失现状调查、水土流失危害调查、水土保持现状调查、水土流失调查制图）；从主要专项内容看，水土流失包括土地利用调查、下垫面特征调查、土壤流失量调查和水土保持调查。所有调查均按准备、调查和资料整理与分析3个阶段进行。调查任务不同，方法也不同。

水土保持规划可分为区域性水土保持规划和流域水土保持规划两种形式，它们均包括水土保持综合调查、社会生产发展预测、土地利用规划、水土保持治理模式设计、水土保持措施规划、治理进度安排和综合效益分析。具体工作中，应采用专业技术人员与当地干部群众相结合、全面普查和典型调查相结合、单项分析与综合研究相结合、定性分析与定量分析研究相结合的方法，按照规划的准备工作，外业调绘、调查与现场初步规划，内业整编与规划调整3个工作程序进行。

水土保持规划综合治理效益包括调水保土效益、社会效益、经济效益和生态效益4种类型，实际应用时，可按相应的公式进行计算和估算。

思考题

1. 水土流失调查有哪些主要内容?

2. 如何开展土地利用调查、下垫面特征调查、土壤流失量调查和水土保持的调查?

3. 为什么要开展水土保持规划?

4. 水土保持规划的内容有哪些?

5. 如何进行水土保持规划综合治理效益计算?

第 8 章　水土保持法律法规与监督执法

学习要求

重点掌握水土保持法与水土保持实施条例的具体内容；掌握我国现有水土保持法制体系；了解水土保持监督执法的程序和内容。

中华人民共和国成立以来，我国对水土保持事业给予了高度重视，水土保持立法也在不断进行与完善。1982 年，《水土保持工作条例》颁布，1991 年，《水土保持法》颁布并于 2010 年 12 月 25 日进行了修订，1993 年，《中华人民共和国水土保持法实施条例》（简称《水土保持法实施条例》）颁布，此外，《中华人民共和国土地管理法》《中华人民共和国水法》《中华人民共和国森林法》《中华人民共和国草原法》《中华人民共和国矿产资源法》等与水土保持相关的法律、行政法规和地方性法律、法规相继颁布，这使我国的水土流失防治进入法制管理的新阶段，取得了显著的成效。

8.1　我国的法律框架结构

我国法律体系中的法律表现形式就其效力和地位来讲，大体可分为六个等级。

8.1.1　第一等级：《中华人民共和国宪法》

《中华人民共和国宪法》是国家的根本大法。在内容上，宪法规定国家最根本、最重要的问题。在效力上，宪法的法律效力最高，它是母法，是其他一切法律、法规制定的依据。

8.1.2　第二等级：基本法律

由全国人民代表大会制定的基本法律，如《中华人民共和国民法典》《中华人民共和国刑法》等。

8.1.3　第三等级：法令

由全国人民代表大会常务委员会制定的法令，通常称为一般法律，如《水土保持法》《中华人民共和国水法》《中华人民共和国土地管理法》《中华人民共和国森林法》等。

基本法律和法令（一般法律）通称为法律。

8.1.4　第四等级：行政法规

行政法规，即由国务院在其职权范围内，以宪法、法律为依据制定的、在全国范围内仅次于宪法和法律效力的规范性文件。通常来说，法律对行政行为的调整有一定的原则，通过制定行政法规，使之更加具体化，更具有操作性，以便于行政机关执行，有效地实施行政管理，如《水土保持法实施条例》《中华人民共和国土地管理法实施条例》等。

8.1.5　第五等级：地方性法规

由省级人民代表大会及其常务委员会制定、颁布，或者由省、自治区的人民政府所在地的市和经国务院批准的较大市的人民代表大会及其常务委员会制定，并报省、自治区的人民代表大会常务委员会批准后施行的规范性文件。这些法规都是各省、直辖市结合本地区实际情况制定的，因地制宜弥补了国家法律法规的不足，使国家制定的法律法规更加具体化，如《湖南省实施〈中华人民共和国水土保持法〉办法》《北京市水土保持条例》等。

8.1.6　第六等级：规章

规章分为部门规章和地方政府规章。部门规章是指作为国务院所属的部、委员会及其直属机构在各自权限范围内，为执行法律、行政法规的需要而制定的、只在本部门范围内有效的规范性文件。地方政府规章是指由省、自治区人民政府所在地的市和经国务院批准的较大的市以及经济特区市人民政府，根据法律法规的规定制定的，在本辖区具有法律效力的规范性文件，如水利部制定的《开发建设项目水土保持方案编报审批管理规定》《开发建设项目水土保持设施验收管理办法》、中华人民共和国铁道部与水利部共同制定的《铁路建设项目水土保持工作规定》、水利部与国家电力公司于1998年制定的《电力建设项目水土保持工作暂行规定》等。

规章以下的具有普遍约束力的行政决定、命令等，通称为一般规范性文件，如我国各厅局、普通设区市、县级人民政府出台的各种具有普遍约束力的文件，这些规范性文件实际上都不属于我们通常所说的“法律、法规”或“规章”，不具有真正意义上的法律效力。

总之，我国的法律是一种“一元、两级、多层次”的立法体制。所谓“一元”是指我国是一个单一制的、统一的多民族国家，因此，我国的立法体制是统一的、一元化的，在全国范围内只存在一个统一的立法体系。所谓“两级”是指根据宪法的规定，我国法律分为中央和地方两个等级。所谓“多层次”是指根据宪法的规定，我国的立法体系呈多层次的、金字塔式的特点，下一级法的效力低于上一级法，下一级法原则上不得与上一级法相抵触，如果抵触，则不适用下一级法，只适用上一级法。

8.2 水土保持法制体系

我国的水土保持法制体系从层次上来说，可分为五个层次，呈金字塔形。

8.2.1 第一层次 法律即《水土保持法》

1991年6月29日中华人民共和国第七届全国人民代表大会常务委员会第二十次会议通过《水土保持法》，并于2010年12月25日由中华人民共和国第十一届全国人民代表大会常务委员会第十八次会议修订通过，于2011年3月1日起施行。这一法律的颁布表明我国水土保持立法进入了一个新的阶段，为水土保持法规体系的形成奠定了基础，我国的水土保持事业真正步入了依法管理的轨道。它是我国自然资源法中的一部很重要的法律，是调整人们在开发利用水土资源，预防和治理水土流失活动中所发生的各种社会关系的法律规范。

8.2.2 第二层次 行政法规即《水土保持法实施条例》

1993年8月1日《水土保持法实施条例》发布，该条例根据2011年1月8日《国务院关于废止和修改部分行政法规的决定》进行了修订。这是国务院依据《水土保持法》制定颁布的配套法规，它是对《水土保持法》的进一步具体化，相比而言，《水土保持法实施条例》更具有操作性。

8.2.3 第三层次 地方性法规即各省颁布实施水土保持法办法或者条例

在本行政区域内有效，其效力低于宪法、法律和行政法规。例如，陕西省人民代表大会常务委员会依据《水土保持法》及其条例并结合陕西的实际特点制定颁布的《陕西省水土保持条例》，该条例是只在陕西省范围内有效的地方性法规。

8.2.4 第四层次 规章即水利部和地方政府在水土保持相关领域的规章

规章包括部门规章和地方政府规章。

部门规章是国务院所属的水利部在自己的权限范围内，为执行《水土保持法》及其条例的需要而制定的、只在本部门主管事务范围内有效的规范性文件，如《开发建设项目水土保持方案编报审批管理规定》。该规定于1995年5月30日发布，根据2005年7月8日《水利部关于修改部分水利行政许可规章的决定》进行了第一次修正，又根据2017年12月22日《水利部关于废止和修改部分规章的决定》进行了第二次修正。

地方政府规章是由省、自治区人民政府所在地的市和经国务院批准的较大的市以及经济特区市人民政府，根据法律法规的规定制定的，在本辖区内具有法律效力的规范性文件，如《陕西省开发建设神府榆地区水土保持规定》。

8.2.5 第五层次 一般性规范性文件即省市水土保持相关规范性文件

一般性规范性文件主要指省级部门、市县人民政府依据法律、法规、规章制定的具有普遍约束力的文件，如《陕西省水土保持补偿费征收使用管理实施办法》。这些虽然不是法律法规，但在实际工作中具有很重要的意义。

总之，我国的水土保持法律、法规体系是十分健全的，自上而下形成了一个完整的水土保持法制体系，从而使我国的水土保持工作步入依法预防、依法监督、依法治理、依法管护的法制化轨道。

8.3 我国现行水土保持法律法规的主要内容

8.3.1 《水土保持法》

《水土保持法》对我国水土保持工作走向法制化的轨道，对进一步提高全社会的水土保持意识，对开发建设的同时注重水土保持生态建设，对已有水土流失的治理均产生了巨大的推动作用。2010 年 12 月 25 日新修订通过的《水土保持法》（2011 年 3 月 1 日起施行）是新时期贯彻落实科学发展观、预防和治理水土流失的重要举措，对我国水土保持事业发展具有重要的现实意义和深远影响。新修订通过的《水土保持法》共 7 章 60 条，通篇对水土保持法的总则、规划、预防、治理、监测和监督、法律责任、附则做了详细的规定，其核心内容如下：

（1）确定了水土保持法的目的：预防和治理水土流失，保护和合理利用水土资源，减轻水、旱、风沙灾害，改善生态环境，保障经济社会可持续发展。

（2）规定了水土保持的法律概念：水土保持是指对自然因素和人为活动造成水土流失所采取的预防和治理措施。水土保持至少包括四层含义：自然水土流失的预防、自然水土流失的治理、人为水土流失的预防、人为水土流失的治理。

（3）确定了“预防为主”的水土保持工作方针：水土保持工作实行“预防为主、保护优先、全面规划、综合治理、因地制宜、突出重点、科学管理、注重效益”的方针。该方针是指导水土保持工作开展的总则，涵盖水土保持工作的全部内容，具有提纲挈领、全面指导工作实践的作用，在某一具体工作找不到对应条款时，可适用水土保持工作方针来解释和解决。

（4）明确了各级人民政府的水土保持职责、目标责任制和考核奖罚制度：县级以上人民政府应当加强对水土保持工作的统一领导，将水土保持工作纳入本级国民经济和社会发展规划，对水土保持规划确定的任务，安排专项资金，并组织实施。

国家在水土流失重点预防区和重点治理区，实行地方各级人民政府水土保持目标责任制和考核奖惩制度。

（5）明确了水土保持管理体制：国务院水行政主管部门主管全国的水土保持工作。

国务院水行政主管部门在国家确定的重要江河、湖泊设立的流域管理机构，在所管辖范围内依法承担水土保持监督管理职责。

县级以上地方人民政府水行政主管部门主管本行政区域的水土保持工作。

县级以上人民政府林业、农业、国土资源等有关部门按照各自职责，做好有关的水土流失预防和治理工作。

水行政主管部门主管水土保持工作是由水土保持工作的特点决定，并经过长期实践形成的。国务院“三定”方案明确，水利部是水土保持工作的主管部门，负责防治水土流失。

(6) 明确了人为水土流失的防治责任：任何单位和个人都有保护水土资源、预防和治理水土流失的义务，并有权对破坏水土资源、造成水土流失的行为进行举报。

(7) 规定了水土保持规划的法律地位：水土保持规划是国民经济和社会发展规划体系的重要组成部分，是依法加强水土保持管理的重要依据，是指导水土保持工作的纲领性文件。

(8) 明确了水土流失预防的规定，强化了预防为主、保护优先的水土保持工作方针。其主要内容包括地方政府预防水土流失的职责，在水土流失严重、生态脆弱地区等特殊区域的禁止和限制性规定，生产建设项目水土保持方案管理、设施验收制度等。

(9) 对生产建设项目水土保持方案制度的规定：在山区、丘陵区、风沙区以及水土保持规划确定的容易发生水土流失的其他区域开展可能造成水土流失的生产建设项目，生产建设单位应当编制水土保持方案，报县级以上人民政府水行政主管部门审批，并按照经批准的水土保持方案，采取水土流失预防和治理措施。没有能力编制水土保持方案的，应当委托具备相应技术条件的机构编制。

水土保持方案应当包括水土流失预防和治理的范围、目标、措施和投资等内容。

水土保持方案经批准后，生产建设项目的地点、规模发生重大变化的，应当补充或者修改水土保持方案并报原审批机关批准。水土保持方案在实施过程中，水土保持措施需要做出重大变更的，应当经原审批机关批准。

生产建设项目水土保持方案的编制和审批办法由国务院水行政主管部门制定。

(10) 水土保持“三同时”制度及水土保持设施验收的规定：依法应当编制水土保持方案的生产建设项目中的水土保持设施，应当与主体工程同时设计、同时施工、同时投产使用；生产建设项目竣工验收，应当验收水土保持设施；水土保持设施未经验收或者验收不合格的，生产建设项目不得投产使用。

(11) 明确了流域机构的责任主体：县级以上人民政府水行政主管部门、流域管理机构应当对生产建设项目水土保持方案的实施情况进行跟踪检查，发现问题应及时处理。

(12) 确立了水土流失综合治理的基本方略：在水力侵蚀地区，地方各级人民政府及其有关部门应当组织单位和个人，以天然沟壑及其两侧山坡地形成的小流域为单元，因地制宜地采取工程措施、植物措施和保护性耕作等措施，进行坡耕地和沟道水土流失综合治理。

在风蚀地区，地方各级人民政府及其有关部门应当组织单位和个人，因地制宜地采取轮封轮牧、植树种草、设置人工沙障和网格林带等措施，建立防风固沙防护体系。

在重力侵蚀地区，地方各级人民政府及其有关部门应当组织单位和个人，采取监测、径流排导、削坡减载、支挡固坡、修建拦挡工程等措施，建立监测、预报、预警体系。

(13) 明确了有关水土保持优惠政策：国家鼓励单位和个人按照水土保持规划参与水土流失治理，并在资金、技术、税收等方面予以扶持。国家鼓励和支持承包治理荒山、荒沟、荒丘、荒滩，防治水土流失，保护和改善生态环境等行为，促进土地资源的合理开发和可持续利用，并依法保护土地承包合同当事人的合法权益。

承包治理荒山、荒沟、荒丘、荒滩和承包水土流失严重地区农村土地的，在依法签订的土地承包合同中应当包括预防和治理水土流失责任的内容。

(14) 确立了水土保持监测的法律地位：县级以上人民政府水行政主管部门应当加强水土保持监测工作，发挥水土保持监测工作在政府决策、经济社会发展和社会公众服务中的作用。县级以上人民政府应当保障水土保持监测工作的经费。

国务院水行政主管部门应当完善全国水土保持监测网络，对全国水土流失进行动态监测。

(15) 明确了监督检查的责任主体：县级以上人民政府水行政主管部门负责对水土保持情况进行监督检查。流域管理机构在其管辖范围内可以行使国务院水行政主管部门的监督检查职权。

监督检查是指县级以上人民政府水行政主管部门依据法律、法规、规章及规范性文件或政府授权，对所辖区域内公民、法人和其他组织与水土保持有关的行为活动的合法性、有效性等内容进行监察、督导、检查及处理的各项活动的总称。

(16) 法律责任主要体现在 4 个方面：一是对新制定或修订的法律制度规定了法律责任，完善了水土保持法律责任体系；二是增加了对违法行为的处罚种类，加大了处罚力度，体现了“过罚相当”的原则；三是完善了法律责任的履行方式，加强了法律责任的可执行性和可操作性；四是与有关法律相衔接，精简了有关刑事责任、治安管理处罚、民事责任、行政复议等方面的具体规定。

(17) 明确了法律授权：县级以上地方人民政府根据当地实际情况确定的负责水土保持工作的机构，行使本法规定的水行政主管部门水土保持工作的职责。

8.3.2　《水土保持法实施条例》

为了贯彻《水土保持法》，增强法律的实际可操作性，国务院依据《水土保持法》的规定，于 1993 年 8 月 1 日制定了《水土保持法实施条例》，该条例又根据 2011 年 1 月 8 日《国务院关于废止和修改部分行政法规的决定》进行了修订。

《水土保持法实施条例》主要在总则、预防、治理、监督、法律责任、附则这几方面规定了水土保持的具体政策。

(1) 规定水土流失防治区的地方人民政府应当实行水土流失防治目标责任制。

（2）规定水土流失重点防治区按国家、省、县三级划分，并分为重点预防保护区、重点监督区和重点治理区。

（3）对《水土保持法》规定的预防、治理、监督政策进行了细化、说明。

8.3.3 国务院关于加强水土保持工作的通知

为了贯彻《水土保持法》，从根本上改善农业生产条件，促进国民经济的发展，发挥治理水土流失对于加快贫困山区脱贫致富、保护国土、改善生态环境等方面的作用，《国务院关于加强水土保持工作的通知》于1993年发布。该通知对开展水土保持工作具有重要的意义。

（1）确立了水土保持基本国策地位："水土保持是山区发展的生命线，是国土整治、江河治理的根本，是国民经济和社会发展的基础，是我们必须长期坚持的一项基本国策，进一步增强对水土流失治理的紧迫感，把水土保持工作列入重要的议事日程，加快水土流失防治的速度。"

（2）建立了两项基本制度：水土流失严重地区的人民政府，要建立每年向同级人民代表大会常务委员会及上级水行政主管部门报告水土保持工作的制度，并建立政府领导任期内的水土保持目标考核制，层层签订责任状。

（3）为水土保持预防、监督工作提供了经费保障：在水土保持经费中安排20%的资金用于预防、监督和管护。

（4）建立水土流失补偿机制：对已经发挥效益的大中型水利、水电工程，要按照库区流域防治任务的需要，每年从收取的水费、电费中提取部分资金，由水库、电站掌握用于本库区及其上游的水土保持情况。

8.3.4 全国水土保持规划

8.3.4.1 《全国水土保持规划(2015—2030年)》

水土资源是人类赖以生存和发展的基础性资源。水土流失是我国重大的环境问题。目前我国水土流失面积尚有294.91万km^2，占我国陆地面积的30.7%，严重的水土流失导致水土资源破坏、生态环境恶化、自然灾害加剧，威胁国家生态安全、防洪安全、饮水安全和粮食安全，是制约我国经济社会可持续发展的因素。

中华人民共和国成立以来，党中央、国务院高度重视水土保持工作，我国水土流失防治取得了举世瞩目的成就。中国共产党第十八次全国代表大会、中国共产党第十八届中央委员会第三次全体会议、中国共产党第十八届中央委员会第四次全体会议提出了生态文明建设、全面深化改革、推进依法治国的新要求。为贯彻党中央、国务院重大战略部署，落实《水土保持法》，全面推进新时期我国水土保持工作，水利部会同中华人民共和国国家发展和改革委员会、中华人民共和国财政部（简称财政部）、中华人民共和国国土资源部[①]、中华人

① 中华人民共和国国土资源部于2018年改为中华人民共和国自然资源部。

民共和国环境保护部[①]、农业部等部门，成立了全国水土保持规划编制工作领导小组，并于 2011 年 5 月正式启动全国水土保持规划编制工作。在深入调查研究、反复论证咨询、广泛征求意见的基础上，全国水土保持规划编制工作领导小组编制完成了《全国水土保持规划（2015—2030 年）》。

本次规划范围为全国 31 个省（自治区、直辖市），不包括港澳台地区，规划基准年为 2015 年，近期水平年为 2020 年，远期水平年为 2030 年。该规划分析了我国水土流失及其防治现状，系统总结水土保持经验和成效，以全国水土保持区划为基础，以保护和合理利用水土资源为主线，以国家主体功能区规划为重要依据，拟定我国预防和治理水土流失、保护和合理利用水土资源的总体部署，明确水土保持的目标、任务、布局和对策措施，为维护良好生态、促进江河治理、保障饮水安全、改善人居环境、推动经济社会发展提供支撑和保障。

本次规划是中华人民共和国成立 70 多年来首次采用“自上而下”和“自下而上”相结合的方式、系统开展的国家水土保持综合规划，这将是今后一个时期我国水土保持工作的发展蓝图和重要依据，是贯彻落实国家生态文明建设总体要求的行动指南。

本次规划基础数据来源于第一次全国水利普查、第二次全国土地调查、第八次全国森林资源清查等工作成果，国家和地方已公布的经济社会统计年鉴，相关批复规划成果等。

本次规划与《全国生态环境建设规划》《全国主体功能区规划》《全国生态保护与建设规划（2013—2020 年）》《全国土地利用总体规划纲要（2006—2020 年）》《全国城镇体系规划纲要（2005—2020 年）》《全国草原保护建设利用总体规划》等做了充分衔接。规划中的水土流失面积是指第一次全国水利普查公布的水蚀和风蚀面积。

8.3.4.2 《国务院关于全国水土保持规划（2015—2030 年）的批复》

《国务院关于全国水土保持规划（2015—2030 年）的批复》原则上同意《全国水土保持规划（2015—2030 年）》，并规定了在认真组织实施过程中要遵守的基本原则、目标和保障措施。

《全国水土保持规划（2015—2030 年）》的实施要坚持预防为主、保护优先，全面规划、因地制宜，注重自然恢复，突出综合治理，强化监督管理，创新体制机制，充分发挥水土保持的生态、经济和社会效益，实现水土资源可持续利用，为保护和改善生态环境、加快生态文明建设、推动经济社会持续健康发展提供重要支撑。

2020 年，基本建成水土流失综合防治体系，全国新增水土流失治理面积 32 万 km^2，年均减少土壤流失量 8 亿 t；2030 年，建成水土流失综合防治体系，全国新增水土流失治理面积 94 万 km^2，年均减少土壤流失量 15 亿 t。

要以全国水土保持区划为基础，全面实施预防保护，重点加强江河源头区、重要水源地和水蚀风蚀交错区的水土流失预防，充分发挥自然修复作用；以小流域为单元开展综合治

① 中华人民共和国环境保护部于 2018 年改为中华人民共和国生态环境部。

理，加强重点区域、坡耕地和侵蚀沟水土流失治理。

要强化水土保持监督管理，完善水土保持监测体系，推进信息化建设，进一步提升科技水平，不断提高水土流失防治效果。将水土保持知识纳入国民教育体系，强化宣传引导，加强社会监督，增强全民水土保持意识，有效控制人为水土流失。

各省（区、市）人民政府要按照《全国水土保持规划（2015—2030 年）》确定的目标任务，加强组织领导，落实责任分工，加大支持力度，完善政策措施，切实推进本区域水土保持工作。国务院有关部门和单位要根据职责分工，密切配合，在规划计划编制、政策实施、项目安排等方面予以积极支持。水利部要牵头做好《全国水土保持规划（2015—2030 年）》的组织实施工作，加强跟踪监测、督促检查和考核评估，认真研究解决《全国水土保持规划（2015—2030 年）》实施中出现的问题，工作进展情况每年向国务院报告。

8.3.5 水土流失“两区”划分

水土流失“两区”是水土流失重点预防区和水土流失重点治理区的简称，《水土保持法》第十二条第一款规定：“县级以上人民政府应当依据水土流失调查结果划定并公告水土流失重点预防区和重点治理区。”

“两区”复核划分是全国水土保持规划的重要内容，是指导我国水土保持工作的技术支撑，是落实《水土保持法》的重要举措，是一项十分重要的基础性工作。“两区”复核划分是在原国家级水土流失重点防治区划分成果的基础上，根据《全国水土保持规划国家级水土流失重点防治区复核划分技术导则（试行）》，充分利用第一次全国水利普查成果，借鉴全国主体功能区规划和已批复实施的水土保持综合及专项规划等，进行复核划分的。

各省（自治区、直辖市）水行政主管部门和有关单位应在“两区”复核划分成果的基础上，进一步组织开展省级水土流失重点预防区与水土流失重点治理区的复核划分以及水土保持规划编制工作，以促进我国水土保持工作的全面健康持续发展。

8.3.6 小流域治理

1987 年，中华人民共和国水利电力部[①]农村水利水土保持司颁发了《水土保持小流域治理试点管理办法》。这是关于小流域治理的重要文件，该文件明确了试点的目的、需要探索的问题、选点原则、规划原则、规划内容、治理标准、投入政策、项目管理与验收等。该文件提出的小流域治理标准对小流域综合治理起到了重要的引导作用。

8.3.7 四荒治理

《国务院办公厅关于进一步做好治理开发农村“四荒”资源工作的通知》于 1996 年发布。20 世纪 80 年代以来，一些“四荒”资源较多的地方，出现了以家庭承包、联户承包、

① 中华人民共和国水利电力部简称水利电力部，是中华人民共和国水利部的前身。

集体开发、租赁、股份合作和拍卖使用权等多种方式大规模治理开发“四荒”的好势头，收到了很好的效果。为了进一步调动广大群众治理开发农村集体所有的“四荒”资源的积极性，国务院下发了该文件。《国务院办公厅关于进一步做好治理开发农村“四荒”资源工作的通知》肯定了治理开发“四荒”的重要意义，提出治理开发“四荒”的基本原则，出台了治理优惠政策，明确水利部归口管理“四荒”治理开发工作。根据该文件的精神，水利部积极推动“四荒”治理开发工作，取得了显著的效果。

8.3.8　城市水保

城市水土保持是传统水土保持工作的新探索。1997 年，《水利部关于开展城市水土保持试点工作的通知》发布，这是水利部关于城市水土保持的第一个文件。1996 年水利部在大连召开了城市水土保持工作会议，决定在各省推荐的试点城市中，选定 10 个城市开展试点工作，为推动城市水土保持工作，水利部印发了此通知并公布了城市水土保持工作试点方案。城市水土保持是水土保持工作的重要组成部分，要用全新的理念和思路分析城市水土保持工作的特点，从实际出发，把城市水土保持规划纳入城市总体规划，采取有效措施，推进城市水土保持工作，使城市水土保持工作在城市化进程中发挥重要作用，使城市发展步入可持续发展的轨道。

8.3.9　生态修复

为贯彻落实中央治水方针和新的治水思路，充分发挥生态的自我修复能力，加快水土流失防治步伐，推进全国水土保持生态建设，水利部决定从 2002 年起启动实施全国水土保持生态修复试点工程，为推动试点工作，印发了《水利部关于实施全国水土保持生态修复试点工程的通知》。该通知明确了试点工程建设规模、建设内容、试点期限、组织实施形式。

8.3.10　生产建设项目水土保持方案

根据水土保持法律法规的有关规定规定，由水利部、国家计委①、国家环境保护局共同印发了《关于印发开发建设项目水土保持方案管理办法的通知》，该通知是关于开发项目水土保持方案管理的规范性文件，它明确了水土保持方案适用范围，审批与验收程序等。2014 年，水利部水土保持监测中心发布了《关于印发〈生产建设项目水土保持方案技术审查要点〉的通知》。相关部门应积极贯彻此通知。

8.3.11　《国务院批转财政部、水利电力部关于水土保持经费问题的请示的通知》

《国务院批转财政部、水利电力部关于水土保持经费问题的请示的通知》明确了水土保持补助费占小农水土保持补助费的比例。以前国家支援农村社队进行小型农田水利建设的补

① 中华人民共和国国家计划委员会简称国家计委，是中华人民共和国国家发展和改革委员会的前身。

助费中包括水土保持补助费，但未明确比例。此通知规定，从小型农田水利补助费中划出10%~20%的经费用于水土保持。水土流失严重、治理任务大的地区，比例可以大些。例如，国家为了加强黄河中游的水土保持工作，自1973年起，对陕西、甘肃、山西、宁夏、青海、内蒙古六省（自治区）除在小型农田水利事业费中含有水土保持费外，还分配一笔水土保持专项经费，均已包干给各地使用。建议此项专款由省（自治区）水土保持业务主管部门与财政部门掌握，按照黄河中游水土保持规划，重点使用，集中治理。

为了加强水土保持费的管理，充分发挥资金使用效益，各地水土保持业务主管部门和财政部门应结合实际，制定水土保持费管理办法，同时，按照本地水土保持总体规划，编制年度实施计划和相应的经费预算，报同级人民政府批准后执行。年终编报的决算，在报送同级财政部门时，抄报上级主管业务部门。

据调查，此通知执行得不是很好，一些地方没有按比例安排水土保持补助费。

8.3.12 《小型农田水利和水土保持补助费管理的规定》

《小型农田水利和水土保持补助费管理的规定》是在1979年水利部、财政部联合发布的《关于小型农田水利补助费（包括水土保持补助费）和抗旱经费使用管理的试行规定》的基础上制定的。1979年水土保持补助费的相关规定仅对社、队举办的水土保持必要的工程、材料及树种、树苗、草籽等费用进行补助。随着农村经济体制改革的深化，原规定不能适应形势的要求。《小型农田水利和水土保持补助费管理的规定》明确水土保持补助费使用范围为综合治理小流域的水土流失所需树种、树苗、草籽、工具、材料费用和技工工资补助，为小流域综合治理提供了一定的经费支持。

8.3.13 《水利部关于加强水库、水电站水土保持工作的通知》

为了全面贯彻落实《水土保持法》和全国第五次水土保持工作会议精神，加强水利水电工程的水土保持工作，《水利部关于加强水库、水电站水土保持工作的通知》于1992年发布。该通知要求，各水电工程管理单位（不包括径流电站）从每度电提取一厘钱；有条件的水库灌区从水费中提取一定比例或在水费中附加一定比例，用于库区的水土流失治理。各水土保持站对库区及其上游要加强预防监督工作。保护现有各项水土保持设施，防止产生新的水土流失。对所辖范围内开展的各项基本建设活动要进行监督，对建设中造成新的水土流失要收取水土保持补偿费，并督促其建设单位限期做好水土保持工作。对新建的水利水电工程，特别是大、中型项目，要根据《水土保持法》的有关规定，把库区及上游的水土流失治理列入工程概、预算，实行“三同时”制度，即同时设计、同时施工、同时验收。

该通知的主要内容被写入1993年发布的《国务院关于加强水土保持工作的通知》。

8.4 水土保持监督执法

除了要建立健全一套完善的水土保持法律、法规体系外，还必须要建立与之相适应监督执法体系，这样才能使法律法规得以落实。因此，水土保持监督执法在水土流失综合防治中对保护水土资源和生态环境、巩固治理成果、监控水土流失状况具有十分重要的地位和作用。水土保持监督属于行政监督范畴，是水行政主管部门及其所属的水土保持监督管理机构按照水土保持法律、法规规定的权限、程序和方式，对有关公民、法人和其他组织的水土保持行为活动的合法性、有效性进行的监察督导。

水土保持监督执法的功能包括制约功能、预防功能、参与功能和反馈功能。

水土保持监督执法具有法律性与行政性、综合性与单一性、长期性与时效性的特点。

8.4.1　水土保持监督执法的意义

开展水土保持监督执法是贯彻执行有关水土保持法规的需要，是促进国民经济持续、稳定、协调发展的需要、是保护自然资源和生态环境的重要举措，是巩固现有成果的有效措施。

8.4.2　水土保持监督执法体系

根据《水土保持法实施条例》中的规定，水土保持监督机构负责对《水土保持法》及其实施条例的执行情况实施监督检查。自国务院相关文件发布以来，全国建立和健全水土保持监督执法机构，形成了国家、省、地、县、乡完整的水土保持执法体系。

8.4.2.1　基本构成

水土保持监督执法的基本构成为水行政主管部门、水土保持机构、授权和委托的水土保持监督机构。

8.4.2.2　基本职能

水土保持监督执法的基本职能如下：宣传水土保持法；依法保护和管理水土保持设施；负责审批水土保持方案；负责水土流失防治纠纷的调解工作；依法进行监督检查，对违法行为做出行政处理、行政处罚和其他行政措施；负责水土保持“两费”（水土流失防治费和水土保持设施补偿费）的收缴和管理；负责水土流失监测工作的管理和行使法律、法规及各级人民政府赋予的其他职权，配合司法机关查处水土流失治安、刑事案件。

8.4.3　水土保持监督执法的主要内容

水土保持监督执法的内容很广泛，而且需要在实践中根据有关水土保持法律法规和政策的规定不断进行补充和完善，实行全面监督。

8.4.3.1　水土保持监督管理的内容

（1）对农牧林业生产活动的监督管理。当前，相关部门主要是监督制止在禁垦坡度以上陡坡地开垦种植作物；对坡地开垦种植经济果木的必须采取水土保持措施；对违反法规开垦者，给予处罚，并监督其逐步退耕还林还草，恢复植被，或修建梯田；开垦禁垦坡度以下、5°以上荒坡地的单位和个人，必须经水土保持监督管理部门批准。

对草原开垦、过度放牧等加剧草原退化、沙化的活动，要严格限制，改变粗放落后的生产方式，保护和恢复草原植被。

根据水土保持法的规定，采伐区水土保持措施由水行政主管部门和林业行政主管部门监督实施。监督林木采伐的重点是监督检查林木采伐方式、林木采伐方案（必须制定水土保持方案）、采伐方案的正确实施以及采伐后的更新造林。对不采取水土保持措施，造成严重水土流失的林区采伐行为，要根据不同情况，做出责令限期改正、采取补救措施处罚。

(2) 对建设项目的监督管理。依法对在山区、丘陵区、风沙区以及水土保持规划确定的容易发生水土流失的其他区域开展可能造成水土流失的生产建设项目实施监督，严格执行水土保持“三同时”制度，在项目立项时严把水土保持方案关，开工前要审批其水土保持方案，建设过程中进行监督、检查，指导开展工程监理和水土保持监测，监控施工过程中的水土流失，工程完工后进行水土保持专项验收，达到标准的可以投入正式生产运行。对挖药材、养柞蚕、烧木炭、烧砖瓦等副业生产活动进行监督。

(3) 对取土、挖沙、采石、开垦荒坡地等生产活动的监督。根据《中华人民共和国水法》《中华人民共和国防洪法》《水土保持法》等的规定，对取土、挖沙、采石、开垦荒坡地等可能引起水土流失、影响行洪安全的活动进行监督。

(4) 对水土资源开发利用的监督。根据《中华人民共和国水法》《中华人民共和国防洪法》《中华人民共和国渔业法》《中华人民共和国土地管理法》等有关规定，应对水土资源的开发利用进行监督。

(5) 对水土保持设施及治理成果的管护监督。对具有水土保持功能、发挥保持水土作用的设施，要加强管理，落实管护责任；对破坏水土保持设施的人或者单位、组织等依法进行处罚，并采取措施恢复。对治理成果要加强管理，明确管理、维护责任，对破坏行为进行查处，保证治理成果长期稳定地发挥效益。

(6) 监督管理机构要依法行政、严格执法。监督管理机构要按行政许可法、行政处罚法、行政复议法等法规的规定，对生产建设项目水土流失防治的有关行政许可实施审批、检查、验收、复议。对违反法律法规的行为，应进行调查、取证、处理，对上诉、复议的问题进行处理。

(7) 对特殊区域进行监督。根据环境法的有关规定对自然保护区、国家公园、文物古迹等进行监督检查。

(8) 对重要设施进行监督保护。

8.4.3.2 水土保持执法的内容

水土保持执法的内容如下：

(1) 对《水土保持法》及《水土保持法实施条例》的贯彻情况实施监督检查。

(2) 审批权属范围内相应级别的生产建设项目水土保持方案，督促生产建设单位编报水土保持方案，监督“三同时”制度的执行。

(3) 征收、使用和管理水土保持补偿费。

(4) 进行水土保持监测网络的规划、建设与管理，定期公告水土流失状况。

(5) 划定水土流失重点预防区和重点治理区并实施管理。

(6) 对违反《水土保持法》的行为做出行政处理。

8.4.4　水土保持监督管理与执法程序

8.4.4.1　水土保持监督管理组成部分

按照国务院编制权责清单的总体要求，水利部根据《水土保持法》及相关法律法规规定，制定了水土保持行政许可、水土保持行政征收、水土保持行政处罚、水土保持行政强制、水土保持监督检查五项水土保持监督管理通用权责清单，明确了各权责事项及履责方式。

(1) 水土保持行政许可。

水土保持行政许可规定了生产建设项目水土保持方案审批和生产建设项目水土保持方案变更审批的主要内容、实施机关和履责方式。

实施机关确定为县级以上人民政府水行政主管部门或者地方人民政府确定的其他水土保持方案审批部门。

履责方式在不同阶段有所不同，具体内容如下：

① 受理阶段：申请人所申请的事项应在网站和办公场所公告受理范围内，申请人应当提交的符合要求的申请材料；审批部门应当场或者一次性告知补正材料，依法受理或者不予受理（不予受理应当告知理由）。

② 审查阶段：审批部门对申请材料进行审核，组织开展必要的技术评审。需要依法举行听证的应当依法举行听证。

③ 决定阶段：审批部门自受理申请之日起 10 个工作日内做出审批决定。10 个工作日内不能做出决定的，经本行政机关负责人批准，可以延长 10 个工作日，并将延长期限的理由告知申请人。其中，技术评审时间除外（所需时间应当告知申请人）。审批决定应通过网站公开发布。

④ 送达阶段：审批部门做出审批决定后，应通知服务对象，并通过现场领取、邮寄等方式将结果送达。

⑤ 水土保持方案报告表实行承诺制管理。

(2) 水土保持行政征收。

水土保持行政征收主要规定了水土保持补偿费征收的依据、实施机关和履责方式。

其中，实施机关为县级以上地方人民政府水行政主管部门或者地方人民政府确定的其他负责水土保持工作的机构。

履责方式在不同阶段有所不同，具体内容如下：

① 公示告知阶段：实施机关通过公示告知缴纳义务人水土保持补偿费征收金额计算方式、征收方式，免缴水土保持补偿费的条件，需要提交的全部材料目录和其他应当公示的

内容。

② 征收阶段：实施机关根据水土保持补偿费计征方式和征收标准，对生产建设项目和生产建设活动的计征方式（面积或者产量）、标准进行核定，并书面通知缴纳义务人。缴纳义务人缴纳水土保持补偿费后，由实施机关出具合法票据。

③ 事后监管阶段：实施机关开展定期和不定期检查，督促未缴纳水土保持补偿费的缴纳义务人尽快补缴，加强对缴纳义务人履行缴费义务的日常监督管理。

（3）水土保持行政处罚。

水土保持行政处罚规定了水土保持行政处罚的主要内容、实施机关和履责方式。

水土保持行政处罚的主要内容如下：

① 对在崩塌、滑坡危险区或者泥石流易发区从事取土、挖砂、采石等可能造成水土流失的活动的处罚。

② 对在禁止开垦坡度以上陡坡地开垦种植农作物，或者在禁止开垦、开发的植物保护带内开垦、开发的处罚。

③ 对采集发菜或者在水土流失重点预防区和重点治理区铲草皮、挖树蔸、滥挖虫草、甘草、麻黄等的处罚。

④ 对在林区采伐林木不依法采取防止水土流失措施，造成水土流失的处罚。

⑤ 对依法应当编制水土保持方案的生产建设项目，未编制水土保持方案或者编制的水土保持方案未经批准而开工建设的处罚。

⑥ 对生产建设项目的地点、规模发生重大变化，生产建设单位未补充、修改水土保持方案或者补充、修改的水土保持方案未经原审批机关批准的处罚。

⑦ 对水土保持方案实施过程中，未经原审批机关批准，对水土保持措施做出重大变更的处罚。

⑧ 对水土保持设施未经验收或者验收不合格将生产建设项目投产使用的处罚。

⑨ 对在水土保持方案确定的专门存放地以外的区域倾倒砂、石、土、矸石、尾矿、废渣等的处罚。

⑩ 对开办生产建设项目或者生产建设活动造成的水土流失不进行治理的处罚。

⑪ 对拒不缴纳水土保持补偿费的处罚。

⑫ 地方性法规规定的其他行政处罚。

水土保持行政处罚的实施机关为县级以上地方人民政府水行政主管部门或者地方人民政府确定的其他水土保持执法部门。

履责方式在不同阶段有所不同，具体内容如下：

① 立案阶段：实施机关根据工作职责对日常监督、遥感监督管理等发现的、群众举报的以及其他部门移送的案件线索进行初步调查，对符合立案条件的，予以立案。

② 调查阶段：对立案的案件，实施机关应指定专人负责，及时组织调查取证，与当事人有直接利害关系的应当回避。执法人员不得少于两人，调查时应出示执法证件，听取当事

人陈述和申辩。

对于水土保持违法事实确凿并有法定依据，应对公民处以 50 元以下、对法人或者其他组织处以 1 000 元以下罚款或者警告的行政处罚的，适用简易程序，当场制作行政处罚决定书并当场交付，在事后难以执行及特殊情况下应当当场收缴罚款。行政处罚决定应当及时报所属行政机关备案。

③ 审查阶段：实施机关应审查案件调查报告，对案件违法事实、证据、调查取证程序、法律适用、处罚种类和幅度、当事人陈述和申辩理由等进行审查，提出处理意见。如果主要证据不足时，应当以适当的方式补充调查。

④ 告知阶段：实施机关做出行政处罚决定前，应当制作行政处罚告知书送达当事人，告知当事人做出行政处罚决定的事实、理由、依据及其享有的陈述、申辩等权利，并制作笔录。告知当事人有要求举行听证的权利，当事人要求听证的，应当组织听证。

⑤ 决定阶段：实施机关制作行政处罚决定书，载明当事人违法事实、证据、处罚的种类和依据、行政处罚的履行方式和期限，以及不服行政处罚申请行政复议或者提起行政诉讼的途径和期限等。

⑥ 送达阶段：行政处罚决定书在宣告后应当场交付当事人；当事人不在场的，行政机关应当在 7 日内依照民事诉讼法的有关规定，将行政处罚决定书送达当事人。

⑦ 执行阶段：督促当事人履行行政处罚决定。对在法定期限内不申请行政复议、不提起行政诉讼又不履行行政处罚决定的，应申请人民法院强制执行。

（4）水土保持行政强制。

水土保持行政强制规定了水土保持行政强制的主要内容、实施机关和履责方式。

水土保持行政强制主要内容如下：

① 行政强制措施类：查封、扣押实施违法行为的工具及施工机械、设备等；

② 行政强制执行类：对在水土保持方案确定的专门存放地以外的区域倾倒砂、石、土、矸石、尾矿、废渣等，逾期仍不清理的代清理；

③ 对造成水土流失逾期仍不治理的代治理；

④ 对逾期不缴纳水土保持补偿费的加收滞纳金。

水土保持行政强制实施机关为县级以上地方人民政府水行政主管部门或者地方人民政府确定的其他水土保持执法部门。

水土保持行政强制履责方式包括两类情况。

第一种情况是针对行政强制措施类提出的，其履责方式在不同阶段有所不同，具体内容如下：

① 决定阶段：审查当事人是否存在违反水土保持法律法规的行为。有违法行为且拒不停止，造成严重水土流失的，可以查封、扣押实施违法行为的工具及施工机械、设备等。

实施查封、扣押前须向行政机关负责人报告并经批准，实施机关应制作行政强制措施决定书，并告知当事人采取行政强制措施的理由、依据以及当事人申请行政复议或者提起行政诉讼的途径和期限。

② 执行阶段：由两名以上执法人员出示执法证件，送达行政强制措施决定书，对查封、扣押的物品，应当会同在场见证人或者被查封、扣押物品持有人查点清楚，当场开列清单一式二份，由执法人员、见证人或者持有人签名或者盖章，一份交给持有人，另一份附卷备查。

对查封、扣押的物品应当在30日内依法做出处理。情况复杂确实需要延长的，经本行政机关负责人批准，可以延长，但是延长期限不得超过30日。

③ 解除阶段：对查封、扣押期限已经届满，或者存在对违法行为已经做出处理决定，不再需要查封、扣押的情形，应解除查封、扣押。

④ 其他法律法规规定应当履行的责任。

第二种情况是针对行政强制执行类提出的，其履责方式在不同阶段有所不同，具体内容如下：

① 催告阶段：实施机关制作催告书，告知当事人履行义务的期限、方式以及当事人依法享有的陈述权和申辩权。实施机关应充分听取当事人的意见；对当事人提出的事实、理由和证据，应当进行记录、复核；当事人提出的事实、理由或者证据成立的应当采纳。

② 决定阶段：经催告，当事人逾期仍不履行行政决定，实施机关代履行。制作代履行决定书或者行政强制执行决定书时，应载明代履行或者强制执行的相关事项等。

③ 执行阶段：代履行3日前，应催告当事人履行，当事人履行的，停止代履行；代履行时，作出决定的实施机关应当派员到场监督；代履行完毕，实施机关到场监督的工作人员、代履行人和当事人或者见证人应当在执行文书上签名或者盖章。代履行的费用按照成本合理确定，由当事人承担。但是，法律另有规定的除外。代履行不得采用暴力、胁迫以及其他非法方式。

④ 其他法律法规规定应当履行的责任。

（5）水土保持监督检查。

规定了生产建设项目水土保持监督检查的实施机关和履责方式。

实施机关为县级以上人民政府水行政主管部门、流域管理机构或者地方人民政府确定的负责水土保持工作的机构。

履责方式包括以下内容：

① 检查方式。根据情况，可采取以下一种或者几种检查方式：现场检查；书面检查；通过政府购买服务等方式，委托技术服务单位进行现场调查或者利用遥感影像调查，根据调查结果出具检查意见；与有关部门和机构开展联合检查；其他检查方式。

② 检查程序。现场检查一般采用如下程序：印发检查通知（暗访不通知）；查看现场并查阅有关资料；听取生产建设单位和水土保持技术服务单位汇报，并与相关人员座谈；印发监督检查意见并送达生产建设单位；公开检查信息。

采用非现场检查方式开展监督检查时，可根据情况适当调整上述检查程序。

对建设规模较小的项目，可根据具体情况实行简易程序。

③ 检查处置。根据检查情况，可以分别采取以下处置措施：限期整改，约谈督促，移交处罚，及时报告，技术服务、施工等其他参建单位工作监管，情况通报，信用管理。

限期整改：对检查发现的违法违规行为应当责令停止，提出限期治理或者整改要求；

约谈督促：对限期内没有完成整改任务的，可以约谈生产建设单位负责人，督促整改；

移交处罚：对检查发现的违法违规行为，可能需要实施行政处罚、行政强制措施的，要将问题线索移交水土保持执法部门，提出立案查处的建议；执法部门应当依法进行处罚，或者采取强制措施；

及时报告：对不能查处的违法违规问题，应当及时向同级人民政府或者上级主管部门报告情况；

技术服务、施工等其他参建单位工作监管：发现水土保持方案编制、监测、监理、施工等其他参建单位工作存在较严重问题的，应当提出批评和整改要求，并及时向上级主管部门和行业管理机构反映情况；

情况通报：对存在严重问题的单位和个人，经查实后可予以通报批评。对按规定开展水土保持工作、水土流失防治效果突出的，可予以通报表扬；

信用管理：将监督检查发现的水土保持严重违法违规信息，根据情形列入水土保持“重点关注名单”或者“失信黑名单”，并在水利行业、国家和地方信用信息平台发布，实行联合惩戒。

8.4.4.2　水土保持执法程序

水土保持执法程序包括立案、调查、处理、送达、复议、执行 6 个环节。

(1) 立案。立案是指水行政主管部门认为有违反水土保持法律法规的事实发生，并且依法需要追究法律责任的时候，决定将其作为水土保持违法案件，进行调查处理的一种准备活动。

(2) 调查。调查通过询问当事人、证人以及现场勘验的手法，客观真实、全面具体、及时迅速地揭露违法事实，证实违法行为，为案件处理提供科学、准确、可靠的依据。

(3) 处理。处理是指水行政主管部门经过调查，根据查明的事实，依法对违反水土保持法律法规尚未构成犯罪的单位和个人所给予的特定的法律制裁和对合法行为不追究的过程。行政处罚包括拘留、罚款、责令赔偿损失、责令停止开垦、责令限期改正、责令停业治理、责令停止违法行为、责令采取补救措施、责令排除危害及警告 10 种。

(4) 送达。送达是指水行政主管部门依照法定程序，将有关水土保持行政执法文书送交有关单位和个人的法律行为。

(5) 复议。复议是指公民、法人或其他组织对行政机关的行政处罚、处理决定等具体行政行为不服，依法向原处理机关或其上级机关、法律法规规定可以申诉的其他行政机关提出申诉，由原行政机关或上级机关对该行政处理决定是否合法与适当重新进行审议，并做出裁决的行政程序制度。

（6）执行。执行是指人民法院根据水土保持行政机关的申请，或者依法主动强制应履行义务的一方当事人履行已生效的水土保持行政处罚决定的一种诉讼活动。

8.4.5　建立社会和公众的水土保持监督机制

水土保持不仅仅是政府部门或某个集体和个人的事，防治水土流失、保护生态环境需要全社会共同参与，应该采取各种方式开辟公众参与水土保持的正当渠道，建立社会公众积极参与的有效机制，使全社会关心水土保持事业，积极参与水土流失防治和生态保护。

8.4.5.1　建立社会舆论监督机制，对人为活动造成水土流失的事件、行为进行检举、控告与曝光

（1）建立水土流失公众举报制度。对于一切破坏生态环境，导致水土流失的违法行为，社会公民都有向当地监管部门或执法机构进行举报的权利和义务。水土保持行政管理机构应公布受理投诉举报机构、电话、传真、地址。公众要有隐患举报权、不作为举报权、滥用职权举报权，应要求水土保持行政管理机关公布统一的突发事件报告、举报电话，并对举报突发事件有功的单位和个人予以奖励。

（2）鼓励新闻媒体进行舆论监督。文明进步的社会越来越需要社会舆论的监督，要鼓励新闻媒体机构（报社、广播电台、电视台等）依法开展舆论监督，对人为造成水土流失和生态破坏的事件和行为进行舆论报道，发表评论意见，进行批评，实行监督，以引起各级领导、有关部门、广大群众的重视和关注，营造全社会关心水土保持、关注生态环境的氛围，通过揭露、批评反面典型，教育更多的单位和个人，加强保护水土资源、保持环境的意识，增强责任感，努力遏制水土流失、生态环境破坏行为的发生，维护社会和谐稳定。

（3）制定水土保持舆论监督管理办法。舆论监督也要立法，以规范监督行为。为保证水土保持舆论监督工作顺利进行，避免受到社会有关部门的干扰，应制定相应的舆论监督管理办法。规定舆论监督的范围、程序、方式、法律责任等，既要鼓励舆论监督，又要依法承担法律责任。对合法的舆论监督，任何单位和个人都不得以任何形式抑制、干扰和阻止。舆论监督所涉及的有关单位和个人有封锁消息、隐瞒事实或故意拖延推诿，拒绝接受舆论监督的；以行贿、说情等手段对舆论监督进行干预的；对新闻采编人员实施扣压证件和采访设备、限制人身自由、威胁人身安全等行为的；对舆论监督的信息提供者、舆论监督稿件采编者实施打击报复等行为的，有关部门应根据有关规定，分别给予批评教育、通报批评、组织处理或纪律处分，涉嫌犯罪的，应移送司法机关处理。

8.4.5.2　建立公众参与机制，使公民群众广泛参与

（1）建立社会公众积极参与的有效机制。水土保持信息要向社会公开。各级政府和水行政主管部门、建设单位及参与水土保持的技术服务机构应定期公布水土流失状况和水土保持工作的信息，扩大公民对水土保持的知情权、参与权和监督权，为公众关注水土保持、参与重大项目决策提供基础条件，促进水土保持和生态建设决策的科学化、民主化。在水土保持法修订过程中，提高立法过程的社会公众参与程度，使社会各界都能为法律修订、完善献

计献策，更加了解水土保持法。

要广泛征求公众意见，还要尽可能采用多种方式公开征求。有关水行政主管部门、建设单位或者其委托的方案编制机构、生态建设工程设计单位，应当认真考虑公众意见，并在水土保持方案报告书中或水土保持生态建设工程设计文件中附上公众调查成果，并对公众意见是否采纳做出说明。水行政主管部门可以组织专家咨询委员会，由其对公众意见采纳情况的说明进行审议，判断其合理性并提出处理建议。征求公众意见的方式可采取问卷调查、咨询专家意见、座谈会、讨论会及听证会等方式。

鼓励社会有关机构和志愿者参与水土保持和生态保护工作。国家应鼓励各级工人联合会（以下简称工会）、中国共产主义青年团、中华全国妇女联合会等社会团体参与水土保持与环境保护建设，发动广大青少年、工会成员等参与水土保持公益活动、参与社会调查和监督。对社会水土保持、生态环境的志愿者要积极引导，培养他们参与到水土流失防治和生态保护的群众性活动中。对为防治水土流失和生态环境建设做出突出贡献的单位和个人应给予精神鼓励和物质奖励。

鼓励有关法律机构为水土保持提供法律咨询服务。水土保持是社会公益事业，参与机构和公民的合法权益要受到保护，国家应鼓励律师事务所、职业律师等，为水土保持提供法律服务。

（2）建立水土保持听证制度。水土保持的社会公益性质决定了其决策应广泛听取社会、民众的意见。要将听证制度引入到国家水土保持管理，提高水土保持决策的科学性和民主性，保护公民、法人和其他组织的合法权益上。因此，对可能造成严重水土流失的开发建设项目，特别是大型开发建设项目，以及区域性水土保持生态建设项目应在决策前进行公众听证，拓宽水土保持公众参与决策的渠道，规范行政许可活动，保护社会和公民的权益。

小　结

水土保持是一项社会公益事业，水土流失又是我国的头号环境问题，人类不合理的土地利用是其加速发展的主要原因，故利用法律手段进行水土保持管理是社会发展的必然选择。我国现行的水土保持法律框架结构包括了《宪法》、基本法律、法令、行政法规、地方性法规、规章 6 个等级。水土保持执法已形成了国家、省、地、县、乡的完整体系，而执法内容主要有水土保持监督管理和水土保持执法。水土保持监督管理包括了对农牧林业生产活动的监督管理等内容，水土保持执法中有对《水土保持法》及《水土保持法实施条例》的贯彻情况实施监督检查等内容。水土保持监督管理要按申报、登记、审批、收费、监督检查和验收的程序进行，水土保持执法要按立案、调查、处理、送达、复议和执行的程序来完成。建立社会和公众的水土保持监督机制是完善水土保持法律法规与监督执法的有力保障。

思考题

1. 水土保持立法的必要性是什么？
2. 我国现行的水土保持法制体系包括哪几个层次？
3. 水土保持监督执法的主要内容是什么？

第9章　水土保持管理

学习要求

掌握水土保持生态建设项目前期工作的主要内容；了解水土保持方案编制的框架、水土保持监测的程序。

《中国水利百科全书·水土保持分册》中对水土保持管理的定义为预防和制止水土流失，保护、改良与合理利用水土资源的组织管理工作。国务院水行政主管部门主管全国的水土保持工作，县级以上人民政府水行政主管部门主管本辖区的水土保持工作。水土保持管理的主要内容有：①贯彻执行水土保持法律法规；②组织编制水土保持规划；③管理水土保持治理项目；④水土保持建设成果的管护；⑤对水土流失进行动态监测。本章将就项目管理、水土保护方案编制和水土保持工程项目监理的内容做简单介绍。

9.1　水土保持生态建设项目的前期工作

水土保持生态建设项目的前期工作包括水土保持项目管理、水土保持规划任务书、水土保持项目建议书、水土保持可行性研究报告和水土保持初步设计。

9.1.1　水土保持项目管理

9.1.1.1　前期工作阶段的划分

按国家基本建设项目前期工作规程及报批程序，水土保持规划设计工作的阶段划分主要有3种类型：

1. 全国性和大江大河类综合整治项目

如全国水土保持生态环境建设规划等，这类项目做到规划阶段即可，可以根据形势的发展做修订。此类项目一般不会直接立项，而是就其中某些项目分期立项建设，故做到规划深度即可。

2. 区域或专项工程

如省级水土保持总体规划及生态建设、监督监测、大江大河支流（一般面积在2 000 km^2以上）治理、水土保持科研与技术推广、治沟骨干工程、土壤侵蚀遥感普查等专项工程和县级水土保持综合项目等，需要从规划任务书、项目建议书、可行性研究报告、初步设计4个阶段编制相应的设计文件。

3. 具体实施的项目

如小流域综合防治实施设计、开发建设项目水土保持方案、治沟骨干工程和监测站网建设等，在上述规划任务书、项目建议书、可行性研究报告等的指导下，可直接编制初步设计文件，并报有关部门批准后组织实施。

9.1.1.2　项目规模划分

参照《水利水电工程项目规模分级标准》，结合水土保持工程的特点，将水土保持项目划分为3种规模，如表9－1所示。

表9－1　水土保持生态工程规模划分表

类别 计量单位	大型	中型	小型
综合治理面积／hm^2	＞5 000	5 000～1 500	＜1 500
治沟工程库容／万 m^3	＞100	100～50	＜50

9.1.1.3　项目管理的规范化

1. 分级管理制度

水利部负责审批项目的立项和宏观管理，各流域机构负责对项目实施方案进行审批和监督检查，各省级水行政主管部门负责本辖区内项目的申报、技术指导和实施管理。

各省级水行政主管部门依据水土保持规划提出的项目建议书和可行性研究报告，应与省级计委联合上报国家计委和水利部。各流域机构根据全国水土保持规划和流域水土保持规划提出的重点支流、重点区域、重点项目的水土保持工程项目建议书和可行性研究报告，应报水利部审批。项目应具备以下条件：

（1）在《全国水土保持规划纲要》《全国生态环境建设规划》和全国土壤侵蚀遥感调查成果以及流域机构确定的国家级水土流失重点防治区范围内。

（2）地方政府对水土保持工作较为重视，并把重点防治工作纳入各级领导任期目标责任的考核内容。

（3）具有能承担相应工作的水土保持领导机构和办事机构，其水土保持服务体系较为完善。

（4）具有开展水土保持工作的基础。

（5）具有切实可行的水土保持总体规划和小流域设计。

（6）按项目要求，有一定的资金配套能力。

关于国家投资的项目，国家计委、水利部根据全国水土保持规划、国家投资能力审核各地上报的项目建议书和可行性研究报告，在综合平衡的基础上，提出项目安排意见，按资金管理规程由水利部或国家有关部门联合审批，并列入基本建设计划。

2. 基本建设项目的管理制度

水土保持工程必须严格执行国家基本建设项目管理规程，主要包括项目建议书、可行性研究报告、小流域或其他专项工程设计、项目施工、竣工验收和竣工后评估等。

水土保持工程项目的审批分3个阶段：项目建议书、可行性研究报告、初步设计，该项目按批准的初步设计编制年度计划，拨付资金。

项目建议书、可行性研究报告经审查或审批后，3年内未能按规定报送后续阶段设计文件的，原报告必须重新编制和报批。

由于实行了国家基本建设项目管理办法，所以，若对原批准项目的建设地点、规模、标准和主要建设内容进行调整，必须经原批准机关批准。项目投资概算需要调整的，必须按有关规定报批，不得擅自变更。

3. 前期设计的资质管理制度

凡编制水土保持工程项目建议书、可行性研究报告、初步设计的单位，都必须取得相应级别的设计资质，严禁无证设计、越级编制，并实行规划设计招投标制度。对设计资质不能满足工作级别的，各级主管部门将不予受理。

4. 技术标准

水土保持规划应遵循《水土保持规划编制规范》（SL 335—2014）。项目建议书应遵循《水土保持工程项目建设书编制规程》（SL 447—2009）；可行性研究报告应遵循《水土保持工程可行性研究报告编制规程（SL 448—2009）》；初步设计应遵循《水土保持工程初步设计报告编制规程 SL 449—2009》；水土保持工程设计应遵循《水土保持工程设计规范》（GB 51018—2014）。

9.1.1.4 项目有关图表

1. 基本附表

根据基本建设项目前期设计规程的规定，各阶段的设计文件中均应附有水土保持工程特性表（见表9-2）。

表9-2 水土保持工程特性表

特征值序号及名称	单位	数量	备注
一、工程范围			
1. 流域面积	km^2		
2. 水土流失面积	km^2		
3. 项目区人口	万人		
4. 农业人口	万人		
二、自然状况			
1. 多年平均降水量	mm		
2. 实测最大日降雨量	mm		

续表

特征值序号及名称	单位	数量	备注
3. 10年一遇3～6 h最大降雨量	mm		
4. 20年一遇3～6 h最大降雨量	mm		
5. 多年平均大风日数	天		
6. 土壤侵蚀模数	t/(km^2·a)		
7. 多年平均气温	℃		
8. 无霜期	天		
9. 森林覆盖率	(%)		
三、设计标准			
1. 工程防御暴雨标准	P（%）		
2. 植物措施保存率	(%)		
四、工程效益			
1. 防治措施面积	km^2		
2. 拦蓄泥沙量	万t		
3. 拦蓄水量	万t		
五、兴建的主要工程			
1. 基本农田	hm^2		
2. 水土保持林	hm^2		
3. 经济林果	hm^2		
4. 种草	hm^2		
5. 谷坊	座		
6. 库坝工程	座		
7. 其他			
六、施工			
1. 主体工程量	万m^3		
土方量	万m^3		
石方量	万m^3		
混凝土量	m^3		
交通道路	km		
2. 主要材料			
水泥	t		

续表

特征值序号及名称	单位	数量	备注
钢材	t		
油料	t		
树苗	万株		
种子	kg		
3. 所需劳力及设备			
总用工日	万工日		
年均用工日	万工日		
年劳均出工日	工日		
机械施工量	台班		
年均机械用量	台班		
4. 施工期限	a		
七、经济指标			
1. 静态总投资	万元		
2. 总投资	万元		100%
工程措施	万元		%
植物措施	万元		%
农业耕作措施	万元		%
其他工程	万元		%
其他费用	万元		%
3. 综合利用经济指标			
单位治理面积投资	万元/km^2		
单位治理面积总经济效益	万元/km^2		
效益费用比			
经济净现值	万元		
内部收益率	(%)		
投资回收年限	年		

2. 主要图件

(1) 图件种类。

水土保持工程项目基本附图名录如表 9－3 所示。

表9-3　水土保持工程项目基本附图名录

图件名称	全国性	大江大河	省级	专项	支流	县级	小流域	水保方案
总体图比例	1:(400万~600万)	1:(100万~200万)	1:(400万~600万)	根据项目具体定	根据项目具体定	1:(5万~10万)	1:(5 000~10 000)	
土壤侵蚀类型区图	√	√	√	√	√	√	√	
水土流失现状图	√	√	√		√	√	√	
水土保持现状图	√	√	√	√项目现状	√	√		
综合防治规划图	√	√	√	√项目现状	√	√		
土地利用现状图						√		
分期防治实施图						√		
小流域地理位置图							√	√
土地利用与水土保持措施现状图							√	建设项目总体布局及防治责任范围图
土地利用规划及水土保持措施布置图							√	综合防治分区及措施总体布局、分区防治措施布局图
单项防治工程设计图							平面布置图、纵横剖面图、细部放大图 平面1:(200~500)、剖面1:(20~50)	

（2）水土保持规划设计图件的标示内容。

水土保持规划设计图中除应标注常规的行政界、水系及流域界、规划范围和地名等外，还应根据规划设计的具体任务确定并增加标注，如表 9－4 所示。

表 9－4　附图的标注内容

图件名称	全国性	大江大河	省级	专项	支流	县级	小流域	水土保持方案
土壤侵蚀类型区图	分级到Ⅲ级	分级到Ⅲ级	分级到Ⅳ级	分级到Ⅲ级	分级到Ⅳ级	分级到Ⅳ级		
水土流失现状图	侵蚀强度（以区域为界）	侵蚀强度（以区域为界）	侵蚀强度（以县为界）		侵蚀强度（以县为界）	侵蚀强度（以小流域为界）	侵蚀强度（以地块为界）	
水土保持现状图	治理程度（以区域为界）	治理程度（以区域为界）	治理程度（以县为界）	工程现状分布	治理程度（以县为界）	治理程度（以小流域为界）	治理程度（以措施为界）	
综合防治规划图	两区，类型区划至Ⅱ级，分期实施	两区，类型区划至Ⅱ级，分期实施	两区，类型区划至Ⅱ级，分期实施	工程规划分布	两区，类型区划至Ⅱ级，分期实施	两区，类型区划至Ⅱ级，分期实施		
土地利用现状图						分级到Ⅱ级（按国土分类）		
分期防治实施图						以小流域为界		
小流域地理位置图							所在省、县位置	所在省、县位置
小流域土地利用与水土保持现状图							以地块为界（分级到Ⅱ级）	项目主体工程布局、防治责任范围
小流域土地利用规划及水土保持措施布置图							以措施为界	防治分区、措施总体布局、分区措施布局
小流域单项防治工程设计图							工程、植物措施布设、尺寸	工程布设尺寸

注：①表中治理程度分类为：小于 30%，治理程度较低；30%～50%，一般治理；50%～70%，初步治理；大于 70%，基本治理。

②“两区”指水土流失重点预防区和水土流失重点治理区。

（3）图例和图式。

总的原则是现行的图例标准中已有规定的可直接采用；现行的图例标准中没有但水土保持规划设计中涉及的，按水土保持的制图标准绘制。

9.1.2 水土保持规划任务书

根据国家计委、水利部的要求，所有前期工作项目都必须具有前期工作项目任务书才能列入年度前期工作计划。水利部印发的规划任务书编制要求如下：

（1）规划名称。

（2）立项缘由，包括水土保持工作现状及存在的问题，根据区域国民经济发展规划，论述开展规划工作的必要性和迫切性。

（3）项目基本情况。

（4）规划的指导思想和编制原则。

（5）规划范围。

（6）规划水平年及规划任务。

（7）规划工作的主要内容。

（8）规划的主要成果。

（9）编制单位及组织形式。

（10）规划工作的进度控制。

（11）规划的总工作量和工作经费。

9.1.3 水土保持项目建议书

根据国家有关水利基本建设项目报批管理办法的规定，项目建议书经批准后即可立项。

9.1.3.1 项目建议书的主要工作及深度

项目建议书是对准备建设项目的设想和建议，是项目主管部门或项目法人根据国民经济和社会发展规划，结合水土资源、目前水土流失防治现状，经全面调查研究，掌握基本资料，分析项目建设的技术、经济等条件后，以项目建议书的形式向国家推荐建设项目的报告。

该阶段的主要工作是在批准的项目总体规划的指导下，对项目做具体调查和必要的勘测，优选工程项目、规模、建设地点及建设时序；说明拟建项目与国家经济建设政策、计划的相符性，初步分析投入项目建设资金、人力、物力的可行性和合理性，论证项目的必要性。

项目建议书的技术深度分两个档次：一是达到初步确定或选定，是经初步比较后确定的，在有充分论据时可以变动；二是初步拟定或选定，是初步制定的，较前一种工作深度要浅，在进一步论证后，可以变动。

9.1.3.2 项目建议书的主要内容

1. 项目建设的必要性和任务

这部分内容包括编制本项目建议书的依据（自然资源、社会经济、水土保持状况、规划及其主要指标等）、项目的必要性（项目对总体规划的作用，对区域发展的作用，对建设项目的有关政策、意见和要求，比选和推荐方案及其理由，兴建项目的迫切性等）和项目的任务（总体任务、分期实施的近远期目标和任务）。

2. 建设条件（项目区概况）

建设条件包括项目区自然状况和资源条件，水土流失特点，水土保持现状，社会经济及人力资源，技术水平，协作关系，政策、融资等外部环境；治理标准、类型区的划分，初选总体布局方案、不同类型区的生产发展及土地利用方向和工程规模等。

3. 建设规模

这部分内容是根据规划提出分期建设意见，初选规模指标、初步防治范围、治理标准、类型区划分，初选总体布局方案、不同类型区生产发展及土地利用方向和工程规模等。

4. 主要防治措施

这部分内容是根据项目规模初定工程的等级和设防标准，主要防治措施的选型、结果、布设及综合配置，主要措施的工程量。

5. 工程施工

这部分内容主要简述施工的人力、机械、材料和交通等条件，初拟总进度和工期安排。

6. 工程管理

这部分内容主要是初步提出建设和管理方式、资产权属及管理和运行原则。

7. 投资估算及资金筹措

今后水土保持生态环境建设和管理项目的投资应按国家基本建设项目的计算方法进行编制，主要是按水利水电工程投资估算编制办法和有关定额计算，至于资金筹措，可采用多种形式。报告中应说明投资编制原则、依据、价格水平年、基础年价、工程单价，按工程措施、植物措施、农业耕作措施、其他工程、有关费用等几部分分列，并汇总计算出单项工程投资、静态总投资、动态总投资等指标，提出投资筹措的设想。

8. 经济评价

水土保持属公益性事业，一般只做国民经济评价，很少做财物评价。评价时，应按《建设项目经济评价方法与参数》计算内部回收率、经济净现值、效益费用比等评价指标；分析计算预期取得的经济效益、生态效益和社会效益；提出经济上是否合理和可行的结论。

9. 结论与建议

结论与建议即简要总结上述成果，分析项目的主要问题，简述地方及有关部门的意见，提出综合性评价结论，对下阶段工作的建议和意见。

10. 附件

附件包括工程特性表、主管部门或地方人民政府对水土保持规划的批准文件或审查意见书、项目涉及省有关部门对项目的书面文件、项目建设资金的筹集方案及投资来源文件。地方项目还应有省级计委和水行政主管部门依据中长期计划提出的本项目在全省的排序意见。另外，附件还包括其他有关附表和附图。

9.1.3.3 项目建议书的报批程序

根据国务院投资管理体制改革方案的规定，大中型和限额以上项目的立项，由行业归口管理部门负责，即按工程规模，由行业归口管理部门根据国家中长期发展规划的要求，从建设布局、资源的合理开发利用、经济合理性、技术、政策等方面进行初审，提出意见并报国家计委。国家计委从建设总规模、生产力总布局、资源优化配置、资金支持的可能性、外部协作关系等方面进行综合平衡后再审批。行业归口管理部门初审没有通过的项目，计划管理部门不能立项。

以中央投资为主的小型项目和限额以下项目，由行业归口管理部门依据有关政策、法规、投资额度等进行审批并立项。

根据水利基本建设项目管理办法的规定，由中央投资建设的防洪等水利基本建设项目的建议书由流域机构提出，经水利部审查同意后报国家计委；中央参与投资的大型供水、水电等水利基本建设项目，由项目投资方组成的业主提出项目建议书，经水利部初审同意后报国家计委；由地方投资建设的防洪等水利基本建设项目，由各省（自治区、直辖市）水行政主管部门提出项目建议书，经本级计委审查同意后报国家计委；供水、水电等项目，由投资方组成的业主提出项目建议书，报省级水行政主管部门审批，省级水行政主管部门提出初审意见后报本级计委，同时还应有流域机构的初审意见。

9.1.4 水土保持可行性研究报告

可行性研究是在项目建设前对建设项目的技术、经济、社会等进行进一步研究，做科学预测和技术经济比较，说明建设项目在技术上的先进性和适用性，在经济上的合理性，在投资上的可能性，为投资决策提供依据。

9.1.4.1 可行性研究的主要工作及深度

可行性研究报告是确定建设项目、编制初步设计文件的重要依据。

可行性研究阶段要对项目做进一步调查和勘测，在取得较可靠资料的基础上，对工程项目从技术、经济、社会、环境等方面进行全面的分析论证，提出可行性评价。

可行性研究的工作深度分为3种情况：一是达到选定，如项目建设任务及顺序、工程建设场址、主要治理措施的形式及配置等要选定，一般不允许变更；二是达到基本选定，如工程规模、对外交通等，允许有小幅度或局部的变更；三是达到初步选定，如机电设备及布置、工程管理方案，主体工程的施工方法和施工总体布置等，有充分论据时可以变动。此外，还要提出工程量和结论。

9.1.4.2 可行性研究报告的主要内容

（1）综合说明。综合说明即可行性研究报告的简介，简述项目的位置、自然条件、防治现状，项目建设的作用、规模、任务，防治措施的总体布局、工程量、进度控制，投入的人力、物力、财力，经济和综合评价结论，下阶段工作建议等。

（2）建设条件。较准确地论述项目区的水文、气象、地形地貌、地面物质及土壤、植被等条件，对其中重要的因素应做试验和研究。

（3）工程任务和规模。论证项目建设的必要性和迫切性，确定建设规模，概述现状、主要灾害、防治要求，论证防治的可能性，基本选定防治范围、防治标准、总体布局、规模和主要技术参数，提出典型区布置规划。

（4）工程选址、总体布置及主要建设工程。确定工程级别和设防标准，经比选后，选定工程场址，确定工程形式，初选主要防治工程的布置和规格尺寸，做必要的试验、分析和研究。

（5）施工组织设计。初选施工方法、施工程序及施工进度，进行施工强度、劳力、物资、投资平衡分析，估列所需材料和劳力。

（6）工程管理。初步确定管理机构，提出管理运行的初步意见。

（7）工程投资估算。说明工程概况、投资编制原则和依据、投资主要指标，列表说明主要技术经济指标，编制投资估算附件。

（8）经济评价。此部分主要做国民经济评价，估算投资费用和效益，分析计算经济评价指标，提出综合评价结论。

（9）附件。附件包括水土保持工程特性表、有关工程的重要文件、项目建设资金筹措承诺文件、审查意见和纪要及单项研究报告等。

9.1.4.3 可行性研究报告的报审程序

可行性研究报告的报审程序同项目建议书基本一致。报水利部的项目，应组织有关单位进行预审和正式审查等工作，然后根据项目可行性研究报告的技术审查意见，经补充完善后上报，经批准后，方可进行项目的初步设计。

9.1.5 水土保持初步设计

9.1.5.1 初步设计的主要工作及深度

工程的初步设计要在认真做调查、勘察、试验和研究，取得可靠资料的基础上，经分析、论证、方案比较等，得出结论，并进行设计；对可行性研究报告成果进行复核，按批复文件的要求，对工程设计进行补充。

初步设计报告中的投资概算原则上不得突破已批准的可行性研究报告的估算投资。工程项目基本条件发生变化的，其静态投资不超过可行性研究报告估算的15%时，应提出专题分析报告；超过可行性研究报告估算的15%时，须重新编制可行性研究报告，并另行报批。

初步设计的深度应能满足确定征用和使用土地、控制投资、主要设备材料的订货、施工图的设计及施工准备等需求。

9.1.5.2 初步设计报告的主要内容

（1）综合说明，即初步设计文件的纲要和结论，如为全国性大型项目，此部分内容应单独成册。

（2）复核工程建设的气象、地形地貌、土壤、植被等自然条件。

（3）复核项目任务，确定建设规模，综合治理拦蓄暴雨、排泄洪水、控制水土流失量等标准，防治分区及治理措施布局，分类型区典型设计及不同工程标准设计。

（4）复核防治工程布置及主要措施，进行防治措施方案比较、防治措施和工程的实地布设以及机电设备的设计和运行。

（5）说明施工人力、材料、设备等的总布置原则，施工进度的安排原则及分期要求（筹建、准备、施工和完善期），施工进度控制关键措施和路线。

（6）确定工程管理范围、办法、管理机构、工程运用及工程监测相关内容等。

（7）按工程概算编制办法和标准，编制设计概算。

（8）复核经济评价，对上阶段成果进行补充和修正。

（9）有关附件（项目建议书和可行性研究报告的批文、资金筹措文件、有关合同和协议）和附表。

9.1.5.3 初步设计报告的报批程序

初步设计报告是指导工程建设的重要文件，是安排投资、组织施工和项目竣工验收的主要依据之一。工程建设项目的初步设计经批准后，建设项目方可列入国家基本建设年度计划。

初步设计文件的审查，由项目业主或项目法人组织，按审批权限审批。由水利部出全资或主要资金的项目，由水利部负责审批；中央部分投资的地方项目，由水利部会同有关省组织审查并联合审批；地方出全资的项目，由有关省水行政主管部门初审后报省计委审批。

经批准的初步设计和总投资概算，是编制施工图、确定建设项目总投资额、编制基本建设投资计划、签订工程施工合同、控制工程拨款、组织材料、进行设备订货等的依据。

另外，根据水利基本建设项目报批程序管理办法的规定，在完成项目的初步设计后，还应提出开工报告，经批准后，方可开工建设。

申请开工的基本条件如下：

（1）项目建设管理机构已设立，有关规章制度健全，人员配备到位。

（2）项目初步设计及总概算已经批复。如果批复后两年内未开工或投资概算超过原概算10%以上的，须重新核定总概算。

（3）建设资金已落实，其来源符合国家有关规定，并经审计部门认可。

（4）项目施工组织设计大纲已经编制完成，并符合国家的有关规定。

（5）项目施工单位已经通过招标选定，施工承包合同已经签订，而且施工图纸能满足一定施工期的需要。

（6）项目施工监理已通过招标确定。

(7) 项目征地、拆迁、施工场地的“四通一平”(通水、通电、通路、通信和场地平整)工程已经完成，主体工程施工工作已经做好，并且具备连续施工的条件。

(8) 项目建设需要的主要设备和材料已进入订货环节，并已落实来源和运输条件。

完成上述几个阶段的工作后，方可进行施工建设。建设任务完成后，应做生产准备，对工程项目进行竣工验收。在项目竣工后的3~5年，还应进行该项目的后评价工作。

9.2 生产建设项目水土保持

9.2.1 概　述

建设项目是一个建设单位在一个或几个建设区域内，根据上级下达的计划任务书、批准的总体设计和总概算书，严格按基建程序实施的基本建设工程。建设项目应符合国家总体建设规划，能独立发挥生产功能或满足生活需要，在经济上实行独立核算，在行政上具有独立的组织形式，其项目建议书应经过批准后方可立项，其可行性研究报告也应经过批准后方可使用。在建设项目中，人为地毁坏植被、扰动土壤和改变原来的微地貌形态都会造成强烈的水土流失。因此，根据《水土保持法》第25条规定，在山区、丘陵区、风沙区以及水土保持规划确定的容易发生水土流失的其他区域开办可能造成水土流失的生产建设项目，生产建设单位应当编制水土保持方案。

9.2.1.1 生产建设项目类型

生产建设项目类型包括以下内容。

(1) 公路工程：包括高速公路、国道、省道、县道、乡村道路等。

(2) 铁路工程：包括单线、复线(改扩建)工程和城际高速铁路等。

(3) 涉水交通工程：包括各类港口、码头(包括专业装卸货码头)、跨海(江、河)大桥与隧道、海堤防等工程。

(4) 机场工程：包括大型民用机场、支线机场、军民共用机场等。

(5) 火电工程：指利用煤、石油、天然气或其他燃料的化学能产生电能的工程，如燃煤发电厂、燃油发电厂、燃气发电厂及利用余热、余压、城市垃圾、工业废料、煤矸石(石煤、油母页岩)、煤泥、生物质、农林废弃物、煤层气、沼气、高炉煤气等生产电力热力的工程。

(6) 核电工程：指利用核能产生电能的新型发电站工程。

(7) 风电工程：指将风能转换成电能并通过输电线路送入电网的工程。

(8) 输变电工程：指由各种电压等级的输电线路和变电站组成的工程。

(9) 其他电力工程：包括太阳能发电厂、潮汐发电厂等。

(10) 水利枢纽工程：指为满足各项水利工程兴利除害的目标、在河流或渠道适宜地段修建的不同类型水工建筑物的综合体，包括无坝引水枢纽、有坝引水枢纽、蓄水枢纽(水库枢纽)，不包括以水力发电为主要目标的水电枢纽工程。

(11) 灌区工程：指由灌溉渠首工程（或者水源取水工程）、灌排渠道、渠系建筑物及灌区各种附属设施组成的有机综合体。

(12) 引调水工程：指采用现代工程技术，从水源地通过取水建筑物、输水建筑物引水和调水至需水地的水利工程。

(13) 堤防工程：包括新建、加固、扩建、改建堤防工程（不包括海堤防工程）。

(14) 蓄滞洪区工程：指在蓄滞洪区内建设的各种分洪、蓄洪或滞洪相关水利工程综合体。

(15) 其他小型水利工程：除上述水利枢纽、灌区、引调水、堤防、蓄滞洪区工程之外的其他小型水利工程，如河道整治工程、小型农田水利工程、水质净化和污水处理工程等。

(16) 水电枢纽工程：包括坝式水电站、引水式水电站、混合式水电站和抽水蓄能电站等工程。

(17) 露天煤矿：指露天开采的煤矿工程及其配套的洗选工程、排土场、矸石场等。

(18) 露天金属矿：指露天开采的金属矿及其配套的洗选矿设施、尾矿库、排土场等，如贵重金属矿（金、银、铂等）、有色金属矿（铜、铅、锌、铝、镁、钨、锡、锑等）、黑色金属矿（铁、锰、铬等）、稀有金属矿（钽、铌等）、放射性金属矿（铀、钍）等。

(19) 露天非金属矿：指露天开采的非金属矿及其配套的洗选矿设施、尾矿库、排土场等，如冶金用非金属矿、化工用非金属矿、建材及其他非金属矿，以及水泥熟料项目、粉磨站项目和水泥厂项目等水泥工程。

(20) 井采煤矿：指地下开采的煤矿工程及其配套的洗选工程、排土场、矸石场等。

(21) 井采金属矿：指地下开采的金属矿及其配套的洗选矿设施、尾矿库、排土场等，如贵重金属矿、有色金属矿、黑色金属矿、稀有金属矿、放射性金属矿、稀土矿等。

(22) 井采非金属矿：指地下开采的非金属矿及其配套的洗选矿设施、尾矿库、排土场等，如冶金用非金属矿、化工用非金属矿、建材及其他非金属矿。

(23) 油气开采工程：指石油、天然气等油气田开采工程。

(24) 油气管道工程：指输送石油、天然气的管道运输工程，如天然气管道工程、原油管道工程、成品油管道工程等。

(25) 油气储存与加工工程：指石油、天然气储存和加工相关工程，如石油储备基地、天然气储备基地、石油天然气储备基地以及石油加工厂、炼油厂、石油化工厂、天然气加工厂、天然气处理厂、液化天然气加工厂等工程。

(26) 工业园区工程：指建设工业园区所涉及的四通一平等相关工程。

(27) 城市轨道交通工程：指在城市地下隧道或从地下延伸至地面（高架桥）运行的电动快轨道公共交通工程，如地铁、轻轨等工程。

(28) 城市管网工程：包括城市供水、排水（雨水和污水）、燃气、热力、电力、通信、广播电视、工业等管线管道及其附属设施等工程。

(29) 房地产工程：包括居住区建设项目和公用建筑项目，居住区建设项目包括住宅建设工程、居住区公共服务设施建设工程、居住区绿化工程、居住区内道路工程、居住区内给水、污水、雨水和电力管线工程；公用建筑项目包括行政办公、商业金融、其他公共设施建设工程等。

（30）其他城建工程：包括城镇道路，位于城市内或者周边的各类工业建设项目（煤焦化、煤液化、煤气化、煤制电石等煤化工工程），城市公园建设工程，经济开发区、高新技术开发区、科技园区等建设工程。

（31）林浆纸一体化工程：包括纸浆生产和林纸原料基地等工程。

（32）农林开发工程：包括集团化陡坡（山地）开垦种植、定向材料开发、规模化农林开发、开垦耕地、炼山造林、南方地区规模化经济果木林开发工程等。

（33）加工制造类项目：指对采掘业产品和农产品等原材料进行加工，或对工业产品进行再加工和修理，或对零部件进行装配的工业类建设项目，如冶金工程（含钢铁厂），机械制造厂、化学品生产制造厂、木材加工厂、建筑材料生产厂、纺织厂、食品加工厂、皮革制造厂等所从事的建设项目。

（34）社会事业类项目：包括教育、文化、卫生、广播电视、残疾人联合会、体育、旅游等部门的建设项目，如各类学校建设工程、文化娱乐公共设施建设工程、各种医院建设工程、广播电视设施建设工程、体育场馆建设工程、旅游景区建设工程等。

（35）信息产业类项目：包括通信设备、广播电视设备、电子计算机、软件、家电、电子测量仪器、电子工业专用设备、电子元器件、电子信息机电产品、电子信息专用材料等生产制造和集成装配厂的建设工程以及各类数据中心、云中心、大数据中心或者基地等的建设工程。

（36）其他类型项目：指上述 35 类之外的生产建设项目。

9.2.1.2 生产建设项目性质

根据工程的实际情况，生产建设项目性质分为：新建、改建、扩建、改扩建、技改等。

9.2.1.3 生产建设项目水土流失特点

通常情况下，生产建设项目具有强烈的水土流失特征：

（1）具有地域不完整性。生产建设项目生产建设需要占用的区域一般都不是完整的一条小流域或一面坡，水土流失常以“点”“线”“面”单一或综合的形式出现。以“点”为主的开发建设项目，造成的水土流失的特点是影响区域范围相对较小，但破坏强度大，防治和植被恢复难度大；以“线”为主的生产建设项目造成的水土流失的特点是类型多、流失严重；规模大、综合性强的项目常常以“面”的形式表现出来，所造成的水土流失在结构上以“点”“线”“面”组合或交织而成。

（2）新增水土流失具有不均衡和突发性的特点，且在各阶段造成的水土流失量差异较大。建设类项目造成的水土流失主要集中在施工期，建设生产类项目造成的水土流失主要集中在施工期和生产运行期。

（3）造成水土流失的形式各不相同，且具有潜在性。地面生产建设项目通过对地形地貌、地表植被的破坏加剧原生水土流失；地下生产建设项目会扰动地面，更严重的是地层挖掘、地下水疏干等活动间接地使地表河流干枯、地下水位下降、地面植被退化、地面塌陷，形成重力侵蚀，从而加剧了水土流失。

(4) 不同的地质土壤条件、地形地貌、气候特征区造成的新增水土流失的类型、强度、流失量是不同的。

9.2.2 生产建设项目水土保持方案

生产建设项目水土保持方案分为报告书和报告表两大类。

(1) 征占地面积在5 hm^2以上或者挖填土石方总量在5万 m^3以上的生产建设项目应当编制水土保持方案报告书。

(2) 征占地面积在0.5 hm^2以上、5 hm^2以下或者挖填土石方总量在1 000m^3以上、50 000m^3以下的项目应编制水土保持方案报告表。

水土保持方案报告书和报告表应当在项目开工前报水行政主管部门或者地方人民政府确定的其他水土保持方案审批部门审批，其中，应对水土保持方案报告表实行承诺制管理。征占地面积不足0.5 hm^2且挖填土石方总量不足1 000m^3的项目，不再办理水土保持方案审批手续，生产建设单位和个人应依法做好水土流失防治工作。

9.2.2.1 生产建设项目水土保持方案编制规定

水土保持方案编制是针对生产建设项目过程中造成的水土资源损害，从保护生态、保护自然景观、水土保持的角度论证主体工程设计的不合理性；从主体工程的各个环节、各个方面查找缺陷，补充和完善水土保持设计，并对主体设计提出修改和完善建议，以达到最大限度地保护生态、控制扰动范围、减少植被破坏和水土流失、快速有效修复生态系统的目的。其主要作用是要克服单纯从工程经济性和施工方便的角度考虑问题，应从保护地貌植被、生物链和有利于植被恢复的角度，合理设计各类工程措施、生物措施及临时措施，保护水土资源，从而减少水土流失。水土保持方案可参照相应的国标、地标、省市导则等进行编制。

县级以上人民政府水行政主管部门、流域管理机构，应当对生产建设项目水土保持方案的实施情况进行跟踪检查，发现问题及时处理。

9.2.2.2 生产建设项目水土保持方案编报审批管理规定

凡从事有可能造成水土流失的开发建设单位和个人，必须编报水土保持方案。其中，审批制项目应在报送可行性研究报告前完成水土保持方案报批手续；核准制项目应在提交项目申请报告前完成水土保持方案报批手续；备案制项目应在办理备案手续后、项目开工前完成水土保持方案报批手续。经批准的水土保持方案应当纳入下阶段设计文件中。

9.3 水土保持工程监理

凡主体工程开展监理工作的项目，应当按照水土保持监理标准和规范开展水土保持工程施工监理。其中，征占地面积在 20 hm^2 以上或者挖填土石方总量在 20 万 m^3 以上的项目，应当配备具有水土保持工程施工监理专业资格的工程师；征占地面积在 200 hm^2 以上或者挖填土石方总量在 200 万 m^3 以上的项目，应当由具有水土保持工程施工监理专业资质的单位承担监理任务。

9.3.1　水土保持工程建设监理的方法

（1）现场记录。监理机构认真、完整记录每日施工现场的人员、设备和材料、天气、施工环境以及施工中出现的各种情况。

（2）发布文件。监理机构采用通知、请示、批复、签认等文件形式进行全过程的控制和管理。

（3）旁站监理。监理机构按照监理合同约定，在施工现场对工程的重要部位和关键工序的施工实施连续性的全过程检查、监督与管理。

（4）巡视检验。监理机构对所监理的工程项目进行的定期或不定期的检查、监督和管理。

（5）跟踪检测。在承包人进行试样检测前，监理机构对其检测人员、仪器设备以及拟订的检测程序和方法进行审核；在承包人对试样进行检测时，实施全过程的监督，确认其程序、方法的有效性以及检测结果的可信性，并对该结果确认。

（6）平行检测。监理机构在承包人对试样进行检测的同时，独立抽样进行检测，核验承包人的检测结果。

（7）协调。监理机构对参加工程建设各方之间的关系以及工程施工过程中出现的问题和争议进行调解。

9.3.2　水土保持工程监理程序

（1）签订监理合同，明确监理范围、内容和权责。

（2）组建现场监理机构，选派总监理工程师、监理工程师、监理员和其他工作人员。

（3）编制项目监理规划，组织编制项目划分及质量评定办法。

（4）进行监理工作交底。

（5）编制各专业、各项目监理实施细则。

（6）实施施工监理工作。

（7）完成项目水土保持监理报告（监理月报、监理专题报告、监理工作报告、监理工作总结报告）。

（8）向建设单位移交相关文件资料和设施设备。

9.3.3　水土保持工程建设监理工作在验收中的地位

生产建设单位开展水土保持设施验收，应当严格执行水土保持标准规范，对存在水土保持监理工作下列情形之一的，水土保持设施验收结论应当为不合格：

（1）未依法依规开展水土保持监理的。

（2）水土保持分部工程和单位工程未经验收或者验收不合格的。

（3）监理总结报告弄虚作假或者存在重大技术问题的。

9.4 水土保持监测

开展生产建设项目水土保持监测是生产建设单位应当履行的一项法定义务，是生产建设单位及时定量掌握水土流失及防治状况、对项目建设造成的水土流失进行过程控制的重要基础，也是各流域管理机构和地方各级水行政主管部门开展生产建设项目水土保持跟踪检查、验收核查等监管工作的依据和支撑。编制水土保持方案报告书的项目，应当依法开展水土保持监测工作，监测工作应与主体工程同步开展。

9.4.1 水土保持监测任务

9.4.1.1 水土保持监测主要任务

（1）及时、准确掌握生产建设项目水土流失状况和防治效果。

（2）落实水土保持方案，加强水土保持设计和施工管理，优化水土流失防治措施，协调水土保持工程与主体工程建设进度。

（3）及时发现重大水土流失危害隐患，提出防治对策建议。

（4）提供水土保持监督管理技术依据和公众监督基础信息。

9.4.1.2 水土保持监测阶段及主要工作

水土保持监测划分为监测准备、监测实施、监测总结三个阶段。

（1）监测准备阶段的主要工作：编制监测实施方案；组建监测项目部；监测人员进场。

（2）监测实施阶段的主要工作：全面开展监测，重点对扰动土地、取土（石、料）弃土（石、渣）、水土流失及水土保持措施等情况进行监测；监测单位每次现场监测后，应向建设单位及时提出水土保持监测意见；编制与报送水土保持监测报告，在监测季报和总结报告等监测成果中提出“绿黄红”三色评价结论。

（3）监测总结阶段的主要工作：汇总、分析各阶段监测数据成果；分析评价防治效果；编制与报送水土保持监测总结报告。

9.4.2 水土保持监测内容和方法

9.4.2.1 水土保持监测内容和重点

应主要依据审批部门批复的水土保持方案及工程相关设计文件开展生产建设项目水土保

持监测工作，其范围包括工程建设征占、使用和其他扰动区域。

水土保持监测内容主要包括项目施工全过程各阶段的扰动土地情况、水土流失状况、水土流失防治成效及水土流失危害四方面。

（1）在扰动土地方面，应重点监测实际发生的永久和临时占地、扰动地表植被面积、永久和临时弃渣量及变化情况等。

（2）在水土流失状况方面，应重点监测实际造成的水土流失面积及其分布、土壤流失量及变化情况等。

（3）在水土流失防治成效方面，应重点监测实际采取水土保持工程、植物和临时措施的位置、数量，以及实施水土保持措施前后的防治效果对比情况等。

（4）在水土流失危害方面，应重点监测水土流失对主体工程、周边重要设施等造成的影响及危害等。

9.4.2.2 水土保持监测方法和频次

根据生产建设项目实际，可以综合采取卫星遥感、无人机遥感、视频监控、地面观测、实地调查量测等多种方法。

扰动土地情况应至少每月监测1次，其中正在使用的取弃渣土场至少每周监测1次；对3级以上弃渣场应当采取视频监控方式，全过程记录弃渣和防治措施实施情况。

水土流失状况应至少每月监测1次，发生强降水等情况后应及时加测。其中土壤流失量应结合拦挡、排水等措施，设置必要的控制站，进行定量观测。

水土流失防治成效应至少每季度监测1次，其中临时措施应至少每月监测1次。

水土流失危害应结合上述监测内容一并开展。

9.4.3 水土保持监测成果及应用

9.4.3.1 水土保持监测成果

水土保持监测成果包括监测实施方案、日常监测记录和数据、监测意见、监测季报和总结报告。

监测单位在监测工作开展前要制定监测实施方案；在监测期间要做好监测记录和数据整编，按季度编制监测报告；在水土保持设施验收前应编制监测总结报告。

生产建设项目水土保持监测实行“绿黄红”三色评价。在监测季报和总结报告中明确“绿黄红”三色评价结论。

9.4.3.2 生产建设项目水土保持监测成果应用

（1）生产建设单位要根据水土保持监测成果和“绿黄红”三色评价结论，不断优化水土保持设计，加强施工组织管理，对监测过程中发现的问题建立台账，及时组织有关参建单位采取整改措施，有效控制新增水土流失。对监测总结报告“绿黄红”三色评价结论为“红”色的，务必要在整改措施到位并发挥效益后，方可通过水土保持设施自主验收。

（2）各流域管理机构和地方各级水行政主管部门要进一步强化对水土保持监测成果的应用，将监测“绿黄红”三色评价结论及时运用到监管工作中，有针对性地分类采取监管措施，核实“绿黄红”三色评价结论，为监督执法、责任追究、信用罚戒等提供依据，不断增强监管的靶向性和精准性，提升监管效能和水平。

9.5 水土保持设施验收

9.5.1 水土保持设施验收工作流程

生产建设项目水土保持设施自主验收一般包括水土保持设施验收报告编制、组织竣工验收、公开验收情况、报备验收材料。

9.5.1.1 水土保持设施验收报告编制

编制水土保持方案报告书的生产建设项目，其生产建设单位应当组织第三方机构编制水土保持设施验收报告。水土保持设施验收报告应符合水土保持设施验收报告示范文本的格式要求，对项目法人法定义务履行情况、水土流失防治任务完成情况、防治效果情况和组织管理情况等进行评价，做出水土保持设施验收是否合格的结论，并对结论负责。

编制水土保持方案报告表的生产建设项目，不需要编制水土保持设施验收报告。

9.5.1.2 组织竣工验收

竣工验收应由项目法人在第三方提交水土保持设施验收报告后，生产建设项目投产运行前通过现场查看、资料查阅、验收会议等环节组织完成。

对于编制水土保持方案报告书的生产建设项目，其生产建设单位应成立验收组，验收组由项目法人和水土保持设施验收报告编制、水土保持监测、监理、方案编制、施工等有关单位代表组成。项目法人可根据生产建设项目的规模、性质、复杂程度等情况邀请水土保持专家参加验收组。验收后应形成水土保持设施验收鉴定书，明确水土保持设施验收合格与否的结论。

实行承诺制或者备案制管理的生产建设项目，不需要编制水土保持设施验收报告。生产建设单位组织开展水土保持设施竣工验收时，验收组中应当至少有一名省级水行政主管部门水土保持方案专家库中的专家参加并签署意见。水土保持设施验收鉴定书应当明确水土保持设施验收合格与否的结论。

存在下列情况之一的，竣工验收结论应为不通过：

（1）未依法依规履行水土保持方案及重大变更的编报审批程序的。

（2）未依法依规开展水土保持监测或补充开展的水土保持监测不符合规定的。

（3）未依法依规开展水土保持监理工作的。

（4）废弃土石渣未堆放在经批准的水土保持方案确定的专门存放地的。

（5）水土保持措施体系、等级和标准未按经批准的水土保持方案要求落实的。

（6）重要防护对象无安全稳定结论或结论为不稳定的。

（7）水土保持分部工程和单位工程未经验收或验收不合格的。

（8）水土保持监测总结报告、监理总结报告等材料弄虚作假或存在重大技术问题的。

（9）未依法依规缴纳水土保持补偿费的。

9.5.1.3　公开验收情况

生产建设单位应当在水土保持设施验收合格后，及时在其官方网站或者其他公众知悉的网站上公示水土保持设施验收鉴定书、水土保持设施验收报告和水土保持监测总结报告；编制水土保持方案报告表的验收材料为水土保持设施验收鉴定书，公示时间不得少于 20 个工作日。对于公众反映的主要问题和意见，生产建设单位应当及时给予处理或者回应。

9.5.1.4　报备验收材料

生产建设单位应当在水土保持设施验收通过 3 个月内，向审批水土保持方案的水行政主管部门或者水土保持方案审批机关报备水土保持设施验收材料。报备材料包括水土保持设施验收鉴定书、水土保持设施验收报告和水土保持监测总结报告。生产建设单位、第三方机构和水土保持监测机构分别对水土保持设施验收鉴定书、水土保持设施验收报告和水土保持监测总结报告等材料的真实性负责。

9.5.2　水土保持设施验收内容

（1）水土保持设施建设完成情况。

（2）水土保持设施质量。

（3）水土流失防治效果。

（4）水土保持设施的运行、管理及维护情况。

9.5.3　水土保持设施验收任务与标准

（1）水土保持方案（含变更）编报、初步设计和施工图设计等手续完备。

（2）水土保持监测资料齐全，成果可靠。

（3）水土保持监理资料齐全，成果可靠。

（4）水土保持设施按经批准的水土保持方案（含变更）、初步设计和施工图设计建成，符合国家、地方、行业标准、规范、规程的规定。

（5）水土流失防治指标达到了水土保持方案批复的要求。

（6）重要防护对象不存在严重水土流失危害隐患。

（7）水土保持设施具备正常运行条件，满足交付使用要求，且运行、管理及维护责任得到落实。

小 结

水土保持管理是我国水土保持走上法制管理轨道的重要形式之一，也是新时期水土保持工作的必然要求。水土保持项目管理包括前期工作阶段的划分、项目规模划分、项目管理规范化和项目有关图表，这些都是水土保持项目管理的基础。水土保持规划任务书、水土保持项目建议书、水土保持可行性研究报告和水土保持初步设计是水土保持生态建设项目前期工作的核心。生产建设项目中编报水土保持方案是法律的规定。施行水土保持监理、监测、自主验收一般要按程序来进行。

思考题

1. 水土保持生态建设项目前期工作主要包括哪些内容？
2. 怎样编制水土保持方案？
3. 如何进行水土保持工程监理、监测、自主验收？

实验实习指导

1. 实验实习内容

教师应结合课堂上所学的内容，带领学生到实地进行水土流失调查，对水土保持工程措施、林草措施、农业措施、荒漠化防治措施进行参观学习，通过参观一些实际的水土保持综合治理措施，加深学生对水土保持综合防治措施具体布置和功能的理解。教师应侧重向学生讲解各种水土保持措施总体布设原则，使学生对水土保持综合技术措施有明确的理解，讲解过程中应引导、鼓励学生提问。

2. 实验实习时间（5 天）

第一天：水土流失调查。

第二天：水土保持或荒漠化防治综合措施参观。

第三天：水土保持或荒漠化防治综合措施参观。

第四天：水土保持规划。

第五天：内业（整理数据、撰写报告）。

3. 实验实习地点

可和当地的水行政主管部门联系，最好去国家级、省级或县级水土保持和荒漠化防治示范区。

4. 实验实习要求

（1）事先对本课程进行系统的学习，以便做好充分的准备。

（2）要求同学们有较强的组织纪律观念，遵守当地的管理规定，按带队教师的要求完成任务。

（3）同学间应互相帮助，提高安全意识，遇到意外情况应及时向老师汇报，共同完成这次教学任务。

（4）要求学生在教师现场讲解过程中保持安静，不影响他人，根据个人情况做好笔记。

（5）撰写报告。活动结束后，要求学生根据现场情况、在现场所做的笔记、个人的心得体会、发现的问题写出实验实习报告，字数不少于 1 500 字。

参考文献

[1] 崔云鹏，蒋定生．水土保持工程学［M］．陕西：陕西人民出版社，1998.

[2] 姜德文．基本建设项目的建设与管理程序［J］．中国水土保持，2001（1）：38－40.

[3] 景可，王万忠，郑粉莉．中国土壤侵蚀与环境［M］．北京：科学出版社，2005.

[4] 匡志盈．全球防治荒漠化情况综述［J］．世界农业，2006（10）：8－10.

[5] 李滨生．治沙造林学［M］．北京：中国林业出版社，1990.

[6] 李智广．水土流失测验与调查［M］．北京：中国水利水电出版社，2005.

[7] 刘秉正，吴发启．土壤侵蚀［M］．西安：陕西人民出版社，1997.

[8] 刘震．水土保持监测技术［M］．北京：中国大地出版社，2004.

[9] 刘震．我国水土保持的目标与任务［J］．中国水土保持科学，2003（4）：1－5.

[10] 孟平，张劲松，樊巍．中国复合农林业研究［M］．北京：中国林业出版社，2003.

[11] 沈国舫．森林培育学［M］．北京：中国林业出版社，2001.

[12] 孙保平．荒漠化防治工程学［M］．北京：中国林业出版社，2000.

[13] 孙洪祥．干旱区造林［M］．北京：中国林业出版社，1991.

[14] 孙厚才，赵永军．我国开发建设项目水土保持现状及发展趋势［J］．中国水土保持，2007（1）：50－52.

[15] 唐克丽，等．中国水土保持［M］．北京：科学出版社，2004.

[16] 王冬梅．农地水土保持［M］．北京：中国林业出版社，2002.

[17] 王礼先，等．林业生态工程学［M］．北京：中国林业出版社，1998.

[18] 王礼先．流域管理学［M］．北京：中国林业出版社，1999.

[19] 王礼先．中国水利百科全书：水土保持分册［M］．北京：中国水利水电出版社，2004.

[20] 王连生，赵喜云．淤地坝放水涵洞最佳益的探讨［J］．山西水土保持科技，1998（3）：15－17.

[21] 吴发启，刘秉正．黄土高原流域农林复合配置［M］．郑州：黄河水利出版社，2003.

[22] 吴发启，赵晓光，刘秉正．缓坡耕地侵蚀环境及动力机制分析［M］．西安：陕西科学技术出版社，2001.

[23] 吴发启，朱首军．水土保持学概论［M］．2版．北京：中国农业出版社，2016.

[24] 中国科学院兰州冰川冻土沙漠研究所．沙漠的治理［M］．北京：科学出版

社，1976.

[25] 张洪江. 土壤侵蚀原理 [M]. 2版. 北京：中国林业出版社，2008.

[26] 张奎璧，邹受益. 治沙原理与技术 [M]. 北京：中国林业出版社，1990.

[27] 张永民，赵士洞. 全球荒漠化的现状、未来情景及防治对策 [J]. 地球科学进展，2008 (3)：306－311.

[28] 吴发启. 水土保持规划 [M]. 西安：西安地图出版社，2002.

[29] 周庆华. 贯彻落实《水土保持法》加大水土保持预防监督力度 [J]. 中国水利，2003 (4)：32－33.

[30] 周作亨. 国内外水土保持发展的动态综述 [J]. 江西水利科技，1994 (1)：87－92.

[31] 姜德文. 城市（城镇化）水土保持技术措施探索 [J]. 中国水土保持，2014 (3)：30－32.

[32] 姜德文. 城市水土保持的新机遇新对策新措施 [J]. 中国水土保持，2014 (2)：1－3，29.

[33] 郭改娥，原彩萍. 城市水土保持技术体系研究 [J]. 山西水利科技，2010 (1)：84－86.

[34] 姜德文. 新时代水土流失治理目标及评价标准 [J]. 中国水土保持科学，2020 (2)：140－144.

[35] 姜德文. 城镇化进程中的水土保持新特点新举措 [J]. 中国水利，2014 (8)：44－45.